创新设计系列课程
——生态环境创新与实践

胡　清　主编
史江红　王　超　王　宏　黄燕鹏　副主编

中国建筑工业出版社

图书在版编目（CIP）数据

创新设计系列课程：生态环境创新与实践/胡清主编. —北京：中国建筑工业出版社，2019.12
ISBN 978-7-112-24311-2

Ⅰ.①创… Ⅱ.①胡… Ⅲ.①环境设计 Ⅳ.①TU-856

中国版本图书馆CIP数据核字(2019)第222255号

本书分为两个部分。在第一部分，介绍了创新的概念、意义与方法论，讲述了设计的源起及其创新设计的内涵外延，其次提到环境工程专业与创新人才培养的联系，然后介绍了关于创新设计课程的背景、性质、内容等要素。第二部分是教学实践案例分析，分4个专题，分析创新设计课程实践对培养学生各项能力的促进作用，最后对课程进行了展望。

本书可供教师教授环境工程专业实践课程参考。

责任编辑：刘爱灵
责任设计：李志立
责任校对：赵听雨

创新设计系列课程
——生态环境创新与实践
胡 清 主编
史江红 王 超 王 宏 黄燕鹏 副主编

*

中国建筑工业出版社出版、发行（北京海淀三里河路9号）
各地新华书店、建筑书店经销
北京科地亚盟排版公司制版
天津图文方嘉印刷有限公司印刷

*

开本：787×1092毫米 1/16 印张：12¼ 字数：305千字
2019年12月第一版 2019年12月第一次印刷
定价：**125.00**元
ISBN 978-7-112-24311-2
(34772)

《创新设计系列课程——生态环境创新与实践》编委会

前　言

当今世界正在经历新一轮大发展大变革大调整，各国经济社会发展联系日益密切，全球治理体系和国际秩序变革加速推进。各国应该坚持创新引领，加快新旧动能转换。创新是第一动力。只有敢于创新、勇于变革，才能突破世界经济发展瓶颈。

2016 年，国务院发布《国家创新驱动发展战略纲要》，明确创新驱动发展是我国面向未来的一项重大战略。何为创新？其本质是颠覆旧有科学体系，结合最先进的科学技术及社会发展、突破旧的思维定势，创造具有改变社会、生活等实际价值的新模式。在当前世界各国都在布局创新及未来发展的全球化大背景下，创新不仅是国际竞争的大势所趋，同时是民族复兴的国运所系，更是我国发展形势所迫。推行以创新为主的发展已是迫在眉睫。

党的十九大以来，以习近平同志为核心的党中央高度关注生态环境保护工作，总书记在多次讲话中强调创新的重要性。此外，2018 年 12 月 5 日，美国工程院发布了《21 世纪环境工程：应对重大挑战》研究报告，提出 21 世纪环境工程学科的五大挑战领域和方向：如何可持续地为世界不断增长的人口提供充足的水、食物、能源？怎样遏制与应对气候变化带来的影响？如何进一步减少污染与废弃物？如何创建高效、健康、有活力的城市？环境工程师如何做出明智的决定与行动？这些挑战都亟待环境工程师们去迎接与应对。

本课程希望为培养未来工程师打下基础和播下种子，让他们在大学学习的最后一年学会用科学思维和创意理念开展创新研究，未来以创新的思维方式进入社会。

工程师是我国社会建设的基石，是各种实际问题的解决者，在面临各种问题时，工程师首先是动用各种成熟的、可供选择的、可应用的手段来解决摆在面前的实际问题。传统意义上的环境工程师所解决的问题落点于其他行业产生的“水气渣”三废的处理，关注于产业末端废弃物的处理。随着单纯地追求经济发展导致污染不断产生，环境工程师无法再用传的方法进行处理，只能不断地拓展工艺进行处理，也导致了能源的消耗和经济成本的提升。

我们即将迎来 5G 的全面应用，5G 将改变我们的未来，尤其我们下一代的未来，环境污染的问题也将迎来新的解决方案。新的环境工程师面对的问题规模与范围将完全不同于今天。故而未来的环境工程师需要学会不断快速了解新问题并与新技术结合、吸收新知识、设计创新的技术和解决问题的方法，来实施从实体经济的前端解决环境污染问题。

未来的环境工程师需要从全生命周期的视角看待环境问题，并结合最新技术及产业的系统思维方式去酝酿解决问题的方案。面对环境问题时，他们将首先通过大数据平台建立团队，吸收各种各样的技术人才，新工程师毫无疑问将发挥关键作用。由于环境挑战的复杂性，他们要学会团队的跨学科合作，需要不断运用创新思维。具有创新思维的未来环境工程师才能更好地为世界不断增长的需求、人口及消费提供可持续发展的创新技术方案，创新性地应对当前及未来严峻的环境挑战。

因此，新一代生态环境工程相关专业的学生们背负着新的重要使命。在本科教育阶段，学生应尽可能广泛地尽早接触实际需求、接触方方面面的知识，培养系统思维与全生命周期视角，提高跨学科合作的意识。为了进一步培养学生的创新意识、大胆设计创新方案解决实际环境问题，需要有新型的课程来引导未来环境工程师的成长。

在此背景下，笔者在南方科技大学进行了《生态环境创新设计与实践课程》的教学实践。课程面向创新与环保需求紧密结合的实际应用场景，针对大学本科四年级学生开设以用最新科技解决行业实际需求的环保创新解决方案为目标，以团队合作为手段设计的新型课程。课程旨在培养学生的创新思维及创新的学习能力，加强学生对时间管理和团队合作的理解，提高学生解决实际问题的技术能力、项目管理能力、系统思维能力，培养独立地、广泛与新技术、新思维结合找到所需材料完成接地气的项目设计，以及充分使用讨论、交流等沟通技巧来编制每周每月的项目进度报告、中期与最终报告、汇报讲义的能力。通过这个课程实践，学生全面提高，离新型环境工程师的要求更近一步。

本书是对该课程的理论基础与案例进行介绍，分为两个部分。第一部分为 1～3 章，介绍了创新的概念、意义与方法论，讲述了创新设计的内涵外延。同时，讲解了环境工程专业与创新人才培养的联系，并介绍了关于创新设计课程的背景、性质、内容等要素。第二部分是教学实践案例分析，分 4 个专题，分析创新设计课程实践对培养学生各项能力的促进作用。本书可供教授环境工程相关专业实践课程的教师与相关专业的同学参考。

目　录

第 1 章　创新思维

自党的十八大召开以来，中共中央总书记习近平同志多次在重要场合提到科技、人才等方面的创新，以及如何在理论、制度与实践上进行创新[1]。在当今世界，创新不仅是国际竞争的大势所趋，同时是民族复兴的国运所系，更是我国发展形势所迫，推行以创新为主导的发展已是迫在眉睫[2]。创新的本质是什么？其意义究竟何在？如何实现创新？创新需具备什么条件？本章将从多维度对创新进行分析。

1.1　创新的本质

工欲善其事，必先利其器。欲创新，须先知创新。创新是什么？维基百科中提到："创新是指以现有的思维模式，提出有别于常规或常人思路的见解为导向，利用现有的知识和物质，在特定的环境中，本着理想化需要或为满足社会需求，去改进或创造新的事物、方法、元素、路径、环境，并能获得一定有益效果的行为"[3]。简单来说，创新就是综合现有资源去创造新事物。这种新事物可以是一个产品、一个过程或是一种服务、一种方法[4]，相比原事物存在改进，而这种改进可以是增量的，也可以是转型的。创新是经济和生产力增长的主要驱动力，以各种方式改善人民福祉，同时，创新是一种创造更大的公共利益和应对社会挑战的机制。因此，理解创新的性质、决定因素和影响对任何人来说都十分重要[5]。

作为当今世界唯一的超级大国，美国对创新非常重视，提出了"创新教育项目"，旨在通过确定培养个人和组织的关键技能、属性和实践、文化，来扩大和提高个人和组织的创新能力，使产业界或学术界的工作者能培养下一代创新者。根据不断的创新实践，我们总结出创新具有以下特征[6]：

创新是一种进步；

- 创新是发明与价值连续体的一部分；
- 创新需要学科交叉；
- 创新需要团队合作；
- 创新能产生社会价值。

1.1.1　创新是一种进步

对于创新，人们往往有个误区，以为提出一个新的概念，或是做出一点新东西就是创新。然而，创新实际上是一种进步，而不仅仅是新的东西。苹果公司（Apple Inc.）是世界知名的创新公司，其首席执行官蒂姆·库克认为，创新不仅仅是新事物的引入，而是意味着有比之前更好的产品。

如何辨别这种进步呢？我们提出一个方法：看到一个新事物，先问它是否具有“新”这一特质？如果有，它解决了什么问题？然后，看看这个问题以前是怎么被解决的？解决这个问题的已有方法或行业标准是什么，这个新方法和它们有什么不同？如果答案是：除了是新的（解决方案），它还可以减少一些旧有的麻烦（例如，一个新的垃圾处理装置减少了二次污染的产生，而没有增加成本），这就是改进，是创新。就改进的规模而言，创新还可以是转型的，例如，在技术的使用上产生大规模的变化。玛丽·杰普森是显示器、成像和计算机硬件领域的发明者，她认为创新是在一个领域或多个领域中进行一些具有变革意义的工作，这些领域以人们认识到的方式取得了进展。在某种程度上，创新是一个飞跃，但并不是每一项创新都是突破性的，也不是每一项创新都能戏剧性地改变世界。IBM公司的首席创新官伯纳德·梅尔森认为，除去能即刻带来显著变革的创新者以外，还有其他类型的创新者——持续创新者也是必要的，他们如同凡人一样兢兢业业地工作，但总是能做出微小的创新。颠覆性的创新并不常常出现，但只要持续创新，就会有机会。

1.1.2　创新是发明与价值连续体的一部分

创新是发明和价值之间连续统一体的一部分。如何理解呢？创新的形式有两种：一是创新者从某一既有的发明出发，以该发明为基础创造价值；二是从某个待解决的问题出发，通过创新来解决这个问题。也就是说，人们把创新描述为将某一发明应用于现实世界的需要，或者是被市场化的概念或解决问题的意图所驱动。创新过程是一个从理想概念到市场的两步过程。公司通过专利合法地保护他们的创新，创新的大部分价值分配是通过受专利保护的发明实现的[7]。

1.1.3　创新需要学科交叉

创新需要学科交叉，综合不同领域的知识。这个特征可以用生态学中的边缘效应概念来解释：如果你处在某样事物的边缘，你就会看到这个事物的两面[8]。我们可能是一个生态系统的一部分（某一领域的从业者），根据边缘效应，如果我们一直在与另一个生态系统（其他学科领域）互动，就更容易看到另一个生态系统（其他学科领域）所能带来的可能性——边缘效应使得交界区的物种更为丰富、生产力更强，因此学科交叉能带来很大的正效益。

1.1.4　创新需要团队合作

创新是团队合作的结果。创新取决于整个团队的工作，而不是一个关键创新者或某位参与者的工作。美国威瑞森电信公司（Verizon Communications）的前董事长兼首席执行官伊万·塞登伯格说：“生活是累积的，创新也是累积的，而不是个人的。”让我们举几个简单的例子，从现在每个人都在使用的电子产品开始。苹果公司的前首席执行官——史蒂夫·乔布斯是个天才，但他没有发明电脑，没有发明任何东西进入 iPhone 手机，但他让这一切融合在一起，这是他所在的团队的贡献，不是他一个人的功劳。另一个例子，比尔盖茨有足够的常识和敏锐的嗅觉，他知道电脑没有相互交谈，所以他构建操作系统使它们互相交谈，但在这个过程中，当他第一次完成操作系统时，系统存在很多问题，需要他的团队来帮助解决。乔布斯和盖茨都需要一个完整的团队，加上出众的洞察力和创新精神，他们创造了比任何人都卓越的成就。所以，没有一个创新者能够独自创新，这和“没有人能一直是正确的”是同样的道理。我们想不出有谁能独自一人做成创新，我们会以为爱迪生独自一人发明了灯泡，但实际上他有一个 14 人的团队。

1.1.5　创新能产生社会价值

有些创新会产生巨大的影响，而有些创新虽然有用，但影响很小[5]。但无论如何，几乎所有人都认同一个观点，就是创新必须能产生社会价值。美国斯伯克希尔公司（Sproxil）的首席执行官阿希菲·戈高认为，创新应该对社会有帮助——如果一个人有了一项发现，那是件好事，但如果这项发现可以直接用于改善个人生活，那就更好了，因为我们生存在这个星球上的终极目标就是改善人类生活。

创新的部分价值是与“及时采用”相关的，即使不能即时产生效益，它也应该在不久的将来能派上用场。美国著名化学家查德·米尔金曾这样描述创新：除非社会上已经在使用某一项创新产品，否则该产品不能被称为一个创新，也就是说，一旦你宣称，你有一个技术可以影响大众，是个创新，那么今天你要问，这个技术处于什么位置，要花多少时间和金钱才能实现？如果答案是用一年的时间和 300 万的资金——假如该产品的市场规模很大，这是非常合理的。但如果答案是在 60 年后，那么，要投入大量资金，恐怕还为时过早，这个技术还需发展一段时间才能被称为创新！

很多所谓的创新者欺骗自己，认为所做的一切对社会都是有意义的，这种想法很危险。普渡大学的杰出教授格雷厄姆·库克斯警告创新者的这种欺骗行为，他认为，一个创新者应该明白，一方面我们要像西部牛仔一样，努力挖掘新东西，另一方面需要小心，不要自欺欺人。美国著名发明家罗伯特·丹纳德也持有相同的观点：许多发明都不是创新，作为发明家，他有 62 项专利，但实际上只有一到两项为人们所用，而如果没有使用，就不算是创新。所以创新是一种突破，一种真正有用的东西。

总之，创新是一种改进的产品、过程或服务，能够及时地、有时甚至是变革地造福社会。它是不同领域交叉的团队活动，将不同的想法、能力和/或方法汇集在一起，从而产生价值。

1.2　创新的意义

从“科学技术是第一生产力”到“创新是引领经济发展的第一动力”，中国经济自改革开放以来经历了快速发展，中国的领导人愈来愈意识到创新对国家发展的重要性。在日益全球化的经济环境中，创新在全世界被普遍认为是成功竞争的关键。美国工程院所编写的书籍《教育创新：影响创新的因素——基于创新者与利益相关者的投入》中提到，创新能力应该成为衡量国家劳动力在全球经济中成功竞争能力的新指标[6]。众所周知，美国在

20世纪之所以能够引领世界经济，就是因为他们在创新方面领先全球，各种耳熟能详的科技大公司几乎都是来自美国。随着和平岁月的逐渐拉长，国家之间的竞争角逐日趋激烈，挑战更加严峻，为了持续推动中国的经济发展，在国家的各行各业进行创新至关重要，具有重大意义。

1.2.1 创新是重新定义行业的力量

创新是重新定义行业的力量[9]。对于任何组织来说，创新不仅代表着成长和生存的机会，也代表着显著影响行业方向的机会。21世纪初，苹果公司推出iTunes和iPod时，轰动了整个业界，这并不是因为这些创新在个人电脑领域从未有人想到过。相反，这是一种将技术变革和商业模式变革结合在一起的创新策略。iTunes和iPod的推出还没有过新鲜劲，苹果马不停蹄地推出了iPod新款——与U2（美国著名摇滚乐队）合作推出了iPod特别版，这为内容提供商带来了丰富的合作机会。苹果公司在个人电脑行业的发展方向上留下了难以磨灭的印记。

正如苹果、丰田、戴尔、纽柯钢铁、索尼等创新领袖公司所展示的那样，对占主导地位的商业模式或核心技术的关键部分进行重大创新，可以改变整个行业的竞争方向。创新为公司提供了在商业发展中留下印记的机会。通过制定行业游戏规则，这些公司占据了领导地位。创新不仅是竞争市场的武器，它已经被证明是在社会创新和社会企业家精神的保护伞下重新定义慈善事业和政府的一个重要砝码。乡村银行（Grameen Bank）是这方面最著名的案例。传统的高息贷款夺走了贷款者工作的全部价值，使他们陷入贫困的恶性循环，而小额信贷的理念极大地改变了成千上万人的生活水平。这种创新性的小额信贷是一种额度非常小的贷款，小到三四十美元，为个人提供创业或发展企业的机会，促进了个人、家庭和地区的经济改善，在新兴国家和陷入困境的经济体中得到了广泛的推广。小额信贷通过谨慎的选择、社会控制和多样化来改善贷款的风险状况。低风险意味着更高的利率和贷款人显著提高生活水平的可能性。

还是从行业的角度来看，尽管获得行业内龙头老大的位置并不容易，但事实证明，保持这一位置的挑战性要大得多，需要企业不断进行创新。企业进行创新，期望市场给予公司持续增长和成功的回报，这是一个很常见的错误，导致无数企业就此垮台。例如，波音公司（The Boeing Company）推出了非常成功的777机型，并在21世纪确立了商用飞机的标准。然而，波音未能保持行业主导地位，空客（Airbus）挑战了其领导地位，在2004年空客的销量超过了波音。所有的公司都看到，它们的市场优势来自突破性创新，但如果没能持续创新，这些创新的优势会被逐渐削弱，最终被竞争对手逆转，所以，一个突破性的创新不是成功的保证，只是一个机会。在这之后，后来居上的公司必须连续不断地进行创新，从渐进式创新到激进式创新。后来居上的公司知道必须持续创新的真理，他们可以从中汲取持续增长。

因此，从长远来看，对任何公司来说，唯一可靠的保障是比竞争对手创新得更好、持续创新时间更长的能力。在未走下“神坛”之前，诺基亚（Nokia）的管理层经常表示，其真正的业务不是手机，而是他们的创新。在诺基亚的案例中，创新是一种融合到组织核心的能力。该公司将其持续创新的文化称为“更新”。创新的能力使诺基亚的规模从1994

年的 60 亿美元发展到 2003 年的 360 亿美元。但即便对诺基亚来说，创新也并非易事：2004 年初开始的一段时间，该公司的财务业绩一直不佳，作为创新领先者的地位也受到了挑战。后来诺基亚经历了辉煌，又迅速从历史的舞台消失。

卓越的创新为公司提供了比竞争对手发展更快、更好、更聪明的机会，并最终影响行业的发展方向。可口可乐公司（Coca-Cola）的发展就给我们提供了一个鲜活的例子。在 20 世纪 90 年代，可口可乐公司的利润以每年 15%～20%的速度增长，可谓是野蛮生长，势不可挡。然而，这家饮料巨头突然一蹶不振：1998～2000 年，该公司利润连续三年下滑，这是他们近几十年来经历过的最严重的下滑。通常情况下，导致利润下滑的因素有很多，包括一些地区市场需求疲软，以及美元走强削弱了海外市场，但可口可乐公司面临的主要问题是全球对可口可乐的需求正在下降。最早的信号出现在 20 世纪 80 年代，当时斯纳普（Snapple，美国的另一种饮料品牌）横空出世，席卷美国，可口可乐在美国（该公司最成熟的市场）的销量下降了 2%。在世界其他地方，经济增长放缓，市场在变化，为了迎合本土消费者的口味，本土品牌如雨后春笋般涌现，导致可口可乐的销量惨不忍睹。在那个时代，世界的饮料业正在发生变化，更加注重新奇：过去，饮料所要做的就是提神，而今，新的要求出现了。为了生存和发展，可口可乐公司需要有系统创新和交付新产品的能力。对可口可乐来说，这意味着从单一核心产品转变为一个全面的饮料公司，可口可乐意识到它需要新产品来迎合饮料口味需求的新趋势。

这是商业战略的一个根本性变化，因为从历史上看，可口可乐公司的优势在于拥有一个非常成功的核心产品——可口可乐，而竞争对手通过推出新饮料削弱了这种优势。最值得注意的是，他的最大竞争对手——百事可乐（Pepsi）在那几年几乎在所有重大产品创新上都击败了可口可乐，从 20 世纪 80 年代的健怡可乐到 21 世纪的柠檬味可乐。

可口可乐的回应是改变其传统的基于亚特兰大（总部所在地）的运营模式。道格·达夫特从 1999 年到 2004 年担任该公司首席执行官，他领导下的公司一直试图在战略方面迅速追赶其他大公司，他所采取的创新战略名为“为胜利而战”：这种战略严重依赖于渐进式创新和突破性创新的结合。公司开始在技术和商业模式上进行创新，承担了一项艰巨的任务，即在整个公司范围内创造一种创新文化。为了支持这一点，该公司创建了新的组织（创新中心）和新的创新流程。对于一个在历史上通过标准化而成长起来的公司来说，这并非易事。此后，公司在一个分散的环境中运营，这在前几年是不可想象的：新的命令变成了“因地制宜”。此后，可口可乐的日本分公司一直在以令人眼花缭乱的速度开发产品和宣传活动，只要求总部亚特兰大方面给予最终批准和资金支持。同样，墨西哥的分公司也开发并推出了一种新的牛奶饮料，并自行管理。通过这样的创新战略，可口可乐公司最终实现了对其他公司的反超。

铁路的创新是另一个通过创新重新定义行业的鲜活例子。火车这一诞生于 19 世纪的近代新型交通工具，自其问世来就给世界带来了瞩目的影响。高铁的诞生又重新定义了这一行业。目前为止，中国修建了超过 2 万公里的高铁线路，比世界其他地区加起来还要多。高铁促进了一个紧密相连的经济圈诞生：人们可以住在郊区，避开市中心昂贵的生活成本[10]，今天，约有 7500 万的人口居住在距上海不到一小时车程的卫星城范围内；大都市间紧密相连，高铁正在为中国最勤奋的城市连接资源与市场，同时引导投资和技术流向欠发达地区[11]。

1.2.2 创新能推动企业收入和利润的长期增长

越来越多的研究表明，创新与企业的经济效益存在紧密联系。创新使企业能够提供更好的产品，从而较创新力较弱的企业，实现更高的企业绩效[12,13]。此外，创新还通过增加客户价值影响企业的生存。21 世纪初，吉列公司（Gillette）的主管兼首席执行官詹姆斯·基尔茨这样总结创新："两年前，我们创造了一个简单的愿景：通过创新，比竞争对手更快、更好、更全面地传递消费者价值和客户领导力，从而打造整体品牌价值。"他还指出："你需要鼓励冒险。我们公司的主题之一是要记住，成功的反面不是失败，而是惰性。将创新置于正确的环境中，创新对公司或组织在竞争环境中的增长至关重要。没有创新，你会停滞不前，你的竞争对手会取代你所在的位置，然后你就会死去。"

这里有一个令人惋惜的实例。早在 1979 年，美国计算机服务公司（CompuServe）就开始提供在线服务，并开发了大量的应用程序，包括电子邮件、在线银行和在线购物。到 1990 年，在线服务市场的用户已经达到了 100 万，计算机服务公司无疑是这个市场的领头羊。然而，到 21 世纪即将来临之时，美国在线（American Online）已成为市场上的主导力量，于 1998 年收购了计算机服务公司[14]。计算机服务公司以创新引领潮流，停顿然后动摇，最终只能屈服于一家更具创新性的公司。计算机服务公司并不是唯一被赶下台的领跑者，类似的故事存在于每个行业，包括航空公司、投资银行、计算机等等，充分说明创新对于企业生存发展的必要性。

创新是实现企业积极的营收增长和提高营收成果的关键因素。企业不能仅靠降低成本来实现增长。企业在过去的多元化尝试，包括市场扩张、传统并购等手段，大多未能创造出企业所需的营收增长，当这些传统方法无法达到预期效果时，公司会通过创新来实现增长。例如，图 1-1 描述了一家领先的电子公司面临的收入增长挑战，市场扩张、预期的并购和商业化渠道中产品预期的销售增长的合力未能产生达到目标所需的收入增长，企业未能满足自身的增长需求，这时缩小收入增长差距的途径就是创新。创新创造什么样的增长取决于公司的需求和能力，从企业财务学科的角度来看，创新可以为企业带来收入增长、更强大的底线、改善客户关系、更有积极性的员工、提高合作伙伴的绩效以及增加竞争优势。

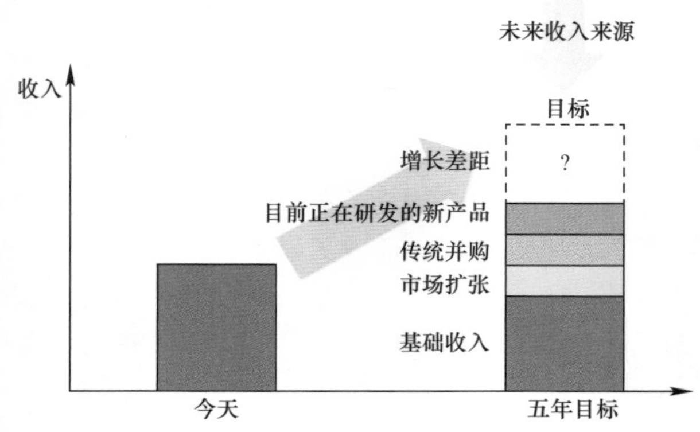

图 1-1 创新通过顶线增长对企业产生价值

为实现创新驱动发展战略，需将创新思维落实到每个人才，即“人才驱动”：每个企业的创新必定是由个人的创新所带来的，可能是某一关键团队做出的决策导致，也可能是整个企业上下的创新所形成的合力。因此，作为个人来说，深入体会创新，不断尝试、学习、训练、提高创新能力是十分有必要的。

1.3　创新的必备条件

既然创新如此重要，如何实现创新的确是关键问题。很显然，创新者们有着他们的特征：具备了有助于成功创新的特定技能和特性、有足够丰富的经验，并且，很重要的一点，他们身处的环境能帮助他们实现创新。美国热点（Buzz Points）公司的首席执行官呼吁：在寻求促进创新和找到创新解决方案时，要广泛撒网。他认为，我们所有聪明、有创造力的人都在试图寻找理由否认他们的创新能力，这是一种伤害。我们有一种思维定式，认为只有某些人或组织有能力进行创新，在这种思维定式中，我们实际上是在建立一种社会和制度结构，这种结构对他们来说有自己的精英主义。但实际上，创新来自四面八方，创新能力是可以训练的。我们需要调动每一个人和全世界的力量，为我们面临的最困难的问题找到创新的解决方案。

创新者兼企业家古普塔也持同样的观点：每个人都可以创新——这是内在能力和环境的结合。实际上，硅谷有几位成功的创新者来自世界各地，他们可能从未想过在自己的国家进行创新。他们来到硅谷，突然之间，发现身边的所有人包括自己都在创新、创办公司。所以，环境很重要，但环境能让其中的每个人都具有同样的创新能力吗？每个人的创新驱动力都是一样的吗？很显然，基本的教养、职业道德和其他素质，都很重要，环境不是单一的促进创新的因素，对每个个体来说，起主要作用的创新驱动力也不尽相同。

本节将介绍促进创新的具体因素，每个因素会单独介绍，但它们之间存在互相作用。图 1-2 展示了影响创新者成功的因素框架。它反映了技能、经验和环境之间的相互作用，这些都是创新者成功的基础。一般来说，环境提供了经验，而这些经验增强或发展了创新者的技能。对这些技能、属性、经验、环境的深入思考，对我们培育优秀的创新者具有重要的指导意义。

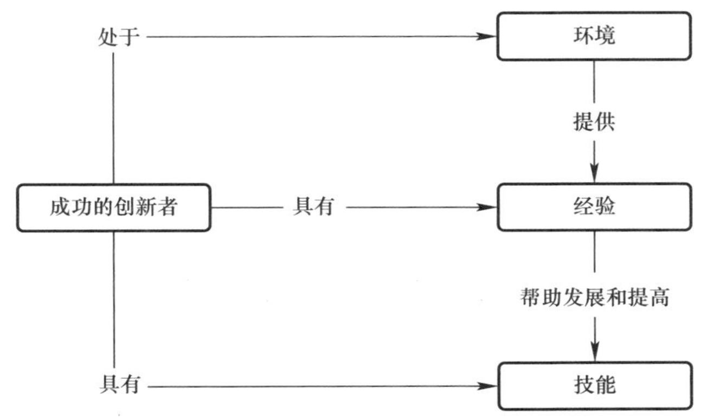

图 1-2　影响创新者成功的因素框架

1.3.1 技能与特质

成功的创新者常常拥有他们共同的技能与特质，如下所列。这些因素虽是单列，但每一个因素都可能促进或依赖另一个因素。有些人可能认为其中一些因素是天生的，但实际上它们大多是可以训练培养的：

- 创造力；
- 不满现状；
- 强烈的好奇心；
- 识别偶然时刻的能力；
- 愿意承担风险和失败；
- 热情；
- 具备专业知识；
- 识别好的问题/想法的能力；
- 能交叉学科工作；
- 具备推销创意的能力。

（1）创造力

人们认为，具备创造力是创新的基础。某种形式的创造力对于创新是必要的。一个没有创新能力的人可能有创造力，但是，如果你没有创造力就很难有创新。加州大学旧金山创业中心的凯瑟琳·摩根特博士将创造力描述为一种以新的方式思考世界的能力，一种从清晰、开放的角度思考的能力。这个能力涉及从源头思考，并以某种方式利用历史或现有的解决方案，而不受它们的阻碍。

有些人认为创新和创造力是同义词，认为发挥创造力是有意义的。把创新看成有创造力是很自然的，因为你可能没有创造任何有形的东西，但在创造新信息的过程中，你就是在创新——甚至创造新的知识或信息也是一种创新。创新本质就是一种创造，但创造却不一定是创新。

影响创造力的因素有哪些呢？合作精神是其中之一，这种精神本身就充满活力；好奇心和灵活性都能激发创造力；想象力，或感受可能性的能力，在创作过程中也起着中心作用。

（2）不满现状

创新者通常不满足于现状，愿意挑战现状。用蒂姆·库克的话来说，创新需要的是不满足于现状，创新者是从不满足的人，是完美主义者。八月资本（August Capital）公司合伙人大卫·霍尼克认为，创新者气馁时会遇到问题，不断思考如何改善他们在日常生活中遇到的一切问题，一些人们暂时没有让它变得更好的问题，所以他们看到很多机会，按他们设想的方式去让世界变得更美好。

作为美国最大的电子商务公司，亚马逊（Amazon）对创新的推崇首屈一指，且取得了卓著的成绩。2006 年前后，亚马逊已经成功转型，从互联网泡沫的破灭中崛起，提高了每一款产品的利润率，成为一个成熟的品牌和世界领先的在线零售商。然而，CEO 杰夫·贝佐斯并不满足于将公司的创新局限于在线零售领域，他看到了利用亚马逊在第一个发展十年掌握的能力可提供更具雄心和颠覆性服务的机会。随后，亚马逊对其网络基础设施进行了架构设计，以提供一个可共享、灵活的电子商务平台，并创新性地推出亚马逊网络服务，正式投入计算机基础设施的建设，为后续推出基于云的服务打下了良好的基础[15]。正是这样的“不满足”使得亚马逊能够成为常胜之师，一步一步走到今天。

(3) 强烈的好奇心

强烈的好奇心是成功创新者的标志，是创新的关键。对于创新者来说，好奇心无处不在：某某事物是什么？它是如何工作的？别人是怎么想的？培养好奇心很难，但我们可以用一些东西来鼓励它。这可能无法通过一门课程就做到，但我们可以在环境方面做很多努力——环境对好奇心有很大的影响。

好奇心强的人往往善于利用偶然的机会，观察新想法、新概念或新情况，并把它们与自己所学的东西联系起来。顶级编译员公司（TopCoder）创始人杰克·休斯描述了他自己把好奇心和意外发现联系起来的经历：当你在做某件事的时候，你的眼睛被这件事吸引住了，你联想起了自己的知识、过去的经历，然后就会出现意外收获。

(4) 识别偶然时刻的能力

机缘巧合在创新中起着重要作用。机缘巧合可能被宽泛地理解为运气或机遇，但创新者们一致认为，它源于敏锐的观察和利用这些时刻的能力。数据可视化专家、谷歌创意实验室的创意总监——阿隆·科布林曾说过：“生活就是设置幸运陷阱。没有人是幸运的，但幸运总是发生在我们周围，有些人看到了，有些人没有。”

加州大学圣地亚哥分校的医学系教授德玛利亚博士在一项合作研究中发现了心肌对比回波现象，这是因为他识别出了偶然时刻。在设计实验时，德玛利亚教授的目的是想知道微气泡被注入冠状动脉会发生什么，当看到心肌混浊后，他们认识到这是可能用来评估心肌灌注和冠状动脉血流的技术，随后这个猜想得到了证实。此现象的发现没有任何先见之明，他们没有预见到这样的结果，这一项新技术是纯粹靠观察得到的结果[16]。因此，在关注偶然时刻的同时，对事实保持诚实很重要。普渡大学的艾丽莎·帕尼奇教授告诫创新者们：创新能力的一部分就是始终关注数据告诉你的东西，而不是从数据中解读你想要的东西。

通过教育我们可以对偶然时刻有更敏锐的嗅觉。创新者保罗·卡缪蒂所受的教育极大地提高了他处理意外收获的能力，虽然他目前没有从事他所修读的工程工作，但他正充分利用本科所学的技能——快速解决问题和分析问题的能力，本科教育让他对压力和应用分析抱有高度严谨性，这样的严谨是他现在每天都在使用的技能，他认为这帮助他提高了识别偶然时刻的可能性。没有一个想法是你不去尝试就会产生的，要常常问自己：这是好事还是坏事？它适用于哪里？它的应用效果如何？

很多人认为，我们当今的教育体系还没有为培养学生识别偶然时刻能力做好准备。其中一个原因可能是，教育在很大程度上太过正式、太过可预测、太过有计划、太过严格、太过程序化。这种现象推广到生活中是这样的：生活就是为了让你忽略那些偶然的时刻。你坚持走预定的道路，而不是注意周围发生的这些奇怪的事情，这对培养识别偶然时刻的能力不太有利。

(5) 愿意承担风险和失败

当托马斯·爱迪生被问到他在发明灯泡的过程中多次失败的感受时，爱迪生的回答是："如果我能找到10000种行不通的方法，那我就没有失败过"[17]。真正的创新者不会轻易地被失败击垮，人们通常将创新者们视为"明知有失败的可能却仍在努力的冒险者"。许多创新者对失败的效用甚至必要性进行了阐述：他们不害怕失败，也不被失败吓倒，他们把失败当成工作的一部分来接受和管理，从中吸取教训，继续前进。迎着失败而上听起来有一股冒险的味道，但事实上，创新者并不认为自己是冒险者，他们将努力当作乐趣和享受，而不是冒险和挑战，创新者会关注风险/回报比率，看看回报是否大于风险。失败变成了一个学习的机会，这抵消了风险的潜在不利影响。

关于创新者对风险和失败应持有的态度，谷歌公司（Google）高级技术与项目集团（ATAP）的高级工程副总裁雷吉娜·杜根认为，鼓励失败和打消对失败的恐惧是有很大区别的。从创新的角度来看，真正的重大胜利往往是充满风险和不确定性的。当我们开始着手一项工作的时候，我们不知道会成功还是会失败，但我们必须奠定基调，不畏惧失败。我们不必喜欢失败，但为了获得大的胜利，我们不能害怕它。对于一个创新者，我们必须想尽办法让自己克服对失败的恐惧，鼓励自己勇敢冒险。

安迪·沃尔什是红牛公司（Red Bull）的人力资源总监，在挖掘人才潜质方面有独特的见解。对于失败和风险，他曾谈到了区分感知风险和实际风险的重要性。如果感知到的风险远远高于实际风险，只要差异不太大，就提供了良好的学习机会。而如果对风险的感知很低，但实际风险很高，那么就不应该去冒险。真正的创新者应该具备较强的感知风险能力。

但是，不畏惧失败并不意味着盲目接受失败，因为失败可能导致为了试验而进行试验。中国有句古话叫做"失败是成功之母"，于是有人错误认为试验成功前必须经历无数的失败，但这可能会导致团队弥漫消极的氛围，不利于高效作业。此外，如果最后没有能够成功，失败就和创新精神毫无关联。

在学界、社会和职业环境中，承认风险管理能力的价值并鼓励冒险是一个重大挑战。用IBM公司负责创新的副总裁——伯纳德·梅尔森的话来说，创新最大的挑战是让人们愿意承担风险，尤其是很多大公司存在的最大障碍——不能很好地承受风险。

(6) 热情

每个成功的创新者都有强烈的、令人难以置信的欲望和改变的热情。这样的热情还与动力、好奇心、冒险的意愿以及坚持不懈的努力联系在一起，甚至可能表明一个人的创新能力——热情激励一个人努力工作，努力尝试创新。斯坦福大学校长约翰·轩尼诗认为，充满热情是成功的创新者和一般的聪明人之间的区别之一。

安迪·沃尔什说，对追求、向往的事物充满激情可以缓冲失败的情感冲击，帮助创新者在失败面前坚持不懈。如果你没有热情，失败会很快把你击倒，然后你就会使用更安全、通常也更保守的工作或处事方法，而不是去创新。因此，创新过程的一部分包括评估个人对所承担项目的兴趣水平，这可能最终影响项目的成功。

(7) 具备专业知识

创新者必须对自己领域的基本原则、原理有深刻的理解，包括经验和技术知识，例如，要在技术上创新，我们必须从科学和工程的综合知识开始。此外，创新者应该能够回答这个问题：你知道什么别人不知道的？毫无疑问，任何领域都会存在问题，但创新必须源自一些知识、一些洞见，以及一些看待创新的不同方式，创新不是空中楼阁，一定有知识的根基托底。很多人以为牛顿被苹果砸到了就让他想到了万有引力定律，但那是基于开普勒三定律及自己的牛顿运动定律所得到的结果，如果他对这些基础定律一窍不通，那么他被苹果砸一千次、一万次恐怕都推导不出万有引力定律。

知识的深度会让我们对“什么是对、什么是错”有一种直觉。如果有些东西不对，我们可以迅速辨别到它。当你有了这些核心的知识和经验之后，我们就可以扩展学习其他的技术。正确的职业教育计划是让学生从一个非常专注的领域开始，但在获得认可之前，试着从事其他工作。

除了在自己的领域有深入的知识，创新者必须知道自己的能力和局限性。如果没有这种自我意识，创新者就有可能无法选择最有前途，或者说最有可能创新的方向。在寻找有前途、最具创新力的人时，应问他是否理解自己的技能和弱点——选择不做什么具有令人难以置信的重要性，但人们往往忽视这一点，选择不做什么实际上是一种技能，这也需要专业知识的铺垫。

（8）识别好的问题/想法的能力

创新者们明白识别好问题能力的重要性。但他们同时承认，发现一个好的问题不是一个简单的过程。用康宁公司（Corning）的首席执行官大卫·莫尔斯的话来说，创新是一门艺术，创新者知道如何识别有可能成为商业成功的事物，以及如何实现成功。如何识别好的问题或想法并不一定有一个单一的答案，是否有一种简单的方式来说明某个想法绝对是一个好主意？好主意有时就像情人眼里出西施，让人难以准确识别。关于如何发现、识别好的问题/想法，有以下建议：

- 花大量的时间想出问题、思考问题、定义问题；
- 跟随直觉；
- 根据问题对人类的影响来选择问题，并确定哪里需要解决问题；
- 确定可执行的问题——那些实际可行且有可执行解决方案的问题；
- 针对较少被涉及的领域；从需要创新的人那里收集信息；
- 借鉴别人的失败经历，问问自己：“可否从中探索一条通向成功的道路？”
- 找出有趣的问题、让人感兴趣的问题；
- 知道什么时候做。

海尔公司的工程师们在中国农村做到的事为我们示范了如何识别好的问题/想法。他们惊讶地发现，农村的人们会用海尔洗衣机清洗自家种植的蔬菜。但是洗衣机上的程序都是为洗涤衣物而设计，是否可以设计一套洗涤蔬菜的程序？回到公司，他们马上针对这个需求，设计了一种专门为蔬菜量身定做的洗涤循环，提升了居民的生活水平。还有一次，一位目光敏锐的工程师看到一个学生在海尔的两个冰箱之间放了一块木板，做成了一张临时桌子。作为回应，公司设计了一款带有折叠桌面的冰箱，让冰箱也可以直接作为桌子使用[18]，大受欢迎。

（9）能交叉学科工作

创新者们往往具备联系各学科的能力。创新常常发生在学科交叉之时，将某一领域的一项新技术应用到另一领域时可以产生不同的视角来分析、解决问题。大卫·莫尔斯认为，技术创新是一种识别某些科学之间的联系以填补某种功能的能力。创新者的跨学科性远远超过了在某一领域技术上的坚实程度。创新者是那些与他们的领域格格不入的人，因为他们可以跨越国界，可以跨越学科、地理等的界限，他们可以把 DNA 和硬盘连接起来——做一个 DNA 硬盘。

跨学科的团队拥有广泛和不同领域的专业知识和各种技能，在跨学科的团队中工作不仅允许知识的交流和思想的发展，而且减少了风险。如果你在一个跨学科的团队工作，因为有制衡，你有更多的机会想出一些有价值的东西：你们都涉及彼此的基本专业领域，接受更多训练，而不是仅仅在一个专业领域工作。

艾丽莎·帕尼奇教授说，当她处于自己知道和不知道的东西边缘时，她是最具创新性的。当她在交叉领域工作时，她较少受到一般学科教条的约束，了解了足够多的生物学和足够多的化学让她在学术之路上游刃有余。

我们从另一个角度进行思考：在一个人们十分看好的交叉领域工作可能不会产生成功的结果，因为有人已经认定这个领域很有希望，所以它是被动的。真正的挑战在于预测新的、有希望的是什么交叉领域。当我们试图找出目前最有成效的交叉领域时，我们会遇到麻烦。比方说，我们一边看着虚拟现实技术（VR），一边看着医学，我们会想到结合这两个领域的远程手术似乎很有意思，但是实际上人们已经在这么做了。那么我们到底应该用什么类型的信息来找出一个有希望做出创新的交叉领域呢？首先，我们必须对已有的、具有卓著创新成果的交叉领域有充分的了解，当然，这并不意味着那里没有机会，但这仍然是基于别人已经做了大量工作的情况。在这种情况下，能真正突破新领域的可能性会下降，因为其他人已经正在探索或探索过这些交叉领域了。著名企业家弗兰斯·约翰逊认为，更有趣的交集常常出乎意料，这也就意味着我们在寻求创新的交叉领域时，不能被惯性思维所束缚。

福特公司（Ford）利用跨学科的手段，成功实现了“咸鱼翻身”。福特在 20 世纪取得了伟大的成功，但进入新世纪以来，却面临着生存之战，主要问题当然是生产成本过高、生产效率较低（相比竞争对手）。对此，福特在危难之际紧急改革，首先是标准化其生产基础设施，并对制造厂进行了升级改造，以确保成本的控制，恢复与丰田等领先制造商在流程效率和每辆车的成本方面的竞争优势。除此之外，如何反超夺回霸主地位呢？福特给出的答案清晰明了——跨领域合作。福特决心超越传统的、以硬件为核心的汽车行业典型的专有解决方案，进行以数字应用程序、服务和开放平台进行创新。福特的第一步是在 2007 年与微软合作，推出福特 SYNC 平台。SYNC 平台将智能手机及其应用程序与福特汽车连接起来，消费者可使用无线蓝牙或 USB 将他们的手机和音乐播放器连接到福特 SYNC 平台，以访问应用程序和娱乐。虽然在一开始，无线蓝牙连接对许多手机用户来说并不容易管理，而且平台软件也有漏洞，但是这个颠覆性的创新以低成本实现了导航功能。凭借它，福特击败了诸多竞争对手，截至 2013 年，搭载 SYNC 平台的福特汽车销量超过 5000 万辆，远超其竞争对手[15]。

（10）具备推销创意的能力

在日益增长的全球信息经济中，以清晰和鼓舞人心的方式交流思想的能力越来越重要，这对于经常参与团队活动的创新者来说至关重要。推销一种想法的能力与为这种想法的研究或开发争取资金的能力，以及在适用的情况下从想法到实现的过渡密切相关。用 Adobe 公司的高级技术首席策略师马克·兰德尔的话来说：“如果你不能为你的事业招募优秀的人才，你作为创新者可能不会成功。”

大多数成功的创新者都非常善于解释自己的想法。也许有些人非常善于提出想法，却不善于解释它们，这些人通常不会走得太远。一个创新者要想成功，需要更多的人一起工作，所以创新者必须具备找到志同道合的伙伴并说服他们共同参与的能力，如果不能解释想法，就很难说服这些伙伴的加入。

1.3.2　经验

不同领域都有各自的创新者，可能每个领域都有定义成功的特定标准，但以下经历能够提高不同领域创新者们的创新能力，包括：

- 跨学科合作经历；
- 行业经验；
- 识别和解决开放性问题；
- 导师指导；
- 榜样；
- 培养创新的教育。

（1）跨学科合作经历

在跨学科团队中工作的经验是至关重要的，你在跨学科团队中有过经历，未来才能更好地融入跨学科团队，这是做出创新很重要的一点[19]。如果你是一个产品经理，当你刚刚走进工作岗位，试图研发一个包含很多元素的产品时，若你曾经在学校接触过跨学科环境，那么这个经历就会产生重大作用。

伊利诺斯大学的瑞安·贝利教授具有化学和生物学的跨学科研究经验，她对跨学科合作经历极为推崇：跨学科合作帮助我们理解生物学家与化学家的不同文化，工程师如何以不同的方式看待世界，医生如何工作，等等。真正有价值的是理解它的意义并欣赏。它可以帮助你看到和感觉到你正在为更大的事情做贡献。最重要的是，跨学科团队的成员可以通过各自贡献项目所需的技能和知识来扩展团队中其他创新者的能力。

合作经验也在自我发展中发挥作用。当我们处于团队中时，与其他人建立了联系，这也是更好地了解自己的过程，因为了解别人有时就是了解自己。这也是为何合作如此有价值的原因之一。

此外，我们可能低估了非正式的跨学科经验。有时候，来自不同地方、具有不同学科背景的人聚在一起，只是坐下来讨论一个问题，这个问题不是事前提出的，但针对这个问题的讨论却能让所有参与的人变得更好。然而现今很多具有不同学科背景的人很难聚在一起进行讨论，这也令人十分惋惜。

（2）行业经验

行业经验对创新者尤其有益，通过行业经验的积累，创新者们可以提高批判性的理解能力，从而可以识别和解决实际问题。因此，渴望成为创新者的人应该离开消极的、不鼓励创新的地方，与积极创业的、正在经验一家创新型公司的人共事、合作，即使是自费参与。

当代大学生们更应注重行业实践经验的积累。当他们进入实验室或是企业，得到实习经历，或者在某些技能上得到拓展，这是一种非常珍贵的体验。即使对于以学术为终生目标的人短期的实习项目也是一个小投入高回报的选择。

(3) 识别和解决开放性问题

发现和解决开放性问题的经验要求学生定义（或重新定义）一个问题，并从不同的角度探索它。一般的学生很难有这种经历，我们在学校的教育往往是这样：老师提出了一个你知道答案或是很容易找到答案的问题，而你知道答案的事实改变了你思考问题的方式。当我们发现一个没有标准答案的问题时，我们实际上需要用一种完全不同的方式来解决它，但很多高校并没有注重这一点的教育，这是目前教育体制的不足。

为了使学生获得这种经验，美国工程院物理学家罗伯特·菲谢尔教授提出了以下方法：将一个班级分成几组人员，每组作为一个团队一起工作。每周伊始，每个团队都会尝试在能源、医疗、计算机等各大领域找到当今世界上存在的问题，确定问题以后，研究一下如何解决这个开放性问题。分析开放性问题的经历让每位学生的思考方式产生变化，而分组则对这样的变化起积极作用，非创新者们往往通过这样的方式开始自主尝试创新。

一些大学为本科生，甚至是大一、大二的新生，提供了广泛的机会来做研究，获得研究开放性问题和团队合作的经验。知名化学家、企业家霍尔顿·索普证实了这种研究经历的价值，他认为，一件绝对关键的事情是做本科研究，因为有很多高中生、本科生并不知道研究是什么，也没有任何方法去发现，但通过在本科时进行研究，他们可以清晰地了解何为研究。在伊利诺伊大学厄巴纳-香槟分校的实验室里，本科生的参与度非常高，学校接受任何感兴趣的本科生进实验室，伊利诺伊大学在培养本科生研究技能方面的做法独树一帜，不仅体现在规模上，还体现在风格上。这为锻炼学生们识别和解决问题提供了丰富的经验。

(4) 导师指导

所有创新者不会回避师徒关系的价值，创新者们的专业能力、毅力与成功往往得益于导师的适时指导。麻省理工学院的工程学教授——道格·哈特曾说过："得到真正杰出的人的指导对我来说非常有价值。我认为有创意是一回事，但要想有创意，你就必须跳到别的领域，而这一飞跃，我认为，是需要以导师指导的方式教授的。"

除了有好的导师，成为一个好的导师也很重要。麻省理工学院唐纳德·沙德维教授说："作为一个好的导师，我想失去快速的判断和谴责行为。这真的很微妙——如何以一种高标准指导人们，同时又不剥夺他们的自尊，不让他们感到尴尬。"理查德·塔皮亚表示，一个好的导师，学生可以对他说："你不会让我感到自卑"、"你让我有归属感"、"你让我觉得我能成功"……蒂姆·库克认为拥有史蒂夫·乔布斯这样一个导师对他来说有重要的意义，乔布斯的思考与工作方式、良好的师徒关系对他产生了深远的影响。

导师的指导是最重要的，因为任何一种教学创新模式都不可能适用于每一个学生，但导师的指导却可以。每个人都可以创新地思考，但是有些学生比其他人更有创造力。所以，从培养未来人才的大学的角度来说，作为教育者要能够识别出谁有这种创新的潜力以及如何最好地支持这种创新。这是难以复制的，只有导师指导能够做到。

(5) 榜样

导师对培养学生的创新能力有直接作用，而同时也有激励和榜样的作用。榜样显然是鼓舞人心的！当斯坦福大学校长约翰·轩尼诗带领学生到拉里·佩奇和谢尔盖·布林在创建谷歌时用的办公室参观，告诉他们两位传奇人物当年奋战的故事，学生们会觉得这很鼓舞人心，认为他们可以做到拉里和谢尔盖曾经做到的事情。

以太网的发明者——罗伯特·梅特卡夫教授认为，我们可以从榜样身上得到两件事。一是发现他们和我们一样，或者比我们糟糕，那么——如果这个白痴能发明什么，我相信我也能！而且，榜样的存在还让你站在巨人肩膀上看问题，如果你要创新，从榜样身上你知道哪里是弯路，从不同角度看问题，然后就能开始创新。

为了让学生接触到榜样，一些创新者建议在 STEM 课程（即科学、技术、工程、数学教育）中教授历史。在这个教育体系中，我们可以展示在开发新技术和使之成为广泛创新方面的成功。在这个过程中，也可以举例说明那些参与其中的人的真实生活，因为很多时候，知识是在没有任何联系的情况下传播的，而正是这些人发展了知识。如果人们了解别人如何成功的例子，他们将处于一个更好的位置来使自己走向成功。

另一方面，榜样的话题通常集中在他们的成功上，而不是失败上。但后者同样具有启发性，甚至鼓舞人心。正如 IBM 公司的首席创新官伯纳德·梅尔森所说，最困难的事情是终止一个程序，而那些我们没能终止的程序几乎就是那些差点要了我们的命的程序，所以告诉人们那些失败的故事是非常有价值的，因为从中我们得到很多教训。Adobe 公司的高级首席策略师马克·兰德尔去大学演讲的时候，从不会告诉别人自己是如何成功的，因为他自己也不知道。实际上，大多数关于成功的书都是基于所发生的事情进行描述。而他能分享给别人的只有如何失败得更好，所以在演讲时他只会讨论他的失败。对于我们来说，从失败中能得到的财富往往更多。

（6）培养创新的教育

家庭生活可能对创新能力有很大影响，有时这种影响与父母的职业有关。例如，著名创新专家艾米·萨尔兹豪尔小时候就和父亲一起参加过公司的董事会，这让她接触到了公司是如何治理的。麻省理工学院的道格·哈特教授觉得有一个艺术家的母亲和一个工程师的父亲帮助他变得有创造力，这对创新很重要。

人们担心现在孩子的生活可能过度程序化了，这不利于创新能力的培育。知名化学家霍尔顿·索普说：“在以前那个年代，你会花几个小时的时间来把一些东西拆开，重新组装起来，或者创造新的东西。但现在的孩子们再也不会有这样的时间了。”他分享了自己小时候的经历：他的母亲在家乡负责社区剧院的运营，剧院里有很多东西可以修补，例如灯光、音响设备等，由于自己对这些事物十分感兴趣，并且得到了母亲的支持，所以他花了很多时间来学习设备的调试，并修复所有故障设备，在这个过程中，他对音乐产生了浓厚的兴趣。同时，基于这个过程中对设备的熟悉，他不断发明新的方法在那些本该报废的设备上进行多轨录音，而这些设备并非为多轨录音而设计。通过不断发明、尝试，霍尔顿·索普对音响设备进行了创新性改进，使其具备录音功能，这极大地提高了他的创新潜力。

1.3.3 创新环境

无论是自然环境还是社会环境，都是使创新者们具备成功所需的技能及经验的重要因素。美国著名心理学家约翰·杜威在 1916 年写道：“我们从来不直接教育，而是间接地通过环境来教育”[20]。一个人所处的环境很显然会对这个人产生巨大影响，培养鼓励创新的环境是培养创新人才的关键一环。

我们可以观察到，虽然孩子们小时候或进入学校时充满了好奇心、创造力和其他有前途的技能，但教育环境似乎并没有鼓励，反而阻碍了创新技能的发展和提高。对于学术机构来说，他们应该设计一个环境，为学生提供经验，以发展或提高成为成功创新者所需的技能。指导、独立、可及性、灵活性、鼓励、社会化，这些都是帮助学生创新的环境要素。

最好的创新环境要能帮助人们做他们想做的事情，并且该环境往往是以社会企业的机制运行的。在哈佛大学教授乔治·怀特塞兹的研究和创新生涯中，他认为创新环境比任何特定的研究活动都更有价值。人们曾问他，他在研究中做过的最有趣的事情是什么？他给出的答案是令人惊讶的，不是深入研究一个领域，而是将一个研究小组作为一个社会企业运行，并且发现这样的运行机制帮助研究小组做出了顶尖成果。作为一个教授、科学家，他的工作是帮助来到他的研究小组读研究生或博士后的未来之星们开展研究，这些从世界各地来到哈佛的人往往具有超高的智商与一流的研究背景。因此，他的工作不是教授做研究或创新的技能方法，他的学生们知道自己想做什么，而是创造孵化创新的环境。在他的观念里，环境的作用是使人们能够做他们想做的事，除非我们处于一个以社会企业机制运行的环境之中，否则我们将很难有丰富的收获。环境不仅仅是一个班级或课程的概念，它意味着一种身临其境的体验，这种体验适合于创新思维的培养，正如伦理思想和实践不能在一门课程中恰当地包含或讲授一样，这种体验只有身处其中才能体会。

这种创新环境是可以设计的，而欧林工学院的院长理查德·米勒敏锐地捕捉到了在设计环境时最重要的挑战：我们如何设计一个合适的环境？创新者们对环境的思考和回忆，使他们对环境影响他们生活的类型和特征有了最详尽的了解，总结下来，鼓励创新的环境应该具有以下特征：

- 明确鼓励创新；
- 拥有自由/开放的物理空间；
- 促进跨学科合作；
- 鼓励追随自己的激情；
- 强调教育的价值；
- 为修补匠们提供自由。

（1）明确鼓励创新

斯坦福大学有着世界首屈一指的工程学科，这所大学以其成功的创新和对学生的影响而闻名。当学生们在校园里游览时，看到的场景是很有趣的：他们参观了工程楼，他们说那是黄仁勋工程大楼，他是英伟达的创始人；那是杨致远夫妇大楼，他是雅虎的创始人……他们四处走动，所处的环境是那些曾经改变世界的人们生活、学习过的地方，这对年轻人来说很鼓舞人心，学生们会潜意识认为我也能做到这一点。

艾米·萨尔兹豪尔是技术创新和创业方面的专家，她毕业于世界一流研究型大学——麻省理工学院（MIT）。谈及MIT，她说她能感觉到MIT真的很重视创新，校园中随时随地都能听到关于创新的讨论，这种鼓励创新的环境也是促成MIT成为一流研究型大学的重要原因。不仅仅是高校有鼓励创新的环境，卓越的政府机构也应该鼓励创新，以美国国家标准与技术研究所（NIST）为例，NIST有一种注重促进卓越和创新的机构文化，这也许是他们能为美国制定大量技术标准的原因之一。

知名的创新者布莱恩·何曼曾强调过创新环境的价值。根据他的观点，如果你把一个本来很有创新能力的人放到一个不奖励和不鼓励创新的环境中，最终他可能无法充分发挥潜力，鼓励创新的方法之一是奖励创新思维。

(2) 拥有自由/开放的物理空间

在促进创新的环境因素的讨论中，自由、开放的物理空间的价值被创新者们反复提及，人们普遍认为，最好的创新想法是通过讨论产生的，而物理空间则为讨论提供了良好的环境。康宁公司的副总裁大卫·莫尔斯先生曾经强调过这种物理空间的价值：设施人体工程学对于组织创新能力的最大化交叉传播是非常重要的，办公室、实验室、小型会议室等区域具有重要地位。

物理空间发挥促进创新作用的关键在于确保人与人之间不拘礼节。不拘礼节是有帮助的，可以是在办公室里，也可以是在喝咖啡的时候。强迫的环境下无法促成创新的出现，反之，在开放自由的环境里，交流开放的思想对创新是有益的。

当我们对一项工作的开展毫无头绪的时候，可以先寻找一个地方让团队成员坐下来交流想法。蒂姆·库克曾经介绍过苹果公司的开放环境：公司的大堂如同咖啡馆一般，员工们在那里吃饭、喝咖啡，在这个四方区域内，员工之间可以进行自然的、未经计划的、偶然的非正式合作，这就是苹果的员工们讨论、决定事情的地方，我们看到的结果是苹果公司就此成为世界顶尖的高科技创新公司。办公空间、环境、文化这些因素都在其中扮演着重要角色。

此外，在规划和创造办公空间时，创新企业家弗朗斯·约翰森指出，人们必须注意，不同的人有不同的风格，我们必须鼓励戏剧性的、长时间的互动。而拥有多家公司的创新者卡迈克尔·罗伯茨的经验是，更多时候我们身处的是一个静态的办公空间，但为了感受开放、自由空间，我们应该想象自己身处在不同的环境之中，在帮助身边的人完成工作的同时，刺激自己的大脑进行联想、创新。

显然，关于工作环境的某些决定或多或少有助于成功的创新。从有门的单间办公室到最近流行的小隔间和豆子袋房间，德州大学奥斯汀分校的罗伯特·梅特卡夫教授在他的职业生涯中目睹了这一切。他相信，目前的开放式办公室设计和工作空间支持思想的交流，而隔间设计是过时的——谷歌和 Facebook 公司的办公室可以看到每个人工作时的状态，这是有效的。把人们放在一起，然后把墙拆掉，对激励员工和提高士气，以及促进思想交流都有积极的影响。

综合以上论述，结合众多创新者们的经历，无论是什么样的团队或组织，为了对创新产生积极影响，物理空间应满足四要素：

- 邻近性，确保多学科人员彼此接近；
- 相互依赖，因为除非人们相互依赖，否则他们不会合作；
- 无条理——自由讨论和实验的开放区域；
- 一定程度的私人空间，因为大多数创新思维都发生在自由支配的时间里。

对于学生来说，生命中最具变革性的时刻发生在大学环境中，并且往往不是在课堂上。它们发生在宿舍谈话时，发生在学生的生活或进行社区服务时，发生在学生组织活动中，发生在娱乐、运动中，这是在培养学生的创新能力时需要重点关注的一个方面。

（3）促进跨学科合作

创新者们明白协作的意义，并观察到往往在学科交叉的时候容易产生创新。他们确定了促进协作的环境具有下列特征：

- 知识的自由。知识自由是科学和工程成功的一个极其重要的组成部分，知识自由的环境意味着身处其中的人们可以自由交流。
- 相互依存。来自不同学科的人之间的相互依存是有作用的，当人们相互依存时，就会产生协作。
- 明确的鼓励和培训。学术文化在某些情况下会阻碍合作，主要原因是它没有鼓励合作。对于多数人来说，经历过学术训练后，他们需要训练自己参与合作的能力，而有些人不需要，这些人天生就倾向于成为合作者，而其他人需要鼓励和培训。
- 提供协作工具。在设计空间时，设计者要知道协作依赖于思想的交流。南加州大学的创新部副教务长克里斯蒂娜·霍莉教授把史蒂文斯中心的很多墙壁都漆成了可以板书的墙。这一面面大墙就是霍莉为大家提供的写作场所，取得了良好的效果，因为这样人们可以一起及时梳理思考的思路。

创新是一项团队运动，而不是孤立的行为。当我们看看贝尔实验室、3M、谷歌、华为，看看所有真正具有创新精神的公司，就能更深入理解这一观点。而创新团队往往由多元化的专业背景组成，例如，在著名的皮克斯动画工作室（Pixar Animation Studios），一个团队可能由一位艺术家、一位电影摄影师、一位计算机科学家和一位机械工程师组成。

在跨学科合作中，以主题为基础、而非以技能为基础的学术部门往往更鼓励跨学科教育。美国斯坦福大学是一个生动的例子：过去 10 年，斯坦福大学的建筑，几乎都不属于某个特定的院系。每栋建筑物以主题划分，可能是环境和能源大楼或者纳米系统大楼等。通过建立风险基金，斯坦福大学试图激励和鼓励跨学科合作的创新活动，为教师的研究项目提供资金。其中关键的要求是，每个合作项目必须包括至少两个不同院系的教员，而且当这两个教员以前从未合作过时会被优先考虑。

我们也可以反过来看看福特公司的例子，假若不是其公司内部鼓励跨学科合作的氛围，怎么会产生“将数字应用服务引入汽车行业”的颠覆性想法呢？这个想法是典型的跨学科合作。倘若福特公司仅是执着于传统的汽车硬件的提升，那么他们在与竞争对手的直接对话中将一败涂地，因为随着后续互联网行业的逐渐崛起，互联网与汽车行业的碰撞只是时间问题。鼓励跨学科合作使得福特公司在竞争中脱颖而出，赢得了这场没有硝烟的战争的胜利。

（4）鼓励追随自己的激情

正如在创新者应具备的技能和特质一节中提到的，每一个创新者都是充满激情的。但我们有没有可能创造一个环境来帮助人们充满激情？对自己拥有的事业充满激情是好事，能极大提高成功的可能性，但是这是非常个人化的事情，我们很难去教会一个人充满激情。即使如此，认识到什么可以激发一个人的激情是很有帮助的，因为这也是一个很好的指标，可以反映出创新者们什么时候会处于最佳的创新状态。这些认识可以帮助教育工作者理解如何激发学生的激情。

研究发现，当管理者同员工建立一种富有弹性的信任关系，即管理者对员工充满信任与鼓励时，会提高员工的热情、参与度、创新性与项目的成功概率[21]。创新者也很清楚，激情通常与金钱无关，当他们在处理他们认为重要的现实问题时，激情就会出现。在教育的背景下，让学生对他们的问题深切关心：与学生一起学习，让他们基于自己关心的主题构建自己的兴趣，使用该主题来指导他们的学习，比起试图强迫他们对某一事物感兴趣会对他们有更强大的影响。

（5）强调教育的价值

大多数创新者都觉得，他们是在强调教育价值的环境中长大的。对一些人来说，这种环境是他们的家庭，对另一些人来说是他们所在的学校。对于加州大学圣塔芭芭拉分校的教授艾伦·希格来说，他成为一名成功的创新者的道路始于自己的母亲。在他最早的记忆中，他的母亲就坚持让他上大学。母亲没有告诉他要成为一名科学家，但母亲总是强调教育的重要性。他就是这样开始，一步一步成为一名科学家的。

创新者们认识到，除了技能和经验，学生们还必须在一个有用的领域做好准备，才能在全球经济中取得成功。因此，我们的学校需要让孩子做好准备，这需要由强调教育的价值来奠定基础。如果我们不能确保孩子们接受高水准的教育，他们将难以追上其他国家的同龄人，这对于国家的发展很危险。

（6）为修补匠提供自由

创新者经常提到允许修补的环境的价值，这意味着创新者可以卸掉包袱放手去尝试，从而对自己所做的事情有更好的认识。纽约法学院的贝丝·诺维克教授认为，帮助人们认识和锻炼的环境非常重要。

修补的自由隐含着对失败的容忍，失败是尝试、学习和调整的迭代过程的一部分。正如纽莫迪克斯分子（NeuMoDx Molecular）公司的总裁森德罗斯·布拉马桑德拉所说，我们应该在一定限度上宽容失败。创新之路上最大的阻碍是人们害怕失败，然而失败只是某种意义上的障碍，我们需要倡导的是，失败通常不应归咎于一个人，而应归咎于一个过程，或该过程的一部分，允许每个人从失败中成长，这样每个人都有更多机会通过失败汲取经验，以更好地为创新铺路。

第2章 创新设计与生态环境工程学科的人才培养

2.1 创新设计的定义

设计，即“设想和计划”，是一种具有目的性、计划性的创作[22]。在设计过程中，需要进行信息的收集与分析，再利用这些信息造成新的作品，因而有人将设计称为信息（情报）的建筑。通俗来说，设计是一种为了满足某种需求而有意创造产品的过程[23,24]。

设计的类型相当多。从大类来看，设计可分为工业设计、环境设计、视觉传达设计、流行时尚设计等。

- 工业设计，包括计算机自动设计、交通工具设计、产品设计等。工业设计指的是对工业产品的使用方式和外观造型进行设计和定义的过程，最终实现、制造能满足用户体验的产品。
- 环境设计更倾向于是一门艺术，囊括建筑设计、室内设计、公共艺术设计、景观设计等，主要是为了满足人类对审美的需求而诞生的。
- 视觉传达设计，包括广告设计、包装设计等。视觉传达设计的主要目的是将信息尽可能地传达给观者。
- 流行时尚设计是为了满足人类对审美的需求，包括服装设计、珠宝设计等。

创新设计意味着要在传统的设计概念上，加入创新的元素，使完成的设计是新的、有价值的、能更有效解决问题的。

2.2 工程教育的现状分析

美国工程和技术认证委员会（ABET）将工程定义为这样一种应用：通过学习、经验和实践获得的数学和自然科学知识，再将这些知识用于开发利用自然资源，进而造福人类的方法[25]。简而言之，工程师创造出服务于人类福祉和社会需求的解决方案。“创造”“解决方案”“人性”和“社会”这四个词共同为工程创造了一种价值主张，并为向公众和学生传达什么是工程提供了一条途径。

由此可见，工程是一个动态的学科，工程教育注重理论与实践相结合，要求学习者从各个领域应用知识与技术，这些知识与技术包括但不限于：专业技能、创造力、设计、口头和书面沟通能力、团队合作、领导力、跨学科思维、商业智慧、对多元文化的理解能力等。训练有素的工程师能将他们的知识和技能应用于各种职业、行业和社会各部门。工程技能和知识是推动经济长期增长和帮助解决社会挑战的技术创新和发展基础[26]。

工程师做的事情往往可以笼统概括为“工程设计”，这是所有的工程师在接受教育时、走向工作岗位后必定会接触到的挑战。设计的目的是为了解决某一摆在面前的实际问题，如搭建房屋、防洪等，土木工程师与水利工程师等各种类型的工程师们发挥他们的聪明才智与专业知识进行工程设计。

在现代，工程的作用比以往任何时候都重要。世界人口总量正在上升，人类对资源的需求逐日增加，同时也带来了资源不足的压力，如何高效地使用工程技术解决能源问题至关重要，此外还有食物、交通、住房、医疗、通信、制造、教育、环境保护和满足现代生活的所有其他需求需要依赖于工程发挥作用[27]。随着人类社会的飞速发展，工程越来越复杂，越来越与国家的经济竞争力和具有重大社会意义的问题联系在一起。在人工智能等新兴领域，数据科学和分析正在加速发展，并将其导向新的方向。工程系统的发展通常反映并利用自然科学、社会科学、医学、管理、人文科学和这些新兴领域的融合，因此工程领域的发展仍有广阔的空间[28]。

工程知识技能是进行工程设计的首要条件，也是推动经济长期增长和帮助解决社会挑战的技术创新和发展的基础。为了确保国家的竞争力和生活质量，了解并不断适应和改进工程师的教育是很重要的。工程学科具有十足的魅力，因为工程学科所实现的东西能实实在在地作用于人类社会，为人类社会带来福祉，为人们提供帮助，这是很多人选择工程作为职业发展的重要参考[29]。

我们在工程教育这条路上已经走了很远。毋庸置疑的是，我们的工程教育应是为了培养一流的工程人才而设立。我们所有人都赞同创新是国家竞争力的关键要素，而工程创新则首当其冲。当前，我国的工程专业学生人数约占所有学生人数的33%左右（据2013年的统计数据）[30]，但近年来，我们的大学生进入社会后，其职业能力屡遭诟病。这些现象和原因可归结如下：

(1) 人才供需不平衡

近年来，大学毕业生与用工企业之间的“人才供需矛盾”问题愈发凸显。一边是愁就业的大学毕业生，另一边是愁招人的企业。这种矛盾一部分自然是学生个人的问题，但另一方面，现有的人才培养体制需要承担一部分责任。

相比我国，西方发达国家拥有比较完备的工程师培养体系。在美国，工科学生们所接受的职业教育是在完成大学的基础教育以后进行的，由企业与社会来承担，即“大学打基础，职业社会补”；德国的工程师教育举世闻名，他们的大学生在校期间要通过扎实的校内学习和企业学习来完成职业教育[31]。在我国情况则与前两者不同，大多数企业没有积极性和意愿，也没有义务接纳不具备职业素质的工科学生，而学生在校接受的职业教育寥寥可数，故而造成这样的矛盾。

(2) 实践匮乏

实践是工程的本质特征，是工程师每日必须面对的事情，也是工科学生最重要的核心素养[32]。但我国的工科学子在本科阶段接受的实践教育仍有很多问题。不可否认，目前的工程教育已经在大力推行实践课程，尤其是教学改革[33]。从各式各样的实验课程，到金工实习、毕业实习等，看似琳琅满目，但实际上，受制于庞大的学生规模，这些课程的要求与现实的实践存在较大差距，起不到良好的促进实践的作用。除此之外，绝大多数工程专业的教师都没有丰富的工程行业经验，无法较好地指导实践教学[34]。这种脱节是工程专业学生没有为进入社会做好充分准备的原因之一。

（3）教学体系偏向理科

在我国，高校往往在工程学科设置时把课程分为“基础课”“专业基础课”“专业课”三大项，这样的设置往往不能适应现代工程教育的需要。更重要的是，大部分基础课和专业基础课是以科学教育而非工程教育的理论组织，并未考虑工程的需要[35]。这些课程的教学内容陈旧且单一，在交叉学科的设置上仍欠考虑。此外，课程主要依赖于教师直接授课与作业、书面考试完成，在这些环节中，学生们只是记住事实和概念，很少有机会反思、讨论，不利于培养思维发散与创新思维[36]。事实上，我们的教育需要让学生们看到我们的科学研究如何能够直接与解决现实世界的问题联系起来，这样才能提高学生的参与度与职业能力[37]。

（4）不注重创新教育

我们已经在第 1 章中阐述了提高创新能力的重要性，但很遗憾，我国的工程教育尚未充分实现对学生创新能力的培养。这和实践课程的设置有关，以环境工程专业为例，在我国环境工程的本科学生们往往需要做很多课程设计，包括污水处理厂设计、污水管网设计等。但学生在修读这些设计课程时，使用的参考资料往往还是 20 世纪出版的设计手册、书籍，未能很好跟上时代的要求。设计课程所面对的问题也早已过时，不需太多思考与创新就能解决。这种不注重创新的教育方式也需要调整。

（5）学生综合素质有待提高

长期的应试教育可能使学生的思维能力和沟通表达能力受到影响。我们的教育需要关注学生的沟通和社交技能的发展，因为我们的工程师未来都是在团队中工作[38]。在这方面，我们的工程教育需要做出回应。

（6）不注重主动学习、终身学习理念的传递

在当今快速发展的时代，我们工程师需要不断地进行主动学习、持续学习、终身学习。然而，很遗憾的是，当代很多大学生并不知道如何主动学习，更别说是终身学习。有意识的主动学习需要让学生看到他们将要做的事情的价值[39]，在期末突击两天准备考试并不是主动学习，主动学习的理念需要融入我们工程教育的血液中。

2.3 生态环境工程人才的培养方向

在新时代，环境工程专业的教育具有更迫切的改进需要。这种需要不仅仅是传统工程教育存在的缺陷所导致，更重要的还有环境工程本专业及我国乃至世界现存的各种复杂问题所导致。

2.3.1 新时代环境工程师的要求

在 21 世纪，人类对环境的压力逐渐加剧。在过去几十年里，随着生活条件的改善，世界各地人口的预期寿命大幅度增加，并将继续增加。联合国预测，到 2050 年，世界人口将达到约 98 亿人，比今天增加大约 30%。中国目前有接近 14 亿人的人口，到 2050 年预计将增加 4.2 亿人口。随着人口的增长，人类对自然资源的需求和对自然系统的影响也会增长，这些影响将在不同地区以不同的方式产生影响。2050 年时，至少有 2/3 的人口将生活在城市，这给提供清洁水、食品、能源和卫生设施的城市系统带来了更大的压力。正如发达国家，比如美国在 20 世纪初曾经历的那样，人口快速增长可能会导致基础设施供应不足，并导致污染急剧增加。与此同时，每个国家还都面临着新的、主要由气候变化驱动的挑战，现有的政策、技术和基础设施无法应对[40]。

由于工程带来的福祉，世界上的绝大多数人们正在经历生活水平的提高。数据显示，自 1990 年以来，生活在极度贫困中的人口比例下降了一半。近年来，中国的经济增长以及正在全国推行的精准扶贫政策使得每年大约 1.5 亿人口摆脱贫困，其中一部分人还成为中产阶级。尽管这种增长对人民的福祉和生活质量无疑是积极的，但它也有可能造成或加剧某些类型的环境问题，即其他发达国家过去曾努力解决的那种问题，包括大气污染、垃圾处理、污水处理、能源紧缺等。借助发达国家经验、公众意识和新技术，过去的一些错误可以避免。尽管如此，世界不断增长的中产阶级购买力和消费偏好的增加将普遍导致资源和能源使用的增加，对生态系统、生物多样性和人类健康产生负面影响。联合国的可持续发展目标提供了一个指导经济发展的框架，该框架提出了 17 个可持续发展目标，包括消除贫困、消除饥饿等，意欲将这种潜在的负面影响降至最低[41]。环境工程师面临的重大挑战与这些目标密切相关。

除了与人口增长、城市化、贫困和经济发展有关的驱动力之外，气候变化几乎给每一个环境挑战增加了新的复杂性。极端天气的增加，包括热浪、干旱、飓风、野火和洪水，对供水、农业和建筑环境造成巨大压力。全球变暖已经导致远古病原体的重生和昆虫的疾病传播。对于越来越多生活在海岸附近的人来说，海平面上升已经成为对生命和财产的威胁。这些趋势对发展中国家构成紧迫威胁。

纵观历史，环境工程师们曾经在对抗霍乱、水传染疾病等方面发挥重要作用，但未来面临的挑战更为艰巨。未来的环境工程师对加速基建设施从灾难性事件中恢复很重要，他们需要提高预测风险和调整系统的能力，为尽可能减少负面影响的可能性做好准备。在当前中国，保护环境已经被列为基本国策，随着工业发展与人口膨胀、气候变化等因素带来的复杂多变的环境问题，环境工程师们需要做出更多的贡献。未来的挑战与过去相比性质不同，规模也更大。

在我们面临这一急剧增长和变化的时期，我们考虑环境工程师在满足人类和环境需求方面可能发挥的新作用。描述、管理和解决现有环境问题的努力仍然是必不可少的，环境工程师还必须将他们的技能和知识用于设计、开发、避免或减少环境问题的创新解决方案，将可持续性、社会影响、公共政策等因素也需纳入考虑。除去强大的技术能力，口头表达与书面沟通、团队合作与领导、跨学科思维与创新精神都是必备条件。环境工程师的核心能力不仅强调与人类需要和环境条件有关的具体目标，而且强调全面考虑我们行动的后果，在拟订今后几十年甚至上百年将需要的解决办法方面具有独特的价值。

2.3.2　如何培养新时代环境工程师

美国马里兰大学的皮恩斯教授曾说，如今的大学生与过去有很大不同，他们有不同的职业期望、管理风格和技术知识——他们希望看到自己的生活发生重大变化，而且希望尽快实现，他们希望从事能激发灵感并产生社会影响的项目，他们了解博客，了解社交网络，移动设备等等。在当下，因为大规模在线开放课程（MOOC）与翻转课堂等学习形式的存在，对于多数学生来说，学习变得更容易了。这为新时代环境工程师们学习领域内的基本理论提供了良好平台。对于处于大学里的教育工作者来说，面临的挑战是考虑大学生们应该在大学里学习什么以为未来做准备[42]。

然而，我们可以清楚地认识到，虽然很多科学理论课程可以在网上教授，但设计是一种创造性的活动，需要在一个综合的环境中教授。即使有些知识的传输可以在网上进行，但实践经验仍然至关重要。一个理想的教育仍然需要学生和教师，甚至和业界之间的互动，没有一个教授可以在一个在线课程中为数十名甚至更多的学生做到这一点，那将消耗大量的时间与精力。因此，实践课程是必不可少的。根据学习的本质，作为教育者，我们可以根据以下原则设计实践课程[39]：

- 关注学生们的参与、坚持和表现来支持学生们的动机：帮助他们设定期望的学习目标，并适当为他们的表现提出挑战目标。
- 创造他们珍视的学习经验：这可以是一个气氛良好的团队，可以是解决一个有趣的实际问题，总之，要努力使得这段学习经历变得难能可贵。
- 支持他们的控制感和自主性。
- 培养他们的能力，帮助他们认识、监控和制定学习进度的策略。
- 创造一个情感上支持的学习环境，让他们感到安全和受重视。

除此之外，在 2.3.1 节中介绍的社会需求，需要环境工程师们做好迎接挑战的准备。我们认为，未来的工程师们可以从以下方面着手准备[43]：

- 提高创新能力。具体如何做到可参见 1.3 节，这是每个行业的人都需要做到的。
- 修读以真实环境工程项目为导向的课程。工程教育需要努力让学生认识到自己所学与实际社会之间的关系[44]。对于环境工程专业来说，除去数学、物理、化学等基础理论课程，以及污染物在水、土、气中的迁移转化与归趋、环境污染对生态系统或人体健康的影响等专业性课程以外，高校还应该通过以完成实际环境工程项目为导向的课程，使学生能够运用这些基础性知识来解决实际环境问题。除了巩固基础知识的作用以外，这样的课程还起到专业实践的作用，同时锻炼许多非专业技能[45]。
- 走出课堂。未来的环境工程师们需要大胆走出课堂。高校需要积极进行产学研三方联动，进一步加强对未来工程师的实践能力、职业能力的培训，培养基本技能，保障人才能力达到企业需求[46]。
- 训练严谨的系统思维。可将复杂系统、数据科学和决策分析的培训融入环境工程课程。还可以将其他领域融合进来，充分促进跨学科合作，这些都是 21 世纪人才必备的技能[47]。
- 加强与预期的挑战全面相关的课程。在以往，环境工程学生的重点学习领域往往是水污染防治等。而根据美国工程院于 2018 年 12 月推出的报告《21 世纪的环境工程：应对重大挑战》所提出的环境工程面临的五大挑战，包括可持续地供应水、食物和能源，遏制气候变化与适应其影响，设计无污染、无废弃物的未来，创造高效、健康、有活力的城市，及培养明智的决定和行动等。新时代环境工程师们应加强与这些挑战全面相关的课程学习。

- 提高计算机方面的能力。21 世纪是计算机高速发展的时代，工程和计算机学科在工程师的教育和职业道路上日益交叉，计算机技能的使用在工程领域和应用中越来越重要[48]。根据美国一项调查，33%的工程师们表示，他们至少有 10%的时间花在计算机和相关任务上。此外，由于诸多应用与设计和工程的软件都需要在计算机平台上进行，能熟练使用计算机的环境工程师可以显著提高自己的竞争力与解决问题的能力[26]。

2.3.3　传统环境工程教育需要创新课程

我国的环境工程学科起步较晚，1977 年由清华大学设置了全国第一个环境工程专业，此后环境工程专业如雨后春笋般在中国大地遍地开花。在这四十多年的发展中，环境工程的学科体系得到了良好的发展，但仍具发展空间。传统的环境工程本科实践课程培养方案主要包括：固体废弃物处理与资源化、水污染控制工程、大气污染控制工程课程设计，以及一些实验性的课程。然而，围绕“末端治理”思想的课程设计，已不能满足社会发展的需要。“前端治理”、生态环境可持续规划、循环经济、绿色制造、环境污染物与人体健康等新型环保理念，对发散思维的培养、创新能力提出了更高要求。因此，传统的课程设计中以《设计手册》、《设计规范》等书籍为基础的机械式计算的实践方式，需要向学生采用创新思维解决新问题的方向转变以提高他们在新领域的实践能力。

第 3 章 生态环境创新设计与实践课程

根据第 2 章的介绍，随着世界环境问题不断变得复杂，环境工程师们面临的挑战越来越严峻。加之目前的工程教育存在各种问题。因此，为了创造促进的环境以锻炼学生们的创新能力，使学生获得创新成功的经验，同时，培养学生具备解决实际环境问题、迎接复杂环境的挑战能力，新型的环境工程专业课程——《生态环境创新设计与实践课程》应运而生。

笔者在中国的高等教育改革试验田——南方科技大学进行了多年的教学改革实践。这门课程的目的是训练学生的创新能力，培育适应时代发展的新型环境工程师。南方科技大学提倡“创新、创知、创业”，在这样的沃土中开设这样一门课具有重要意义，本章将对这门课程进行简要介绍。

3.1 课程介绍

3.1.1 课程性质与任务

这是一门针对本科四年级、环境工程专业的学生开设的课程。这些学生已经对环境工程领域的基础知识有了充分的学习，具备了领域内的基础理论知识，拥有创新者所需的一项基本技能，但需要实践来进一步磨炼。

教育的最终归属是要让学生们能走向社会，在各自的岗位发挥重要作用。高校联合企业、事业单位开设实践课程，为学生锻炼实践经验提供机会[49]。结合这一实践教学规律，紧扣培育创新型环境保护人才这一教学目的，我们提出了“校企联合指导”、“创新思维培养”、“问题导向的解决方案设计”等教学目标，形成创新设计教学模式：校企联合筛选课题、学生自由选择课题、教师讲授完成环境工程项目的经验、学生与校企导师共同头脑风暴、学生依靠团队合作动手动脑进行创新设计、设计的改进与验收等六个教学环节，突出了案例教学与实践教学的有机结合。在开课前，我们联系了深圳当地多家环境保护相关的单位，包括国有企业、私营企业、公益组织、事业单位等各种性质，并由各单位提供具有意义的、高质量但难度适中的、围绕实际环境问题设计的课题。我们针对学生的兴趣、水平等对课题进行筛选。

筛选课题以后，对学生们进行分组。以每组 6～8 人的规模将学生分为 5～6 组，每组确切人数取决于每年选课的学生人数。分组依据是学生的综合素质，因为这门课程涉及组与组之间的竞争，需要确保每组的综合水平基本一致。此外，对于南方科技大学的学生来说，他们本科一、二年级接受的是通识教育，到了三年级才确定具体专业。因此，许多同学都有物理、化学、生物、计算机等不同专业的背景，这样的分组在某种意义上是一种跨学科的合作，对创新能力的提高大有裨益。

学生根据兴趣选择课题，与合作单位技术专家及校内指导老师组成项目组，利用一学期的时间，在满足合作单位的实际工作需要的前提下，结合环保理念，创新性地设计一个环保小装置（最大尺寸为800mm×800mm×500mm）、解决方案或是其他产品（如App等）。

3.1.2　课程要求

对这门课程，我们有以下要求：

（1）文献调研。课程开始时，各组需要针对课题进行相关文献调研，并和合作单位交流，做到充分讨论、充分理解。好的开始是成功的一半。

（2）组内分工。作为一个项目组，这个组内除去一位企业导师和校内导师提供指导以外，还需选定一位组长、一位副组长，一位财务人员等，团队中每个人都是互相关联的，尽可能模拟真正的工程团队。组长和副组长负责促进团队决策，进行团队管理，而团队成员也会全力完成所承担的任务、积极配合工作——我们任何人最终都会走到团队里工作，因此，作为团队成员如何有效地工作是每个人必须学会的基本技能。

（3）定义问题边界。有研究表明，产品70%的成本是在设计周期的前30%确定的[50]。团队首先需要针对项目定义出问题的边界，即项目要解决什么问题，并针对问题提出初步方案。最初的概念开发过程很重要，因为更好的设计过程会带来更好的设计结果。在设计的早期阶段所做的决定严格限制了未来的选择。

（4）制定项目时间计划，在规定的时间内实现目标，确定主要负责人。由于时间有限（16个教学周），因此需充分评估工作量和交付内容。团队成员应从课程中学会如何管理项目周期。

（5）反馈式评估。在实践中，初始的想法未必正确，需要不断试错改进，这是培养“承担风险和失败”属性的最佳时机，但这样的反复并不是单纯的“试错”过程，每一次尝试都要做充分的准备与风险评估。

（6）例会制度。好的点子常常由争论得出，每周组会进行的“头脑风暴”必不可少，这是“跨学科交流”的最佳时机，也是反复评估设计的重要一环。除此之外，由于召开例会的地点不设限制，这种自由也为学生的讨论、创新提供帮助。

（7）导师指导。由1位校内导师、1位企业导师，对6～8名学生组成的团队进行指导，师生比约为1∶3～1∶4，以确保团队得到充分的指导。这样的条件对进行创新具有重要作用。

（8）创新设计还需要考虑实用性、效率、成本、环境可持续性和安全、外观等因素。

3.1.3　创新设计的逻辑顺序

在为问题设计解决方案时，工程师通常需要遵循一个明确的逻辑过程：

（1）准确定义要解决的问题，包括确定创新设计的“边界”；

（2）设想可能的解决方案，探索（找技术、实验、分析）有限数量的、最有希望的解决方案；

（3）草拟设计方案；

（4）建立和测试方案的原型（小试）；

（5）最后，修改设计方案，确保其以最佳方式满足所有技术指标。

3.1.4 评价标准

课程遵循的评价标准见表 3-1 所示。

考评指标 **表 3-1**

编号	考评项目	具体要求	分值
1	团队精神	主要包括参与情况、每周例会讨论情况	15
2	创新设计	是否可以达到有效功能	10
3	最终报告	每周会议记录、设计概念、进展中的照片、设计流程等	10
4	科学性	设计中的环保理念、科学性、实用性	10
5	项目周报	按时递交，完整性	10
6	PPT 电子版及描述设计	清晰简洁；沟通能力	10
7	系统设计	设备完成，操作方便、耐用，便于携带和组装	10
8	环境影响，创新与安全	使用回收利用和生物材料，低能耗投入等；新概念和安全使用	10
9	演示能力	在展示架和视频上向评委们解释设备设计	10
10	预算控制能力		5
总计			100

3.1.5 学习成果

创新设计教学模式以学生为中心，通过多次头脑风暴、文献调研培养学生的创新思维能力，结合实际项目提高学生实践能力，将讲授法、讨论法、自主学习法、探究法、任务驱动法、现场教学法等多种教学方法综合运用，具有较强的实用性。在完成本课程后，学生应该能够：

（1）提高创新能力——不仅磨炼了学生的创新技能，同时，课程还为学生的创新能力提高提供了经验。

（2）描述自己所参与的创新设计，进一步加深对时间管理和团队合作的理解。

（3）定义并解决实际的环境相关问题。

（4）找到所需材料，制作和完成操作自己创新设计的内容。

（5）使用沟通技巧编写或制作每周项目进度报告、小组报告、PPT 或视频。

3.2 国内外相关课程介绍

《生态环境创新设计与实践课程》的实质是一门让学生立足于面向真实的环境工程项目提供总体解决方案的课程，在这样的课程中，学生是课程的中心，这确保了学生的学习成果集中在未来工程师所需的表现特征上。

经调研，在国内，这方面的课程较少，以清华大学为首的双一流高校的环境学科仍将课程实验、课程设计等内容作为实践环节的主要部分。在项目实践方面，自“十二五”起，我国推行了《大学生创新创业训练计划项目》，由学生自主申报项目并给予资金支持，以鼓励大学生积极参与创新、创业活动，但从项目设置来看，更多的是 1～2 人的小团体研究项目，并未涉及真正意义上的团队合作。此外，项目无法覆盖所有学生，一些具有创新潜力的学生可能因此无法得到有效训练。

而在国外，著名的欧林工学院有类似的尝试[51]。这所学校的工程教育一直立足于项目导向，鼓励学生自己动手解决问题。从一年级在学院的机械加工厂工作到四年级完成“工程高级咨询项目”，这种模式一直贯穿每位学生的大学生涯，每位学生从一年级到毕业时都会完成多个工程设计项目。但欧林工学院仅设置一般的工程学专业，包括电子计算机工程与机械工程等，未涉及环境工程。美国的马里兰大学有一门关于社会变革工程的课程，学生们与当地社区合作，围绕问题设计创新解决方案，由基金会提供资金完成。这门课程产生了一个将园艺、烹饪和营养融入当地学校课程的教育项目，解决了当地的实际问题，与创新设计课程的理念十分接近。

除此之外，另一种反映 21 世纪需求的工程教育方法，是基于 2008 年美国国家工程院委员会确定的 14 项重大工程挑战所设立的“大挑战学者计划”。通过课程和课外活动，指导学生在五大领域获得技能：与大挑战相关的研究、多学科经验、接触大挑战的全球维度、创业精神和服务学习。美国和其他国家的 40 多所大学已经参与了这个项目。另外，还有人组织研讨会，邀请著名艺术家与科学家们分别组成团队，创造跨学科的环境，各团队利用创新思维来解决包含实际问题的项目，但这是在一个研讨会中进行的，尚未延伸到大学教育中[53]。

环境工程学科的教育方面，斯坦福大学开设了《可持续性设计思维》、《环境工程设计》、《环境生物技术的工艺设计》、《循环经济的设计与创新》等实践课程供学生选修，所要解决的问题基本涵盖了当前人类面临的重要环境挑战。《生态环境创新设计与实践课程》有些类似这几门课程的综合，但最终，选修《生态环境创新设计与实践课程》的同学可以更好地进一步交流学习，而在斯坦福大学选修各门设计课程的同学可能不会就课程内容进行深入讨论，因为他们修读的并不是同一门课，这不利于思维的进一步发散与互相学习。

由此可见，国外在这方面已经做了许多尝试，而在中国类似的尝试较少。这其中，涉及环境工程教育的创新课程更是寥寥无几。因此，类似《生态环境创新设计与实践课程》这样面对实际项目、解决实际问题、培养学生实践能力、促进学生创新能力提升的课程急需进一步开展。在本书的第二部分，笔者精心选择了 6 组学生完成的“创新设计”案例，分别囊括水、生态、固体废物、智慧环保等当前生态环境领域急需探索的热点问题。通过 6 个案例的分析，进一步展示课程教学实践的过程与阶段性成果，供读者参考。

第 4 章　总磷溯源与创新环境管理初探

4.1　课题背景

4.1.1　磷之“罪”

在本课题中，研究对象是污水中的总磷。磷是构成生命体的基本元素，比如细胞膜的磷脂双分子层结构，以及为人体提供能量的三磷酸腺苷（ATP）等都有磷元素的身影。因此，磷素是一种“资源”，尤其重要的是，它是维持农作物高产的关键肥料成分，在粮食生产中没有替代品，对于维持和增加世界的粮食产量有着至关重要的作用[54,55]。

在尚未大规模开采磷矿用于肥料生产之前，人类通过循环利用动物粪便、动物骨头、人和鸟的粪便、城市垃圾等来为农田提供充足的磷元素。工业革命后，人类社会使用的磷则完全来自不可再生资源（主要是磷矿、鸟粪石等）。据统计，化肥、洗涤剂、动物饲料和其他化学品等约占全球磷矿使用量的 80%，磷对世界经济的发展起着重要作用[56]。

然而，随着世界人口的不断增长，有人担忧目前的开采、利用磷矿的速度将导致磷资源的迅速枯竭[56]。在过去几十年里，磷的使用量一直在增加，根据国际肥料工业协会（TFA）的数据显示，2008 年人类开采了近 5350 万吨 P_2O_5（即 175 吨磷酸盐精矿）[57]。据估计，磷的使用量峰值将在 2035 年左右出现[58]，在那之后磷的需求量将超出供应量。Herring 和 Fantel 利用数学模型计算世界磷储量随时间变化的趋势，得到的结论是磷储量将在 2090 年前后耗尽[59]，越来越多的研究提醒人们关注全球磷缺失的挑战[60,61]。

与之矛盾的是，随着人类活动对大千世界的影响日益加大，磷的生物地球化学循环受到了很大的影响。如图 4-1 所示，磷矿开采并加工为化肥、饲料、洗涤剂及其他用途产品，使风化、沉积作用产生的磷对环境的投入量增加了一倍多[62,63]，这些变化既有积极的影响，也有消极的影响。磷肥使用量的增加使得粮食生产能够跟上人口的快速增长[64]。但是，正如“垃圾是放错位置的资源”一样，当过多的磷元素进入水环境中，灾难便发生了——水体富营养化。

这并不是一个新鲜的话题，氮磷营养物的过量输入使得水体富营养化在国内乃至全球都是一个棘手的环境问题。以“磷”、“污染”为关键词在中国知网进行检索，由图 4-2 可以看到，自 1976 年发表 4 篇相关文章以来，该话题至今达到每年 180 篇左右的发文量，看似增幅不大，但考虑这仅是讨论关于磷过量引起的污染，没有考虑“富营养化”等关键词——而且近年来中国人更注重在国际期刊上发表学术文章等因素，这仍是一个较大的增幅。考虑全世界研究趋势时，我们通过 Web of Science 这一数据库来进行文献数据检索，

图 4-3 展示了关键词为“phosphorous”及“pollution”的搜索结果逐年分布情况：近 50 年以来，以平均每年 60 篇学术文章的增长速率急速发展，在这些学术文章中，又以中国学术机构的发文量最大（图 4-4），占比约 36%，体现了中国乃至全世界对于磷元素带来的环境问题的急切关注。

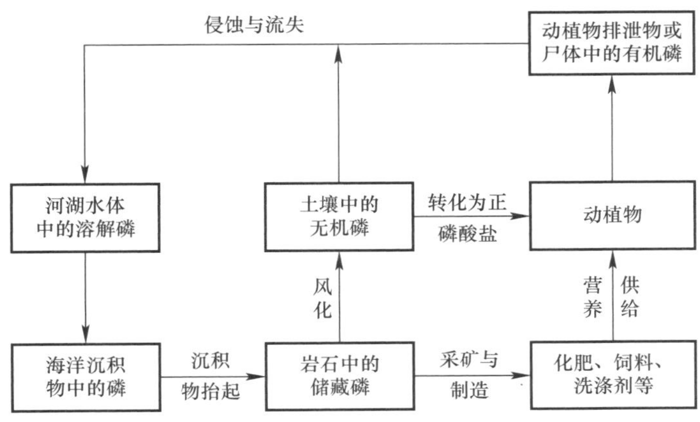

图 4-1　磷循环示意图

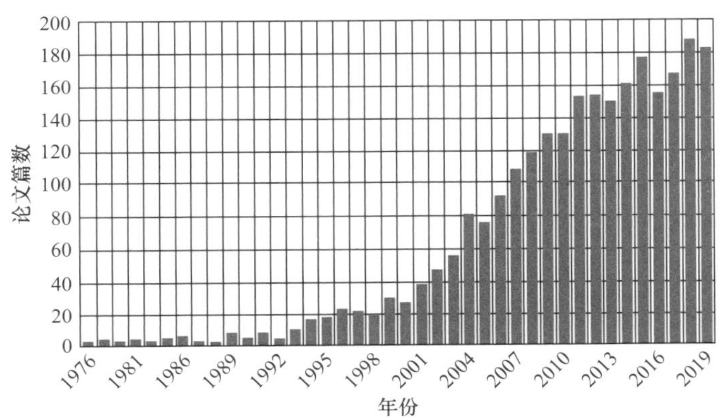

图 4-2　中国知网检索的关于磷污染主题的文献数量（数据截至 2019 年 5 月）

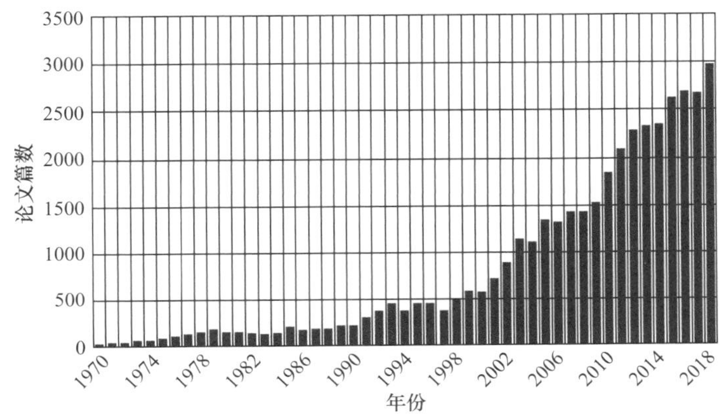

图 4-3　Web of Science 检索的关于磷污染主题的文献数量（数据截至 2019 年 5 月）

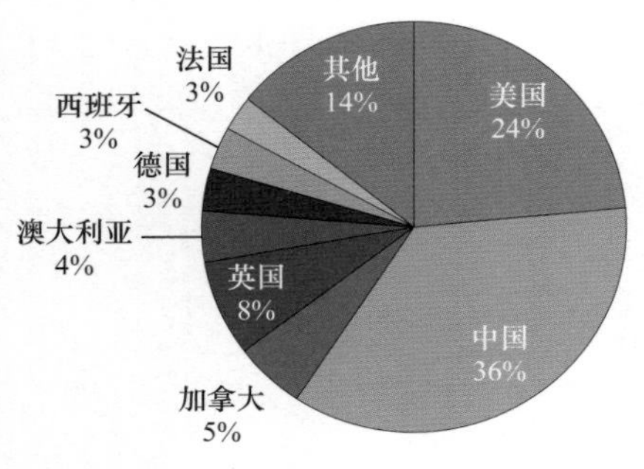

图 4-4 Web of Science 检索的各国家发表的关于磷污染学术文章的百分比图（数据截至 2019 年 5 月）

前已述及，磷元素是重要资源，但磷如何与环境问题联系？何为富营养化？磷元素是构成生命体的基本元素，它在土里面促进了粮食的生长——这是我们所希望的，但是当它进入到水体中，却促进了藻类的生长——危害就产生了。富营养化指水体中氮、磷等营养物质存在过剩的现象，当这些藻类吸收了营养物质而大量繁殖时，就会形成“有害藻华”，从而污染水道和取水口、破坏食物网、加剧水体缺氧，影响水体中其他生物生存，并产生对水的消费者和使用者有毒的次级代谢物，影响的对象包括浮游动物、鱼类、贝类、牛、家养宠物和人类[65]。近年来，还有研究表明，富营养化可能导致湖泊增加对大气中有毒污染物的吸收量[66]。据统计，富营养化对渔业、饮用水处理以及人类和牲畜健康的影响每年可能高达数十亿美元。从 1987 年到 1992 年，仅美国沿海水域的赤潮就造成了近 5 亿美元的经济损失[68]，据报道，为了应对淡水系统的富营养化，美国每年需投入 22 亿美元的总成本[69]，而这一数字在中国还未见公开。

一个生动鲜明的例子就是我国的太湖。1990 年夏天，以微囊藻为主的蓝藻暴发，覆盖了太湖主要海湾之一的梅梁湾。这场水华导致了 116 家工厂停工，无锡及周边城镇合计 300 万居民无法获取安全饮用水。从晚春到秋季，湖区的北部和西部经常被厚厚的“水华”覆盖。在 2007 年 5 月，甚至导致了无锡市的自来水厂停止运转，导致了一场广为人知的饮用水危机，在当时，人们只能放弃市政供水，转而使用瓶装水作为替代[70]。此外，北美的伊利湖、加拿大的温尼伯湖、东非大裂谷中最大的维多利亚湖、日本最大的比洼湖和卡斯马乌拉湖等世界著名湖泊都曾被报道过存在富营养化的问题[71]。

已经有大量的研究表明，限制营养物质的投入是恢复富营养化水体的重要手段[68,72]，实践证明，控制进入水体中的磷素数量要比控制氮素数量或共同控制要更有效且更经济。早有学者指出，磷一直是控制淡水生产力的首要营养物质，只有减少磷才能有效地控制淡水生态系统的富营养化[73]。有技术专家通过长期的系统实验，结合湖泊恢复的实际案例证明，减少湖泊富营养化的唯一有效方法是减少磷的输入[74,75]。事实上，在欧洲，同时控制氮、磷元素以减轻湖泊富营养化现象，每年要耗费 31 亿欧元，但单独控制磷元素时只需 2.1 亿～4.3 亿欧元，而在加拿大马尼托巴省温尼伯市的污水中去除这两种元素的成本是仅去除磷的 4～8 倍[76]。

总之，磷元素的控制对于保护我们的水体自然环境万分重要，这引出了我们课题所面临的困境，具体如何？且看下节分解。

4.1.2 污水处理厂进水总磷溯源的需求

根据上一节的内容，控制排放到水体中的营养物质含量至关重要，而自从污水处理这一“神器”被发明以来，污水处理厂一直在削减污染负荷这一重要任务中扮演“一号主角”，可以说，“处理后的污水达标排放”是每一座污水处理厂的目标。在我国，自从党的十九大以来，以习近平总书记领导的党中央高度关注对绿水青山的保护，对我国的生态环境保护工作提出了更高的要求。经过逐级分项分解，到了深圳市，首当其冲的是深圳市水环境的保护工作。

作为一线城市的深圳，虽身处南海之滨，亚热带季风每年带来接近 2000mm 的降水，但人口急速增长依然给深圳市的供水作业带来了很大的挑战。调查显示，纵使 310 条河流流经全境，并有 5 条流域面积大于 100km^2 的河流，但深圳依然是我国最缺水的城市之一。究其原因，河流的污染是其本源问题，因人口的快速增长带来的污染负荷使得河流不堪重负，为居民的饮水增加了不安全因素。《2017 年度深圳市环境状况公报》指出，茅洲河、观澜河等重点流域主要河流中下游水质氨氮、总磷等指标超过国家地表水Ⅴ类标准，全市水质净化厂进水总磷存在不同程度的超标[77]。深圳市政府也颁布了相关文件，如《深圳市贯彻国务院水污染防治行动计划实施治水提质行动方案》（深府〔2015〕45 号）等，提出保护深圳市河流水环境，治水提质的要求。

因此，削减入河的污染负荷至关重要，在这个过程中，深圳市的 32 座污水处理厂身负重任，他们必须将收集来的污水进行充分处理，使处理后的污水在排入河流时不至于带来过高的污染负荷，进而保障已经难堪重负的河流能免受新的污染物的侵扰，慢慢恢复至本底水平。但事与愿违，某些污水处理厂承受着很大的压力。

具体的故事应从污水处理厂的设计讲起。在设计伊始，每座污水处理厂都被赋予一个进水标准：包括 COD、NH_3-N、TP 等各项污水指标。该指标是基于对我国污水的基本情况进行分析讨论得到的结果，由我国相关部门汇编至现行国家标准《室外排水设计规范》GB 50014 中，是每座污水处理厂的设计都要参考的资料。在总磷这一指标，进水标准的限值应该依据当地的水质来确定，比如本文即将讨论的对象——深圳市第一污水处理厂（以下简称：第一污水厂。本次案例所用地名、水厂名、人名等各类名称均为化名，如有雷同，纯属巧合）的限值被确定为 4mg/L。这意味着，对于这个符合规范设计的污水处理厂来说，其最大可能处理总磷浓度不超过 4mg/L 的污水，换言之，在进水的总磷不超过 4mg/L 且其他指标也都低于进水标准时，污水处理厂一般可稳步健康运行。然而，深圳市的某些污水处理厂正面临着进水总磷超标的问题，本次课题要讨论的是第一污水厂的进水总磷超标问题。由图 4-5 显示的 2018 年 1 月至 2018 年 11 月的进水水质检测数据可以看出，在这接近一年的时间里，实测的进水总磷数值几乎全部高于“红线”（即进水总磷标准值），328 天的平均值达到了 7.64mg/L，近乎两倍于进水标准，所有的天数都超出进水标准，超标率达到 100%。这大大提高了污水处理厂的运行成本——需要增加曝气量等以利于微生物进行处理，给污水处理厂的运营管理带来很大的挑战。

图 4-6 显示了第一污水厂现有的污水处理工艺。由《深圳市第一污水厂初步设计说明书》及第一污水厂过往的运营经验可知，第一污水厂采用的传统 A^2/O 处理工艺（图 4-7）对处理符合设计进水浓度要求的总磷污染物是可行有效的，当进水浓度低于进水标准时，污水处理厂可保持正常稳步运行。然而，根据项目组的现场考察，当面对长期 2 倍于进水标准的高磷污水时，第一污水厂的处理能力存在现实困境，具体表现在：一方面，相应增至设计量 2～3 倍的大量污泥无法及时处理，超时滞留在反应池中，实际污泥龄（40～50d）远超设计污泥龄（15d），且排出的污泥无法得到良好的处理；另一方面，为使出水达标，第一污水厂的管理方不断增大化学除磷剂的用量饮鸩止渴，使得生化功能趋于崩溃

状态，微生物实际量为设计量的 2～4 倍，难以注入溶解氧，3 用 1 备的风机全部上阵以提供溶解氧，给污水厂的运营带来了很大的风险。

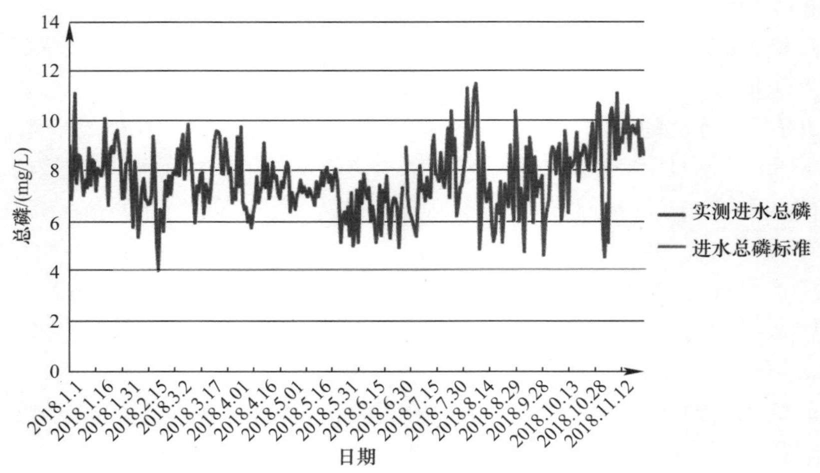

图 4-5　第一污水厂 2018 年度进水总磷数据
(数据来源：深圳深态环境科技有限公司及污水处理厂在线监测设备。)

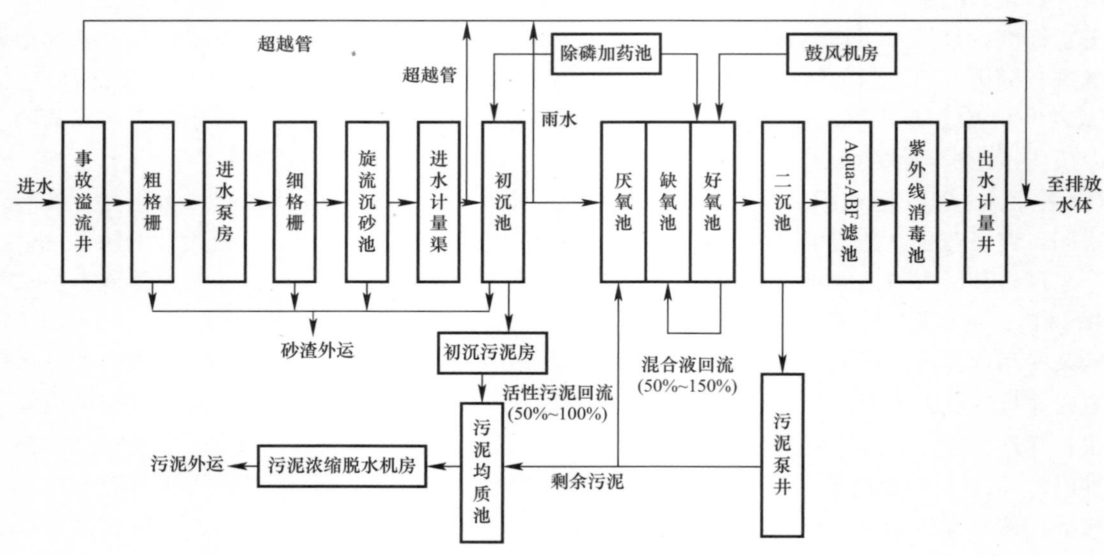

图 4-6　第一污水厂处理工艺流程图

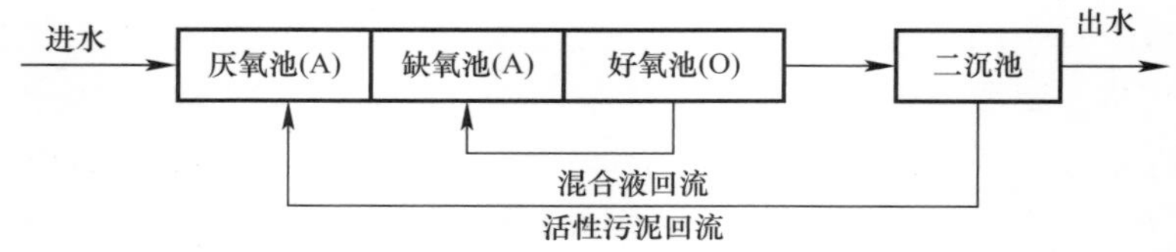

图 4-7　A^2/O 处理工艺

因此，第一污水处理厂作为末端治理环节承担了过大压力，即使目前正在建设 MBBR

生物膜反应池，进行工艺提升，其单方面的改进也并不能解决进水总磷浓度超标问题。据报道，在我国很多城市，和第一污水厂类似，污水处理厂们都在超负荷运转，然而即使是这样，我们依然可以看到无数的水体污染的新闻出现在我们眼前，也即通过出水排放的污染物依然超出环境容量[78]。因此，最核心、最关键的是要解决污染的产生问题：不能“先污染后治理”。本着“末端治理不如源头管控，走可持续发展道路”的水环境治理思路，应当回溯进水污染物来源，即对其上游环节做“污染溯源”。

“污染溯源”即找到污染物的出处，这一问题在环境保护领域是热门的话题。2014 年，我国学者 Long Zhao 等人在天津塘沽化工园区的周围城市开展了重金属污染物溯源工作，通过采用多元统计分析方法，他们确定了不同类型重金属的不同来源[79]。2017 年，Jie Liang 等人在湖南省涟源市展开了土壤重金属溯源的工作，借助单因素方差分析（ANOVA）、地质统计、正矩阵因子分解（PMF）模型等工具，定量计算了自然资源、大气沉积、工业活动和农业活动的源贡献率，为当地的土壤污染防治工作起了点睛之笔[80]。还有基于化学物质平衡、PMF 模型来分析 PM2.5 污染源的研究等[81]。国外学者 Manuela Lasagna 通过同位素方法，揭示了杜宁-库尼奥平原的地下水硝酸盐污染是由人工合成的混合物、少量反硝化作用和粪肥或化粪池污水共同作用造成，为控制区域地下水污染提供了借鉴[82]。

在溯源污水中的污染物这一研究领域，有基于一维水质模型结合 ArcGIS 构建污水管网有毒物质的溯源技术[83]，还有联用各种化学分析仪器，提取对于污染溯源有价值的“化学指纹”，通过水样与污染源的“指纹比对”，确定污水超标偷排的来源[84,85]。这些案例均说明污染物溯源的科学可行性与必要性。

4.1.3　项目设计目标

基于对目前深圳市保护水资源的需求，以及污水处理厂为了保持稳步运行的要求，本项目的设计目标是分析污水处理厂进水总磷超标的原因。具体地，项目以第一污水厂为研究对象，分析其总磷超标问题，并给出解决方案。

项目组的初始研究思路是一个不断追溯上游的过程，由水厂自身回溯至排水管网，再由排水管网回溯至各类点源。然而出于可操作性和项目时间的考虑，拟将总磷点源作为项目研究重点，在提出总磷点源超标的解决方案后，再推至下游管网与水厂的相应改进要求。

特别说明的是，本项目的开展不仅为了尝试解决污水厂进水总磷超标问题，更旨在探索一线环境工作中如何将技术与政策落地的工作思路。项目组在深圳深态环境科技有限公司技术工程师（企业导师）及南方科技大学校内导师的共同指导下，开展项目的设计。

4.2　课题研究方法

4.2.1　初始研究思路

项目开始阶段，经过小组成员同企业导师、校内导师的初步讨论，确定的初步思路是：通过在污水处理厂服务范围内的关键节点（管网干管与支管交汇处、重点区域汇水点、重点污染源出水口等）安装总磷在线监测设备，辅以人工采样检测等手段，加密监测频次、织密监测网络，并结合收集有关部门历史上进行的采样检测数据，对河流断面、污水管网、污染源（生活源、工业源、第三产业源等）进行更全面、细致的调查；通过调查得到的数据，可以分析区域的总磷排放时空特征，进一步利用 MIKE 软件构建水环境模型、基于机器学习进行模式识别等手段，最终实现磷排放源的精准追溯。然而，通过项目组成员的初步调研，即进行初步现场调研与在线监测设备数据采集以后，发现这样的方法思路存在一定问题，具体如下：

首先，由于城市化的快速发展，第一污水厂所在的行政区——万人区在历史上存有管网建设问题，即因地质、拆迁纠纷等原因，导致管网铺设的实际工程与其设计图有较大出入。其次，由于部分不遵纪守法的企业存在，他们私自建设暗管排污，导致管网系统暗网交错问题，即某些小微企业在工业生产中为偷排漏排而私设的暗网众多，难以准确刻画管网状态。再次，受限于场地、供电、管网内水流的变化等情况，在线监测设备的安装过程一波三折，导致最终可采集到的时间序列数据长度有限，难以使用机器学习手段来识别管网总磷排放的模式。综上，项目组观测到的情况是：在线实时监测设备中的某些点位在铺设一段时间后，监测的水量突然大幅减少，无法准确进行在线监测，且难以追究原因。这三方面原因严重影响到了水环境模型的构建与模拟及机器学习模型的构建，使管网的智能溯源工作难以开展。

因此，鉴于“管网智能溯源”在短期内无法有效开展，经过不断的迭代与探索，项目组最终认为，应当进一步回溯至其上游环节，即进行“点源溯源”工作。

4.2.2 修正后的主要研究方法

项目主要运用的方法是调查法，包括现场调查、采样检测、文献调查等。

首先，对污染源进行抽检。一般而言，水体中总磷的主要来源为生活污水、肥料流失、工厂和畜牧业废水、降雪降水等（图 4-8）[86]。根据深圳市统计局与国家统计局深圳调查队在 2017 年共同发布的《深圳统计年鉴-2017》可知，2016 年深圳市第一产业的地

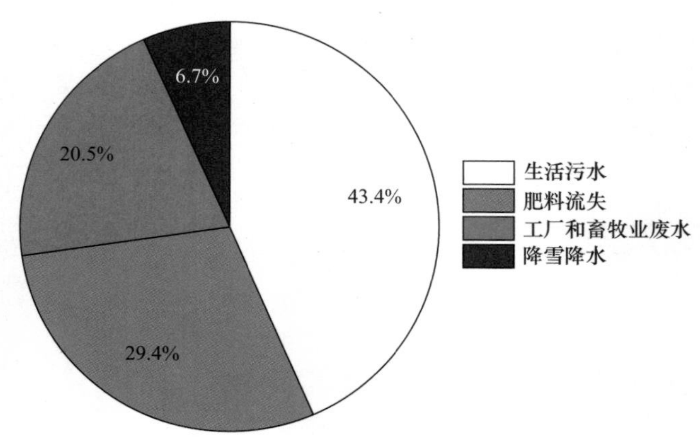

图 4-8　水体中磷素来源百分比

区生产总值为 7.17 亿元，远远低于第二产业的 7780.45 亿元和第三产业的 11704.97 亿元，只占地区生产总值的 0.037%。这说明深圳市的第一产业，即农业几乎可以忽略不计[60]。经项目组与深态公司的企业导师讨论决定，基于统计年鉴所反映的深圳市产业结构和万人区的实际情况，不考虑农业源对总磷超标的贡献，从“点源溯源”入手可将第一污水厂进水总磷的来源主要归为三类：工业源、第三产业源和生活源。

因此，基于工业源、第三产业源和生活源三大来源设计污染源抽检的方案。首先是确定工业源的抽检对象，项目组参考《万人区工业企业环境信息数据库》，筛选出万人区的工业企业中“涉嫌”排放高磷废水的企业。该数据库主要由深态公司的技术人员主持完成，项目组参与了部分工作。数据库中有效调查数据显示，截至 2018 年 9 月，万人区共有 17194 家工业企业，其中小微企业占比达 98%以上。经项目组成员与校内外导师讨论分析，以下物质可能导致企业废水含有高磷：一是清洗剂的表面活性剂含磷，二是切削液的主要成分有磷酸钠，三是磷酸酸洗工艺，四是部分食品制造业的含蛋白废水，五是部分制药行业的含核苷酸废水等。根据这几条线索，项目组对数据库中的 17194 家工业企业进行重点筛查，统计得出第一污水厂涵盖的服务范围（三个街道）中可能涉及高磷排放的工业企业为 247 家，包括丙街道 171 家、甲街道 69 家、乙街道 7 家。其中，数量占比前三名的行业分别是金属制品业（23.5%）、非金属制品业（23.1%）、计算机/通信和其他电子设备制造业（15.8%）。丙街道的工业企业数远超甲街道和乙街道，且机械加工和玻璃加工企业已成规模，在上述三个行业里的占比分别是 68.9%、80.5%、66.5%。工业源向来是环保工作中的重点关注对象，监管追责制度相对完善，违法必究，据报道，2018 年下半年共有 13 家企业因超标排放磷酸盐而被处罚，并被要求整改或搬迁。经现场调查，这些违规企业均已完成整改或搬迁。这说明当地环境管理部门对工业企业排放超标废水管理较为严格，对环境违法违规行为能够及时进行处罚处置，因此，本次不设置对工业企业的废水采样。

对于第三产业源和生活源的抽检，项目组在课程的 4 个月内开展了连续采样分析工作（图 4-9 为一次现场采样图），包括甲街道、乙街道、丙街道三个街道，选择具有典型性的城中村、餐饮经营单位、洗车场所、酒店宾馆、洗浴场所、洗衣专营门店、垃圾转运站等污染源的污水出水，合计 27 个点位，一共采集 524 个样品进行分析，平均每个点位进行了 19 个不同时间点的采样。根据现行国家标准《水质 总磷的测定 钼酸铵分光光度法》GB 11893—89 相关技术规程，本次检测总磷浓度的方法采用钼酸铵分光光度法。

图 4-9　2018 年 11 月 20 日现场采集垃圾转运站污水

除了对各类污染源进行抽检以外，为了更好地缩小污染可能来源所在的区域，项目组同深态公司一道在第一污水厂服务范围（甲、乙、丙街道）铺设了管网水质在线监测系统。该系统包括位于三个街道的排水干管及关键节点的 10 台总磷在线监测设备，对监测频率（1 次/h）、总磷浓度（mg/L）、水位（m）等参数进行记录。图 4-10 是在线监测系统布设点位的分布图，图 4-11 是在线监测系统现场示意图，表 4-1 为每个点位的基本信息（截止监测日指本项目组为完成创新设计所采取的最后一天监测数据，实际上该设备一直持续运行）。

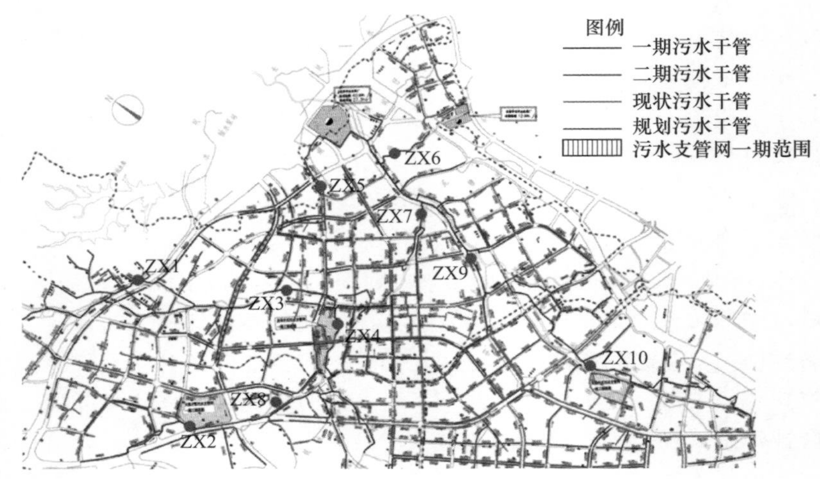

图 4-10　管网水质在线监测系统布点图

图 4-11　在线监测系统现场示意图

点位基本信息汇总表　　表 4-1

序号	地址	起始监测日	截止监测日
ZX1	万人区丙街道滨河路某幼儿园附近	2018 年 9 月 18 日	2018 年 12 月 10 日
ZX2	万人区丙街道某汽修厂附近	2018 年 9 月 5 日	2018 年 12 月 10 日
ZX3	万人区甲街道某新村	2018 年 9 月 21 日	2018 年 12 月 10 日
ZX4	万人区甲街道某花园	2018 年 9 月 11 日	2018 年 12 月 10 日
ZX5	万人区甲街道某大厦	2018 年 9 月 28 日	2018 年 12 月 10 日
ZX6	万人区甲街道某新村内	2018 年 11 月 12 日	2018 年 12 月 10 日
ZX7	万人区甲街道某科技园附近	2018 年 9 月 6 日	2018 年 12 月 10 日
ZX8	万人区丙街道某科技园	2018 年 10 月 24 日	2018 年 12 月 10 日
ZX9	万人区甲街道某汽车维修中心附近	2018 年 9 月 11 日	2018 年 12 月 10 日
ZX10	万人区乙街道某家居市场	2018 年 8 月 29 日	2018 年 12 月 10 日

4.3　结果与讨论

4.3.1　结果

从检测结果来看，对于第三产业污染源，根据采样点位不同可分成两种情况来讨论，一为餐饮、汽修及洗衣店（或其连接的隔油池或沉砂池），二为酒店及洗浴场所（或其化粪池出水）。从结果来看，万人区的餐饮、汽修及洗衣行业废水的总磷浓度总体表现正常，偶有超标。其中，餐饮行业废水平均总磷浓度为 4.19mg/L，最高为 25.8mg/L；汽修行业平均总磷浓度为 1.18mg/L，最高为 7.3mg/L；洗衣场所平均总磷浓度为 1.05mg/L，最高为 4.37mg/L。此外，酒店的废水平均总磷浓度为 5.87mg/L，其中甲街道风和酒店多次监测的平均总磷浓度为 11.73mg/L，最高为 118mg/L，超标较多。洗浴场所平均总磷浓度为 4.9mg/L，其中丙街道东汉洗浴中心平均总磷浓度为 5.73mg/L，最高为 10mg/L。

根据对区域的生活源进行分析，项目组将生活源分为两部分：城中村和垃圾转运站。其中，一般认为城中村以居民日常生活污水为主，由于建筑物的污水立管一般接到化粪池，进行污水的初步处理，所以所取的污水是化粪池的出水。结果显示，城中村化粪池出水样本之间差异、波动很大，其中甲街道大龙新村的平均总磷浓度达 62.35mg/L，最高达 253.0mg/L；甲街道大和新村平均总磷浓度为 9.26mg/L，最高为 20.9mg/L；丙街道大朗新村平均总磷浓度为 2.19mg/L，最高为 12.8mg/L。在垃圾转运站取地面冲洗水和垃圾收集箱滤液为分析样本，这些水最终同样入到污水管道。结果显示，垃圾转运站地面冲洗水或垃圾收集箱滤液中总磷浓度普遍较高，且采集于白天的样本普遍低于晚上，有一定波动。丙街道大艺垃圾转运站的污水平均总磷浓度为 72.49mg/L，最高为 178mg/L；丙街道大业中心垃圾转运站平均总磷浓度为 31.77mg/L，最高为 180mg/L；甲街道大东三路垃圾转运站污水平均总磷浓度为 0.71mg/L，最高为 7.27mg/L；甲街道大广垃圾转运站污水平均总磷浓度为 120.68mg/L，最高为 232mg/L；乙街道小镇新村垃圾转运站污水平均总磷浓度为 120.21mg/L，最高为 173mg/L；乙街道小丽垃圾转运站污水平均总磷浓度为 14.39mg/L，最高为 111mg/L。

由于现场存在各种各样难以预见、避免的问题，因此，在线监测设备的安装时间、开始监测时间存在一定差异，致使最终每个点采集的数据量并不一致，由表 4-2 可见 10 个在线监测点位的基本结果。

在线监测数据统计　　表 4-2

站点	样本数量	平均值（mg/L）	标准偏差（mg/L）	最大值（mg/L）	最小值（mg/L）
ZX1	2895	1.612	1.322	7.025	0.012
ZX2	3205	5.975	2.368	10.657	0.001
ZX3	2969	1.906	1.442	9.261	0.217
ZX4	3141	2.369	0.986	4.873	0.017

续表

站点	样本数量	平均值（mg/L）	标准偏差（mg/L）	最大值（mg/L）	最小值（mg/L）
ZX5	2798	1.299	1.183	7.361	0.001
ZX6	2203	10.263	3.980	40.000	1.426
ZX7	1566	1.062	0.955	5.487	6.781
ZX8	2127	3.415	1.078	6.361	0.001
ZX9	1784	4.273	1.913	6.781	0.003
ZX10	3,272	0.845	0.630	3.787	0.059

4.3.2 讨论

讨论部分将分以下几部分内容：

（1）结合数据，对各类污染源进行详细剖析；

（2）在排查污染源的同时，设想对各个污染源的“治标”方法，即在污染源出水处增加可能的一级处理装置，以降低污水处理厂负荷与运营风险；

（3）通过创新环境管理，扼制污染源的超标、非法排放。

1. 污染源剖析

（1）工业来源

工业污水是指工业生产过程中产生的废水和废液，其中含有工业生产用料、工艺中间产物及副产物和生产过程中产生的污染物，种类繁多且成分复杂。废水废液中往往含有多种有毒物质，例如汞、铬、铅等重金属，芳香烃类有机物和各类农药等，直接排放对环境和人体健康会造成很大危害。因此，应根据污水中污染物的成分和浓度，对其采取各类处理工艺处置后，方可排放到环境中。主要可能污染指标有 SS（悬浮颗粒物）、TP（总磷）、TN（总氮）、BOD_5（五日生化需氧量）等[87]。

针对我们重点关注的总磷指标，结合项目组与深态公司技术人员通过现场调研形成的《深圳市第一污水处理厂服务片区可能涉磷行业及工业企业统计表》综合分析，涉及高磷排放企业（涉高磷企业，表示可能有高磷废水排放的企业）主要分布在非金属制品加工业和金属制品业，分别占比 23.1%和 23.5%，将橡胶和塑胶制品业（占比为 7.7%）、计算机、通信和其他电子设备制造业（占比 15.8%）、手表、儿童玩具、洗衣和家具制造业等（占比为 17.4%）以及一些占比更少的行业，统称为其他行业，共占比 53.4%。

非金属加工业中，涉高磷企业共有 57 家，主要产品种类为生产玻璃、陶瓷零件。在生产过程中，需要超声波清洗玻璃制品（保证清洗后的表面没有划痕、水印、白点、指印、磨粉及灰尘残留等）。在这过程需要使用清洗剂，若使用的清洗剂是不符合环保要求的，那么产生的废水总磷浓度可能会超标。除此之外，涉及磷酸盐水泥生产的水泥行业可能也会出现废水磷浓度超标。

在金属制造业中，可能涉及磷污染的企业有 58 家，主要业务为制造五金零件。零件制造会涉及零件清洗、酸洗和喷涂等工艺：在半成品加工中，需要进行酸洗磷化，酸洗去除金属表面的铁锈及油渍，磷化在金属表面会形成氧化膜，因此酸洗废液中含有很高浓度的磷。在成品零件中，需要对零件进行清洗，若清洗剂不合格，同样可能造成磷浓度超标。

在隶属于其他行业的 132 家企业中，与非金属制品加工业类似，橡胶与塑胶制品业、计算机、通信和其他电子设备制造业均会产生超声波清洗废水，洗涤废水可能会造成总磷超标。

综上，共有 189 家企业可能因使用含磷洗涤剂导致磷的超标排放，另有 58 家可能存在酸洗废液的排放使得管网中磷素较高情况的出现。

(2) 生活源

生活污水是居民日常生活中排放的废水，主要来源于居住建筑和公共建筑，如住宅、机关、学校、医院、商店、公共场所及工业企业卫生间等。生活污水所含的污染物主要是有机物（如蛋白质、碳水化合物、脂肪、尿素等）和大量病原微生物（如寄生虫卵和肠道传染病毒等）[62]。生活污水中磷的主要来源有洗涤剂、城市地面径流和粪便等，其中约 80%的磷来源于人体排泄，其余的来源于洗涤废水或食物废渣等。20 世纪 80 年代以来，排入垃圾填埋场与污水处理厂中的磷素量和占所有磷素去向的比例在逐年增大，这意味着我们的污水收集处理系统完善程度日益增加。至今，进入污水处理厂的磷素量已经占据主导地位[88]。因此，生活污水的总磷对污水处理厂进水的总磷浓度可能会有很大的影响。

从获得的抽检数据来看，我们可以得到较为清晰的结果。城中村化粪池的出水总磷浓度往往很高，化粪池虽是一种小型水处理构筑物，但它主要目的是更好地水解粪便等固态物质，以防止污水堵塞管道，因此，它对降低生活污水总磷浓度并无帮助。而且，化粪池需要及时清掏浮渣、低渣，否则，可能导致其泥渣再次释放污染物，导致污染物富集现象出现。对于医院等公共场所，化粪池一般按照设计周期严格实行清掏，但城中村的化粪池往往疏于管理，推测其出水总磷浓度较高与此有关。

在垃圾转运站收集的污水也含有较高的总磷浓度。垃圾转运站在运行过程中产生的污水主要包括垃圾压滤液、垃圾转运站冲洗废水及降雨三个部分。其中垃圾压滤液主要是垃圾在压缩时产生的水分，是垃圾本身含有的水分，该部分水量较小、色度高、臭味刺鼻，且污染物浓度很高。冲洗废水主要由冲洗垃圾压缩设备、垃圾收集车辆、垃圾转运车辆及地面所产生的污水组成。除此之外，降雨时，部分雨水不可避免进入垃圾中，且垃圾转运站污水排污渠也会流入雨水，但因现各垃圾转运站均有较好的防雨措施，且雨水中几乎不含磷[89,90]。因此，在分析垃圾转运站污水总磷来源时，不考虑雨水的影响，主要考虑垃圾压滤液及冲洗废水。

垃圾压滤液中磷的来源主要是厨余类垃圾，主要以正磷酸盐离子、聚合磷酸盐离子或缩合磷酸盐及有机磷化物的形式为主。根据相关资料，万人区垃圾主要由厨余类、纸类、塑料类、金属类以及木竹类等组成（见图 4-12），其中厨余类占比 52%，是生活垃圾主要组成部分。厨余类垃圾主要包括剩菜剩饭以及水果残渣等，这些垃圾本

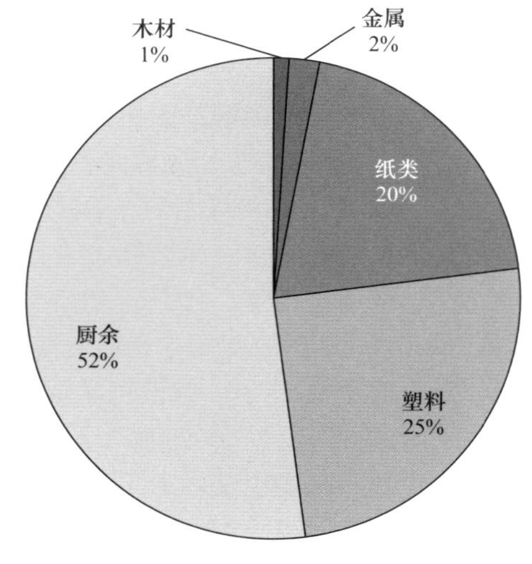

图 4-12　万人区垃圾组成占比

身就富含磷，在垃圾收运和压缩过程中，厨余垃圾发生分解、溶出、发酵等反应，从而使磷元素不断释放出来，使得压滤液中富含磷、大量有机污染物和氮。另外在食物洗涤和厨房清洗过程中，带有含磷洗涤剂的垃圾不可避免地会混入厨余类垃圾中，这也是压滤液中总磷含量较高的可能原因。

冲洗废水中磷的来源主要是在冲洗过程中使用含磷洗涤剂。垃圾转运站在收运过程中，因垃圾成分复杂，垃圾箱、车辆、地面不可避免地沾有较多的油污，需要使用大量洗涤剂对垃圾箱、车辆、地面进行冲洗，这也是冲洗废水中总磷含量较高的可能原因。

据调研，每个垃圾转运站每日约产生 2 吨废水。虽然水量较小，但随着人口、垃圾收集程度、垃圾转运站数量的快速增长，也是不可小视的污染来源。

(3) 第三产业源

据前面介绍，第三产业源中可能涉高磷行业有美容美发业、餐饮业和酒店。据调查，深圳美容美发业、餐饮门店和酒店所采用的毛巾、床品、餐具等基本由洗衣厂和洗涤厂提供。目前深圳记录在册的洗涤公司有 62 家，餐具洗涤厂 12 家，万人区分布较少。根据《深圳市人民政府关于禁止销售使用含磷洗涤剂的通告》（深府［1999］131 号），自 1999 年 10 月 1 日起，深圳市已经全面禁止含磷洗涤剂的销售，改售无磷洗涤剂，并禁止了本地的工厂、洗衣厂（店）、医院、酒店等各类企事业单位使用含磷洗涤剂，而且禁止新设生产含磷洗涤剂的建设项目，当时要求生产含磷洗涤剂的单位，不得将含磷洗涤剂销售给本市的任何单位和个人，并应逐步转向生产无磷洗涤剂。政策推行近二十年来，正规厂商均受到了严格监管，出现生产或售卖含磷洗涤剂的可能性较低。但由于洗涤剂制造技术门槛低、工艺简单，部分小作坊非法生产含磷洗涤剂并低价出售给某些铤而走险的企业的情况仍时有发生，是潜在的污染来源。

倘若以第一污水厂的设计进水标准 4mg/L 作为判别污染的标准来看，导致总磷超标的“元凶”可以推测是餐饮、酒店、洗衣场所、洗浴场所 4 个对象。第三产业源产生的污废水中肯定包含一般生活污水——而且比例相比于“工业源”来说要高不少，尤其是酒店等为居民提供住宿的场所更是如此。一般来说，我国居民生活污水的平均总磷浓度在 4～7mg/L 之间，这说明汽修行业、酒店的废水属于正常水平：汽修行业产生高磷废水途径主要是含磷洗涤剂，而酒店以生活污水为主，他们的废水浓度均符合生活污水平均总磷浓度的规律。

餐饮行业可能因混杂厨余液体，包括汤渣等而导致营养元素磷的过剩。在采集的样本中，有点位检出了 25.8mg/L 的总磷浓度，该点位值得关注，因为要把 25.8mg/L 稀释至 4mg/L 需要投入 5 倍体积的不含磷纯水，这是惊人的数字。

洗衣场所的污水总磷浓度虽未达到“污染”标准，但依然值得关注。前文提到，广东省与深圳市均已禁售、禁产含磷洗涤剂，根据相关国家标准《洗衣粉（无磷型）》GB/T 13171.2—2009 的有关规定，总五氧化二磷的质量分数应小于 1.1%，即以磷计的总磷质量分数应低于 0.24%，假设每次洗衣使用 20g 洗衣粉，以 1g：1L 水计算用水量（含洗涤与漂洗），则产生的总磷为 0.048g，即 48mg，故而产生的废水总磷浓度应在 2.4mg/L 左右。考虑洗衣场所以洗衣为主要业务，其他生活污水较少。因此推测部分产生较高磷浓度污水的洗衣场所可能存在洗涤剂浪费的现象。

根据常理推断，洗浴废水应该是水量大、污染程度低，但本次采样抽查的洗浴场所废水却表现出总磷的超标，部分超标倍数甚至达到 2 倍以上。人体的皮肤分泌物的油脂和合成洗涤剂为洗浴废水中总磷污染物的主要来源。考虑洗浴废水较其他第三产业源有水量较大的特点，应该加强这部分污水排放的监管，以防有非法使用含磷洗涤剂的情况出现。

综合上述分析，项目组得到的初步结论是，第一污水厂进水总磷主要来源于生活污水的排放。在线监测的数据也可以很好地支撑这个结论：其数据量足够大，足够说明问题。从在线数据来看，靠近城中村的几个站点：ZX2、ZX6、ZX9 等长期有较高的总磷浓度。所有在线监测点位的最低值较小，接近 0mg/L，很可能是因为降雨时大量的雨水汇入稀释，因为深圳的降雨往往以短时大暴雨为主。从水量的角度也可以分析污染主要来源：对于处理量为 8 万吨的第一污水厂，其中至少 7 万吨为生活污水，而一般的生活污水总磷浓度就在 4～7mg/L，这已经超出了进水标准，因此生活源是主要来源。而当第三产业源、工业源由于各种原因突然提高污染物排放强度时，进水总磷超标 3 倍这样的情况就会发生。

2. “治标”之法

项目组得到的初步结论还通过长期监测充分证实，目前我们建议尽快提高第一污水厂的处理能力，以降低成本与运营风险。欲解决该问题，项目组的设想是：在城中村、垃圾转运站等先预装小型的初级处理设施，以降低污水厂的进水负荷。本节将针对所有可能的方案进行讨论。

（1）化粪池出水预处理

首先考虑原位处理，即不对化粪池进行大改造或者将污水集中式二次处理，直接就地处理化粪池出水中的总磷，相较其他方法而言不需要进行大的改造，经济成本较低，较为方便。该方法主要包括化学法和生物法。

化学法要求首先在化粪池出水处加入氧化钙，调节水中的 pH 值，使废水中的氮化合物向游离氨的形式转化。污水和废水中可沉淀的污染物预期与其进行共混絮凝，产生化学沉淀。然后对废水进行表面连续吹脱，使得氨氮不断逸出，同步实现脱氮并沉淀去除 COD、磷等污染物[91]。此方法的不足在于会产生较大的污泥量，根据深圳的实际情况，这些污泥难以处理，所以化学法在本案例中并不适用。

生物法依靠接种培养好的特定菌群到化粪池，使得厌氧微生物和兼性好氧微生物形成一种复杂的互补关系，从而可以共同作用，达到除磷除氮的目的[92]。生物法的优点在于不需要人工成本，也不会产生过量的污泥，通过微生物菌群作用吸附、消化、分解污水中有机污染物。其不足之处在于接种的微生物菌群的安全性，是否会造成二次污染？其有效期与抗环境干扰能力均不得而知。因此，此方法的实用性有待讨论。

与原位处理相对的是异位处理，分为传统方法与人工湿地法。对多个化粪池废水集中处理的传统方法通常有以下几种，包括 A^2/O 法、氧化钙处理塔式吹脱法、自由表面吸收脱氮法、序批式高浓度污水处理法、磷酸铵镁结晶法等。A^2/O 法能较好地去除氮、磷，但该方法要求较大的占地面积，同时曝气量较大，导致成本太高。氧化钙处理塔式吹脱法能处理含高氮磷的废水，但存在设备复杂、运行管理要求高、吹脱塔易堵塞、有二次污染、成本高等缺点。自由表面吸收脱氮法只针对氮污染物的处理，且占地大、废水净化效率不高。序批式高浓度污水处理法有工艺简短、设备简单、易操作、运行费用低、适应性强的优点，但同时占地要求高，且产生的污泥需后续处理。磷酸铵镁结晶法的除磷率高，对废水碳源也没有要求，但反应产物磷酸铵镁的后续回收是个问题[67]。以上方法均存在各种缺点难以应用于本案例中。

人工湿地是由人工建立的具有湿地性质的污水处理系统。它的原理主要是利用湿地中基质、水生植物和微生物之间的相互作用，通过一系列的物理的、化学的以及生物的途径净化污水。作为一种低投资、低能耗、低成本的污水处理系统，人工湿地已广泛用于处理各种类型的废水，如生活污水、农业废水、富营养化湖水[93]。此外，深圳市为亚热带季风气候，降雨充沛，且无霜冻，适合植物生长。因此，在本项目处理化粪池污水时，可以考虑使用人工湿地对废水进行处理，以达到最终的目的。

经过大量调研，项目组认为可采用垂直流—水平流复合人工湿地系统对化粪池污水进行处理，图 4-13 为本系统的工艺流程。整个湿地系统的设计采用 2 座下行垂直流湿地、1 座水平流湿地，系统试验方案设计见表 4-3[94]。

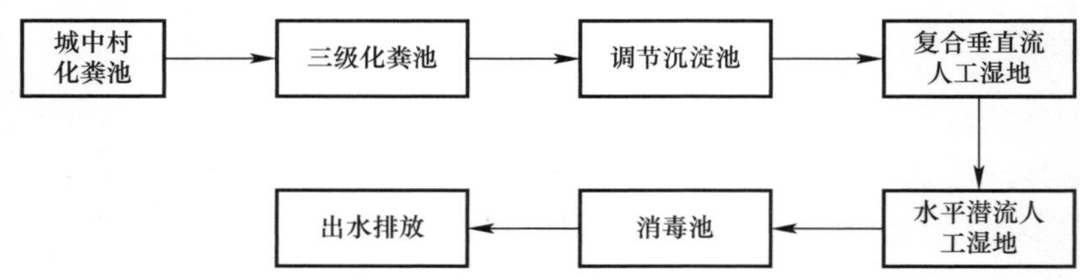

图 4-13　垂直流—水平流复合人工湿地系统

复合人工湿地系统试验设计方案　　**表 4-3**

系统	设计参数	基质类型	植物种类	水力停留时间（HRT)(h)
一级垂直流系统	12.0m×6.0m×1.3m	砂、砾石、石块	风车草	16
二级垂直流系统	10.0m×5.0m×1.1m	砂、砾石、石块	美人蕉、风车草	12
水平流系统	6.0m×12.0m×0.7m	砂、砾石、石块	美人蕉	12

根据文献中的实验数据显示，对入水总磷浓度在 1.26～11.71mg/L 的化粪池污水，经过复合型人工湿地的处理，总磷的去除率可以达到 72.22%～98.88%，出水浓度小于 1mg/L，出水水质均达到《城镇污水处理厂污染物排放标准》GB 18918—2002 一级 A 标准。

但是，采用人工湿地处理化粪池污水仍有一定的局限性。首先，由于人工湿地占地面积大，在寸土寸金的深圳，即使是城中村也很难腾出足够的场地建立人工湿地，在此我们建议可由 3～4 个紧邻的城中村化粪池废水排放至一个人工湿地处理，以尽可能利用人工湿地的价值。其次，植物在人工湿地中扮演重要角色，但植物又易受到病虫害的影响，发生病虫害时，可能需要喷洒杀虫剂，这会对湿地的处理能力产生影响并可能进一步污染水质。因此，需要有专人对人工湿地的植物进行管理，尽可能防止出现病虫害影响。

（2）垃圾转运站污水预处理

在现代生活中，人类制造的生活垃圾日益增多，不同类型垃圾的混合给环境带来了很大的压力，影响日益严重。为了减少这种影响，需要提高垃圾渗滤液、压滤液的处理技术。项目组通过文献调研、现场调研确定了四种优质的处理技术，同时对四种处理技术进行了比较。

1）MVC 机械压缩蒸发技术

MVC 机械压缩蒸发技术处理垃圾渗滤液工艺如图 4-14 所示[95]，首先通过絮凝和超滤的预处理来降低渗滤液的硬度、去除悬浮物，然后通过脱气塔来回收热量，使渗滤液温度小幅上升，同时排出易挥发有机物。接着在蒸馏水板式热交换器和浓缩液板式热交换器中进一步回收热量，并使升温至 95～100℃接近沸点后，进入 MVC 蒸发器主体，通过几次热交换循环进一步浓缩蒸馏，最后将蒸馏清水排出。MVC 机械压缩蒸发技术占地面积大、成本高，更适合应用于垃圾处理厂。

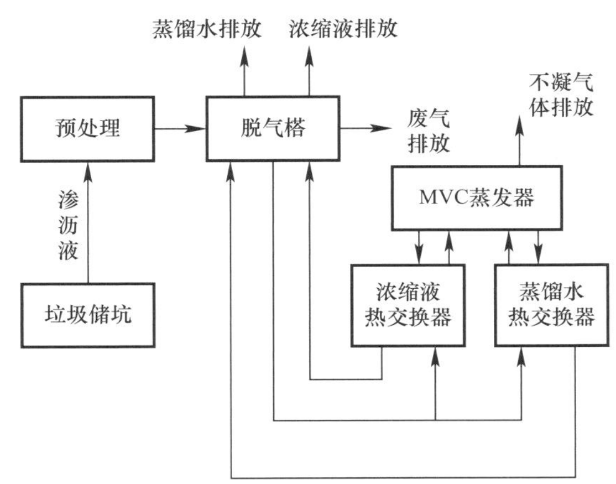

图 4-14　MVC 技术处理垃圾转运站渗滤液的工艺流程

2）Ec 电絮凝法

电絮凝（Electrocoagulation，简称 Ec）是一种利用电化学方法进行污水处理的工艺。在外加电场作用下，作为阳极的金属极板 M（通常为铁或铝）溶出金属离子 Mn^{+}，同时阴极附近的水与水体中溶解氧反应生成 OH^{-}。反应中产生的金属氢氧化物和水解络合物作为絮凝剂，通过压缩双电层、吸附架桥、网捕卷扫等作用将污染物聚集并吸附在其表面，并通过沉淀实现对污染物的去除[96]。据相关研究人员的实验结果显示，在设定初始浓度为 10mg/L 时，当反应时间为 30min、极板间距为 1cm、电流密度为 2.45mA/cm^2、废水初始 pH 值为 7、电导率为 150μS/cm 时，磷的去除效果达到最佳，去除率稳定在 90%以上[97]。而在设定初始浓度为 48mg/L 时，当反应时间为 20min 以上，废水初始 pH 值为 4.5 时，选择极板间距为 16mm，较为合适的电流密度为 6mA/cm^2，磷的最大去除率可达到 99.9%以上。

该方法在不同情境下应用时，参数设置有较大差别，不同的参数设置也导致成本各异。因此，在应用此工艺时的进水 pH、极板间距、极板材质、电流密度等参数设置，还有能耗、氧化剂与曝气成本估算，需要结合具体的现场情况确定。

3）厌氧发生器 UBF＋膜生物反应器＋超滤＋纳滤＋反渗透技术

厌氧发生器 UBF＋膜生物反应器＋超滤＋纳滤＋反渗透技术是一种组合技术，可以处理垃圾场产生的混合污水达到循环利用。因此，此技术可实现废水“零排放”。

图 4-15 显示该技术的工艺流程。首先是厌氧处理系统，该系统的原理是充分利用厌氧微生物的代谢过程，在厌氧的条件下将有机污染物分解为沼气、水以及少量的细胞物

质。垃圾转运站所产生的压滤液 COD 浓度较高，其值在 25000～60000mg/L 之间。但 MBR（膜生物反应器）生化系统中的微生物无法在如此高浓度的 COD 环境中对有机物进行分解，可能会导致整个系统崩溃。为解决此问题，在 MBR 生化系统前增加 UBF 厌氧处理工艺，对 COD 进行预处理，降低进入 MBR 的污水 COD 浓度。

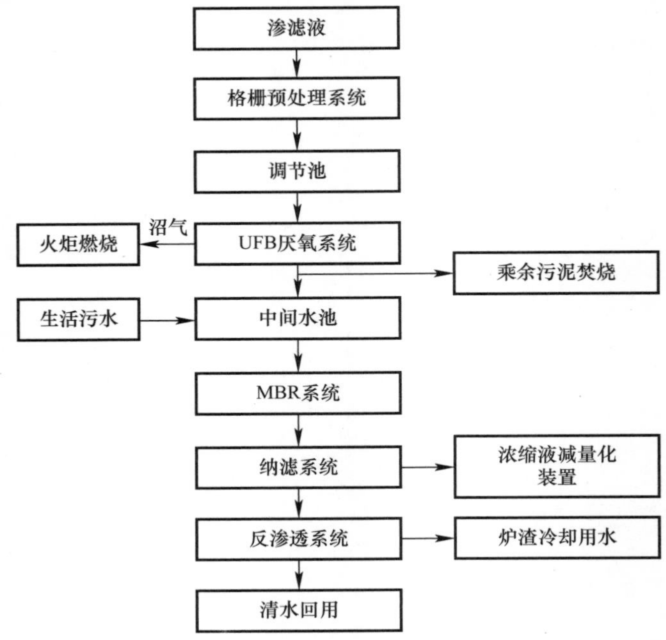

图 4-15　厌氧发生器 UBF＋膜生物反应器＋超滤＋纳滤＋反渗透技术工艺流程图

MBR 的主体工艺为一级反硝化和二级硝化，并且增加了硝酸盐回流系统。当一级硝化脱氮不完全时，可通过二级硝化进行深度脱氮反应，同时启动硝酸盐回流泵，根据化验数据调整回流比，从而起到良好的脱氮效果，脱氮效率可达到 99％以上[73]。超滤膜组件作为泥水分离单元，可以完全取代二次沉淀池，同时分别控制水力停留时间和污泥停留时间。

MBR 出水进入纳滤系统，在低压力条件下对废水进行脱盐处理。纳滤过程对单价离子和分子量低于 200 的有机物截留较差，而对二价和多价离子及分子量介于 200～500 之间的有机物有较高的脱除率。膜的分离控制在 1～10nm 左右，纳滤处理水量为 470m^3/d，清液回收率可达到 85％[98]。

随后污水通过膜孔直径在 0.1～1nm 之间的反渗透系统，分离粒径小于 1nm 的物质。反渗透处理水量为 420m^3/d，清液回收率达到 75％～80％。最后污水经过纳滤浓缩液减量化系统，对纳滤浓缩液再进行一次处理，其压力在 0.5～2MPa。最终的清液回收率大约为 50％，清液回流到反渗透处理的前端，起到浓缩液减量化的目的。

该工艺对垃圾处理厂的废水有良好的处理效果，但垃圾转运站每日污水量仅 2m^3/d，且该工艺需要占地面积较大，性价比较低。

4）HBR 高效复合生物反应器法

图 4-16 是 HBR 高效复合生物反应器法的流程。首先，垃圾转运站产生的压滤液以及

清洗液经过收集调节池中的细格栅处理，之后进入微曝气氧化池、接触氧化池，由投放的高效微生物菌剂进行生物处理，再经过生化膜反应池进行一系列处理，处理后的污水被自吸泵送到储水池中循环回用[99]。HBR 反应器的厌氧段具有高传质推动力、反应速率快的特点，而好氧段将厌氧段出水进行进一步的碳化和硝化反应。同时 HBR 反应器的工艺原理同生物膜法，整个系统不需要污泥回流，节省了运行成本[100]。此外，该工艺不会产生沼气等对周边环境存在安全隐患的二次产物，也不会产生浓缩液等难处理的二次污染[101]。

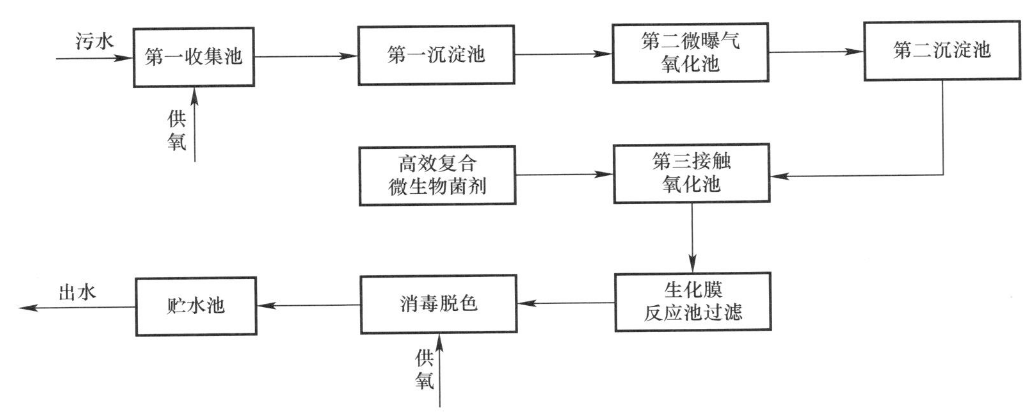

图 4-16　HBR 高效复合生物反应器法工艺流程图

5）上述技术对比研究

综上所述，我们对四种技术在 COD 负荷、污泥量、除磷率、处理量、二次污染物、成本等六项指标进行对比，见表 4-4：

四种处理技术性能对比　　　　**表 4-4**

指标	MVC 机械压缩蒸发	Ec 电絮凝法	厌氧发生器 UBF＋膜生物反应器＋超滤＋纳滤＋反渗透技术	HBR 高效复合生物反应器法
COD 负荷	0	不考虑 COD	25～60kg/m^3	15～30kg/m^3
污泥量	0	—	15～20g/L	15g/L
除磷率	91.2%～99.9%	90%～99.9%	95%	30%～49%
处理量	25m^3/d	—	400m^3/d	—
二次污染物	浓缩液	$FePO_4$ 等絮体	无	无
成本	4082.5～4257.5 元/d（满负荷运行）	视工艺采用的电流密度等决定	耗电量为 15kWh/t，药剂费用为每吨 2 元左右	2kWh/t（总容积 4.3m^3，有效容积 3.7m^3）
备注	—	文献资料显示，该工艺目前还处于实验室试验阶段	出水水质达到《城市污水再生利用　工业用水水质》GB 19923—2005 中敞开式循环冷却水补充水水质标准（换热器为非铜质）。处理后的尾水全部利用，真正达到“零排放”，充分实现废水资源化利用	—

由于本课题以除磷为主要目标，同时综合考虑成本因素，认为成本较低、除磷率较高，同时在实际工程中已经有所应用的厌氧发生器 UBF＋膜生物反应器＋超滤＋纳滤＋

反渗透技术更贴合本项目所需达到的目标。但考虑垃圾转运站周边不可能配有较大的空地，如何把各单元更好协调、设计，使其只需满足 $2m^3/d$ 的处理能力，需要工程师们更好地发挥其聪明才智。

3. 创新环境管理

经过一学期的努力，项目组完成了总磷来源分析、污水预处理初步设想等工作，但在分析了其来源后，如何针对污染源进行更好的监管，如何提高源的管控是一个重大命题。20 世纪 40 年代以来，作为重要洗涤助剂，三聚磷酸钠（STPP）给世界合成洗涤剂工业带来了飞速的发展与繁荣，在这个过程中，人类还陆续发明了其他各类含磷洗涤剂并投入大规模使用。尽管含磷洗涤剂生产成本低、去污效果好，但同时也给环境造成了巨大的负面影响。我们无法控制人体排泄的总磷，但却可控制洗涤剂、工业污染源等其他污染来源。对这些污染源的监控还可连带降低 COD、SS、总氮等污染物的排放，将该监控工作做好对环境可持续发展具有重大意义。

项目组认为，针对各种污染源的精准溯源，可结合万物互联的时代背景推动“环保天网”的建设。

“环保天网”即在工业园区、城中村化粪池出水、垃圾中转站等排污敏感地带覆盖在线监测设备，再结合各市政废水端口（如管网干管口、关键管网节点、污水处理厂入口等）的在线监测数据，与国家“天网工程”（即：为满足城市治安防控和城市管理需要，利用图像采集、传输、控制、显示和控制软件等设备组成，对固定区域进行实时监控和信息记录的视频监控系统）结合，通过大数据、云计算等技术手段，对相关非法行为跟踪执法，并充分发挥现有社会资源。

目前，环境管理信息化建设正逐步铺开，管网排查与在线监测系统的铺设面对许多现实困难，需要更有力的推动。但“用数据说话，用数据管理，用数据决策”不仅需要结合环境的专业业务知识，并借助多方面的技术支持和跨学科跨领域的交叉思维。天网工程以往主要用于治安管控，但其对破坏“环境治安”的行为同样具有强大的实时监控与信息记录作用，不妨加强部门联动，打破执法单位壁垒，向环保执法部门开放调查权限，实现资源共享[102]。

“环保天网”的建设在现有科技发展水平下技术壁垒不高，主要对政府环境管理方法有更多要求，包括加强工作决心、转变工作思路、保障资金配套、增强立法强度、完善执法方式、发动社会力量六方面。

第一，要加强工作决心，深化产业转型改革。

2018 年 3 月 7 日，习近平总书记参加十三届全国人大一次会议广东代表团审议时，表示“要以壮士断腕的勇气，果断淘汰高污染、高排放的产业和企业，为新兴产业发展腾出空间”。作为全面深化改革的前锋军，深圳市供给制结构性改革一直走在全国前面，而面对土地、能源资源、人口和生态环境“四个难以为继”的现状，深圳市“腾笼换鸟”的需要更加迫切。万人区作为深圳的产业大区，应进一步调动工作积极性和主动性，为“万人制造”到“智造万人”提供助力，在产业转型升级方面大胆动真格。

第二，要响应时代要求，转变政府工作思路，深入信息化建设。

传统管理体制和管理方式在外部环境变化和技术创新的双重作用下需要不断更新。一方面，信息化结构将促使管理体制从分割到整合，比如环保部门、城管部门与公安部门等多个管理体系的信息流程的重塑，所以应加强各政府系统间的沟通，促进信息共享，在掌握全面且量化的城市基本信息基础上，从系统角度出发协同环境管理工作。另一方面，信息化技术将促使管理方式从被动到主动，如何通过信息技术增强决策的科学前瞻性是下一步可以探讨的主题，尝试将传统常见的环境问题“事后补救”转变为及时反馈，甚至是“事前控制”。

第三，要保障资金配套，确保环保措施落地。

在一线基层工作中，制约环保措施落地的最主要原因之一就是资金问题。具有普适性和精准度的在线监测系统需要投入资金研发设备，铺设在线监测系统需要一定的工程成本，执法和鼓励公众同样需要资金支持，同时，产业转型阵痛期的经济发展需要风险管控。“环保天网”可视为一项公共基础建设，必要的资金投入有利于此环保项目的落地实施，为后续工作的长期开展提供重要保障。

第四，要提高违法成本、降低守法成本。

“环保天网”只是信息平台建设的基础，运用信息的前提则是政府对相关环保法律法规的进一步健全，尤其针对“暗管偷排”、“不正常使用污染防治设施”、“倾倒污染废水”等恶意环境违法行为加大惩处力度。同时加大对违法企业的检查频次、处罚力度，并对表现较好的守法企业给予一定资金和政策上的奖励，从而在企业心中植入“违法成本远大于守法成本”的观念，将环保内化为企业的自觉行动，激励企业、公民加强环保意识[79]。

第五，要完善执法监管，做到“刚柔并济”。

万人区以小微企业为主，其普遍环境管理水平不高、环保技术和资金相对缺乏，如果不考虑实际情况，单纯通过行政命令、罚款或刑事诉讼等方式强制企业进行污染控制，往往事倍功半。因此在强化“刚性执法”的同时，也应注重开展“柔性执法”：考虑加大环保咨询、集中培训等宣传活动的力度，将部分政府资源用于提高小微企业内部环境管理水平；也可以整合企业环境保护信用体系，将企业环境信息数据库接入政府和金融机构信用信息平台。运用“环保天网”需要“刚柔并济”，才有可能改变现有环境执法中存在的重事后查处、轻事前事中监管，重行政处罚、轻宣传教育的现象。

第六，发动社会力量，鼓励公众参与城市环境管理工作。

随着社会的进步，公众对环境问题日益关注，应进一步提升公众对环境违法行为的认知度，树立环境违法与抢劫偷窃有同等社会危害性的观念，并鼓励重点社区成立类似“社区环境监管自治委员会”的机构，有效提供环境监管的公众参与度。国家“天网工程”的有效开展，有赖于社会公众的积极配合，因此，“环保天网”的建设可借鉴国家“天网工程”的经验。举例来说，已安装有监控摄像头的商家发现了潜在环境违法行为，比如私自安装排污管道、排气管道以及私自往井盖或下水道中倾倒未经处理的废水等，可向环保部门反馈，环保部门可向反馈商家的积极配合进行精神和物质上的奖励。因此，为公众提供有效的反馈途径与跟进通道，才能建立“公众参与，社会监督”的良性机制。

综上，项目组提出了创新环境管理项目——“环保天网”，解决了以往“有法依，执法难”的困境。在大数据的背景下，为环保执法提供了证据支持，不仅可以解决污水总磷超标问题，也为其他水质指标的监管提供经验。

4.4 导师点评

作为该组的企业导师，深圳深态公司何晋勇董事长对学生完成的项目方案给予了高度评价。他认为，项目组的同学投入了大量精力与实践，参与了大量的现场调查，包括抽样采样调查、在线监测仪器设备安装等。这其中遇到了很多问题，完全推翻了公司与同学们的预期，比如管网中有时直接断流，水量波动极大；原来预想的工业源为主导，到后面发现工业源并不是罪魁祸首，而是城中村化粪池与垃圾转运站这两个生活源，但在环保系统里仍很难进行监管、处置。最终，同学们投入了精力思考如何在短期内降低污水处理厂运营风险，进而提出了污染源出水的预处理方法，以及“环保天网”这一创新性的管理方法。

课程主讲人胡清教授也给予了肯定评价。氮、磷问题在我国一直备受关注，近年来，大数据的手段在环境领域的应用日趋广泛，利用大数据手段更好实现环境监管是一个值得关注的问题，希望同学们记住这一次的创新过程，在以后的学习、工作中，积极利用创新的思维思考。

该组的校内导师认为，项目组成员在完成项目方案的过程中，展现的团队合作至关重要。我们每个人都不可能靠自己一个人成功，而且团队合作、交叉学科工作是创新的关键。项目组组建之时，组员之间并不熟悉，通过一学期的合作，不仅互相熟悉，而且在头脑风暴中都有各自的收获。通过这次团队合作，项目组成员还强化了许多工作技能，这对未来走向工作岗位十分关键。

4.5 学生感悟

本课题针对深圳市万人区第一污水厂进水总磷溯源采取了多角度的探究方法。数据方面，通过多次实地考察、现场采样、分析数据，进而将目标划分为工业源、第三产业源和生活源三个部分。理论方面，项目组每周在图书馆一起查资料学习、与校内外导师讨论，这一过程不仅可以保持项目思路始终正确清晰，还可以减少项目组现场的工作量。回顾整个课题，项目组成员们从一开始的摸不着头脑，找不到课题创新点，一头雾水到最后每个人分工明确，高效合作，每个人都收获颇丰。

合理分工让项目组氛围愉快。由于开课的时节正处于大四毕业季，项目组成员都忙于国外升学申请、考研、找工作等事项，如何分工成了大家的难题，在实际工作中这也是最常遇到的问题，平均分配任务不再适用。如何做到合理根据大家的时间计划安排各位组员的工作量，其他成员又不会抱怨公平问题，这不仅是组长的问题，更需要全体成员的互相理解与共同担当，我们组在这一方面就做得很好。

工作台账让项目组工作更高效。由于项目组每周五需要提交周报或者月报到指导老师处，因此，为了让每周工作有计划、更高效，项目组提出了制作工作台账的办法，具体执行即：每周一例会安排本周具体工作到人记录在台账上，周二到周四根据具体工作各自完成后在组内回报，并在台账上记录完成度。周三到企业开例会，与校外导师讨论课题，共同头脑风暴，并汇报本周工作内容。周四晚总结所有周报需要的素材，周五编辑周报并提交。因为有了工作台账的管理办法，组内每个人都按时优质完成任务，使得最终课题成果能完整体现。

实地考察指导项目组成员理论思考。这个课题是对万人区第一污水厂污水总磷超标的分析，所以项目组成员几乎每周都有不同形式的实地考察，也正是这些行动让大家认识到了环境管理的社会实际问题。首先是环境问题远远超过了大家的想象，之后，当我们讨论发现了新型技术，但是考察中会发现实际应用难度大。随着课题的深入，当发现环保违规者的各种行为后，比如私自制备含磷洗涤剂，私自接暗网排放废水等，这些错综复杂的实际情境大大增加了课题的难度。其实这不仅是课题的难度，更是实实在在的环保工作者所面临的困难，所以课题越到后期，组员们越发感受到自己作为环保工作者肩上的重担。

虽然作为南方科技大学的学生，在其他课程里也做过项目，但与《创新设计课程》的项目是完全不同的。这是一个很长时间的完整项目，而且没有明确的任务，需要自己从实际问题中寻找解决问题的方法，每个环节也会遇到意料之外的困难。如果说当代学生习惯了完成有标准答案的作业，那这个课题就是一个没有标准答案的大作业。项目组成员收获的远远不止这一个问题的解决，更重要的是，通过这一学期体验，我们知道了我国很多环境问题迫切需要解决，知道了我们肩上的重担。课题的最后，想引用屈原的一句话来结尾，“路漫漫其修远兮，吾将上下而求索。”

第5章　移动床生物膜反应器（MBBR）填料改性及工艺设计

5.1　课题背景

5.1.1　污水处理厂面临的问题及需求

在城市化进程逐渐加快的今天，城市人口不断增加，随之带来的污水处理压力也与日俱增，市政污水处理厂面临着前所未有的挑战。以深圳市为例，2005年到2015年这十年间，全市的每日用水量从382.19万吨增长到545.21万吨。为了解决严峻的市政污水处理需求的增长，深圳市在这期间新建了20座污水处理厂，但污水处理厂的实际处理量仅从每日129.36万吨增长到每日444.93万吨，仍存在较大的处理缺口。此外，深圳的污水处理厂仍然存在以下问题：

（1）实际进入污水处理厂的污水量大于处理厂设计能力，导致污水处理系统运行负荷增加，水力停留时间减少，生化反应时间缩短。

（2）随着深圳市雨污分流管网的建设，污水处理厂实际进水水质高于设计进水水质，污染物负荷增加。

（3）进水水质指标、工艺设计参数、运行参数设置不合理、推进搅拌设备不完善等因素导致生化处理系统内污泥水力流态较差，出现污泥淤积、污泥活性变差等现象。

针对存在的问题，有三种可能的解决方案：新建污水处理厂、对现有污水处理厂进行扩建、对现有污水处理厂进行原位工艺改造。在寸土寸金的深圳，以南山前海湾一带为例，地价在十年间上涨了数十倍，对于新建和扩建污水处理厂的成本都极高，并不是最佳解决方案。对现有的污水厂处理工艺特别是生化工艺进行原位优化改造，比如向传统的活性污泥反应池内投加生物填料，增加反应池内微生物的量，从而在不改变反应器容积的前提下提高处理能力是一种比较经济可行的方法。

如何对现有的污水处理厂进行原位的提标改造，成为多数市政污水厂目前急需解决的问题，也是我们进行此创新课程项目的背景。

5.1.2　移动床生物膜反应器（MBBR）工艺

活性污泥法是一种应用最广的废水好氧生物处理技术，其处理系统历经几十年的发展和革新，至今已完全成熟。活性污泥法通过利用多种细菌和原生动物组成的微生物群体对有机污染物进行吸附和代谢，从而使污染物彻底分解[103]。活性污泥法利用游离状态的微生物与污水进行充分混合，从而顺利进行对污染物的吸附和代谢作用。其主要优点是处理能力高——适用于大中型水厂、出水水质好、技术成熟，但是需要一定的 BOD 值——不适合处理低浓度废水，同时对进水的水质和水量要求相对稳定。

生物膜法又称固定床生物膜法，是和活性污泥法并列的一类好氧生物处理技术，主要利用附着在填料上的多种细菌和原生动物组成的微生物群体对污水中溶解的或胶体状的有机污染物进行吸附和代谢分解，使污水得到净化[104]。主要的工艺有生物滤池、生物转盘、生物接触氧化池和生物流化床等。其主要优点是无污泥膨胀问题、易于微生物生长、提高了整体的脱氮能力、产生的剩余污泥少、对污水水质水量变化适应性较强、占地面积小等。

移动床生物膜反应器（Moving Bed Biofilm Reactor，简称 MBBR）是一种融合传统活性污泥法和固定床生物膜法的污水净化方式，采用生物膜原理并结合了传统流化床的优点，是一种高效的生物处理工艺。

MBBR 工艺通过向反应器中投加一定数量的悬浮填料（与污水密度相近的介质）作为生物膜载体，在填料表面形成生物膜，不同的微生物（包括细菌、纤毛虫和轮虫）集中在生物膜上。在生物膜上由内向外分布生长着厌氧菌、兼氧菌、好氧菌。每个载体都是一个微型反应器，在好氧处理系统中通过鼓风曝气，或者在厌氧或缺氧处理系统中通过搅拌作用，保证污水与生于载体上的生物膜广泛而频繁地接触，提高系统传质效率的同时，强化生物膜微生物的更新，保持和提高生物膜的活性。由于生物膜附着在填料表面，所以生物膜法的污泥龄比较长，更有利于硝化细菌脱氮，同时可以有效防止污泥膨胀、减少剩余污泥的产生。

5.1.3　选题意义

MBBR 工艺作为污水厂原位改造的一种方式，向原有传统的活性污泥反应池内投加悬浮生物填料载体，与原有活性污泥形成更为复杂的复合式生态系统。附着生长在载体上的生物膜使反应器中活性微生物量大大增加，在悬浮活性污泥与悬浮载体表面生物膜的共同作用下，大大增强系统的抗冲击负荷能力，具有提高污水处理的效能和稳定出水水质的能力。

我们的课题《移动床生物膜反应器（MBBR）填料改性及工艺设计》结合了深圳水务（集团）有限公司（以下简称深圳水务集团），对现有污水厂进行原位改造的需求，希望为实际工艺中的应用提供一些研究基础。

5.2　课题研究方法

5.2.1　课题研究目标

MBBR 工艺有两个关键要素，一是生物膜填料，二是整个处理工艺系统的设计。我们也将课题的研究内容分成这两部分。

1. 生物膜填料

生物膜法工艺的核心是生物膜的载体——微生物群体得以挂膜的填料。填料为生物膜的生长提供了保护，能在极小的体积内生长大量的微生物，对生物膜的生长、结构和活性均具有显著影响。因此，适宜的填料可促进生物膜的形成和系统的启动，并提高系统的处理效能。

对于新型填料的开发一直是污水处理领域的热点研究问题，评价生物膜填料的两个重要标准是比表面积和是否适合微生物生长。本课题通过对 MBBR 填料添加活性炭进行改性，从而设计合成出兼具微孔结构、高孔隙率等特性的环保、易于分离、能耗小和具备良好水处理效果的复合填料——改性聚氨酯填料（MPU）[105-107]。

2. 工艺系统的设计

在工艺设计方面，填料能否很好地随着污水流动并与污水充分混合，成为限制 MBBR 工艺能否发挥出其优势的重要因素。在实际的工程应用当中会出现两个需要解决的问题：填料的流动和填料随污水流动堆积在反应装置出口。对于第一个问题，需要依靠机械搅拌强度、水力设计条件和曝气装置来调控；第二个问题则需要改进装置的进出口方式。本课题的研究内容为 MBBR 反应器工艺系统的优化设计，涉及曝气系统、搅拌系统、出水装置、池体等部分[108]。

5.2.2 课题研究进度安排

小组成员在接到课题后首先与学校老师和企业导师进行了认真的沟通，深入了解课题的研究背景、内容及方向；随后按研究方向进行分组并制定了详细的课题时间进度规划表（总时长为一个学期）。在进度计划中初步设定了工作内容、计划工期、课题各阶段预期完成时间、成员分工等，并以每周为时间单位进行总结。

本课题根据研究内容分成了两个研究小组，分别是填料改性小组和工艺优化设计小组。在课题的研究阶段，根据各阶段遇到的问题及完成情况，与校内老师和企业导师充分交流和沟通后及时修改进度方案和时间安排，在学期内圆满完成课题。表 5-1 为课题完成时的时间执行表。

课题进度时间执行表 **表 5-1**

阶段	时间	进展	工作内容	备注
准备阶段	9 月 12 日	确定课题	• 与企业导师沟通，修改进度方案以及初步安排； • 学习改性聚氨酯（PU）填料相关知识、了解 MBBR 工艺流程； • 实地调研、联系导师	
	9 月 19 日	调研交流	• 确定了部分影响参数，大致了解其在整个工艺流程中的作用； • 查阅了 MBBR 在实际应用中的案例； • 实地调研、确定实验场地、确认器材	

续表

<table>
<tr><th>阶段</th><th>时间</th><th>进展</th><th>工作内容</th><th>备注</th></tr>
<tr><td rowspan="4">准备阶段</td><td>9 月 26 日</td><td>挂膜实验
方案设计</td><td>• 开始进行预实验“不同填料生物膜脱氮系统的启动试验”；
• 初步确定填料改性方案；
• 形成小试装置基本模型</td><td></td></tr>
<tr><td>10 月 3 日</td><td>修改挂膜方案、填料改性调研</td><td>• 讨论设计实验可行性；
• 查阅相关填料改性资料</td><td></td></tr>
<tr><td>10 月 9 日</td><td>协调场地、
填料改性方法</td><td>• 和学院、企业导师沟通确认实验场地；
• 明确采用间歇进水装置，精简装置</td><td>在导师的帮助下，修复了不能实验的器材</td></tr>
<tr><td>10 月 16 日</td><td>确定挂膜方案</td><td>• 修订了实验方案，重新设计了两套实验装置示意图；
• 确定实验具体数据，全体熟悉实验整个流程</td><td></td></tr>
<tr><td rowspan="5">实验启动
阶段</td><td>10 月 24 日</td><td>搭建设备、
启动实验</td><td>• 购买 DO 控制系统，完善连续进水实验方案；
• 赴某集团，打扫实验室，搭建好实验装置；
• 学习使用 CAD 软件，计算装置参数</td><td>突发情况及解决：有一台蠕动泵无法正常工作</td></tr>
<tr><td>10 月 25 日</td><td>配置污水，
首次闷曝</td><td>• 更换蠕动泵；
• 与老师沟通交流，明确第二版小试装置存在的不足之处；
• 在老师的建议下，再次设计第三版小试装置</td><td>正式进入启动驯化阶段</td></tr>
<tr><td>10 月 27 日</td><td>检查运行情况</td><td>• 闷曝效果检查；
• 驯化阶段启动工作</td><td>开始两天记录一次
实验数据阶段</td></tr>
<tr><td>10 月 28 日</td><td>被迫停止
挂膜实验</td><td>• 实验运行过程中，再次出现溶解氧含量低于监测浓度的情况出现；
• 填料改性小组的气泵损坏</td><td>突发状况：填料改性小组的气泵损坏</td></tr>
<tr><td>11 月 04 日</td><td>重新开始
改性 PU 实验</td><td>• 重新开始填料改性小组实验；
• 根据第三版小试装置基本参数，设计出 CAD 平面图</td><td></td></tr>
<tr><td rowspan="3">实验维护
阶段</td><td>11 月 15 日-
11 月 13 日</td><td>实验维护阶段</td><td>• 填料表面出现黏性物质，目前仅有少量生物膜产生</td><td></td></tr>
<tr><td>11 月 15 日-
11 月 21 日</td><td>实验维护阶段</td><td>• 每隔两天小组成员轮流配水、取水样、检测氨氮；
• 设计出小试装置 CAD 图、立面图</td><td>解决问题：
1. 接种污泥量不足问题；
2. 填料堆积及混合不均问题</td></tr>
<tr><td>11 月 23 日-
12 月 27 日</td><td>实验维护阶段</td><td>• 这期间，小组成员每隔两天，按照时间表轮流进行配水取样、检测氨氮；
• 第十四周在企业导师的建议下，启动实验收尾工作；
• 11 月 23 日连续进水改为间歇进水</td><td>突发情况：
1. 期间遇到并解决出水口堵塞问题；
2. 配水水桶里面出现微生物群落，通过每次配水 30L 解决</td></tr>
</table>

续表

阶段	时间	进展	工作内容	备注
实验收尾阶段	12月17日-12月24日	实验收尾阶段	• 整理挂膜实验、氨氮数据； • 进行填料表面扫描电镜（SEM）检测； • 进行生物膜干重检测； • 进行填料比表面积（BET）检测； • 整理及绘制实验图表； • 分析数据	责任到人
结题阶段	12月21日-12月26日	结题	组长牵头、小组分工，大家着手结题	

5.2.3 填料改性研究

1. 目标确定

项目开展初期，填料改性小组通过与企业导师沟通，掌握了项目目标及进度安排。填料改性部分的工作目标主要包括：

（1）通过设计并开展实验来评估现有聚氨酯填料（PU）及活性炭改性聚氨酯填料（APU）的挂膜性能，比较实验稳定后的氨氮去除率、生物膜干重、填料性质等；

（2）分析填料改性前后的性能，为填料改性方案提供依据与素材；

（3）发现评估实验设计的不足之处，为填料性能评估实验方案的设计改进提供依据。

明确项目目标后，小组开展了一系列文献查找及阅读工作，并走访深圳水务集团水质净化厂的污泥重点实验室，现场学习和交流生物膜知识及填料制备方法。通过学习，小组明确了通过搭建简易小试装置进行填料挂膜的实验方案，并确定了填料挂膜实验的方法。

2. 实验场地确定

填料挂膜实验的开展，需要定期观测和评价填料的挂膜效果以及维持小试装置的连续工作。为了方便实验装置的连续运行、更好地观测生物膜生长状态，同时兼顾交通及维护成本等多因素，经比选最终选择深圳水务集团水质净化厂污泥实验室作为实验场地。

3. 实验方案确定

通过比较文献中的挂膜实验开展方案设计，填料挂膜实验的基本方法可以确定，但是运行模式及详细实验参数难以明确。

（1）运行模式——连续运行及间歇运行

在某水质净化厂进行挂膜实验，小组可以选择连续运行及间歇运行两种方式，这也是决定小组成员轮班模式、制定试验参数的最主要因素。运行模式简介及选择原因分析如下：

1）连续运行：实验装置全天连续运行。需增设在线 DO 监测控制系统、蠕动泵等主要仪表和设备，满足装置自动连续运行条件；进水储水箱一次配水量满足 2 日的处理水量，小组成员每两日去一次南山水厂，进行运行状态检查、配水、取样等工作。连续式运行易于操作和管理，系统内微生物的生长环境稳定，利于快速挂膜。

2）间歇运行：实验装置每日运行一段时间。小组成员每日到达南山水厂后，按序批实验方法进行配水、换水、曝气等工作，启动挂膜实验；启动期间人工检测 DO，并调整曝气状态；至离开时曝气结束，停止实验装置。预计每日挂膜时间 4～8h。间歇式运行对设备稳定性要求不高，可以及时防止系统故障等。

表 5-2 为连续运行和间歇运行两种模式综合对比。

连续运行与间歇运行模式对比　　表 5-2

方式＼项目	连续运行	间歇运行
人力资源	1. 成员两天去一次某水厂； 2. 不需要在实验室等待设备运行，完成配水、检测等任务后即可离开	1. 成员需每天去一次某水厂，往返公交约 4h，打车约 1h； 2. 运行期间需人工监测，不能较长时间离开； 3. 由于上课、考试等因素，每日启动时长无法保证一致
设备成本	1. 蠕动泵：约 1000 元（2 个）； 2. DO 监控系统：4000 元（2 套） 备注：淘宝比价，该项预算列为 5500 元	低，无需增加额外成本
交通成本	低，共 4200 元 备注：以设备运行 70 天，每日交通成本 60 元计算	高，共 8400 元
实验效果	1. 连续流更贴近实际工程情况； 2. 设备持续运行，增长挂膜时间至少 3 倍； 3. 系统运行更加稳定，利于挂膜效果； 4. 由于设备增多，出现故障等问题的概率增加	1. 每日系统暂停运行时间较长，进度较慢； 2. 每日挂膜时间不均等，不利于比较填料的挂膜速度； 3. 人工监测，系统故障的可能性较低
综合性价比	高（综合成本略高，但节省人力成本，且实验效果好）	低（成本相对低，但人力成本过高，且实验效果难以保证）

经过论证，小组确定挂膜实验采用连续运行方式，并加工了实验装置[109]，包括：挂膜反应器、蠕动泵、在线 DO 控制系统、进水桶等，依靠蠕动泵实现稳定连续进水；出水水管直接通入出水储水箱中进行回收。实验装置如图 5-1 所示。

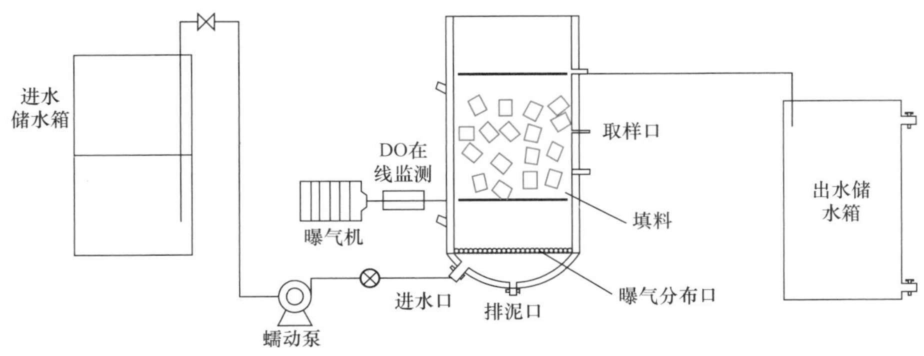

图 5-1　填料挂膜实验装置示意图

(2) 实验设备

采用2套相同的挂膜反应器进行实验。反应器的主体为透明圆柱型，内径20cm，高55cm，有效容积为13L。每个反应器配有1个蠕动泵及1套曝气系统（包含在线DO监测仪、可调式气泵、自控系统）。反应器的进水方式为连续进水，采用溢流式出水。

(3) 实验参数选择

综合考虑生活污水取水点距离远和小组成员无单独取水样资格等条件限制，决定采用人工配水作为挂膜实验用水。通过查找资料确定生活污水各组分及其含量，结合尽快挂膜的实验需求，拟定自配污水的COD浓度为800mg/L，氨氮浓度为40mg/L，及其他微量元素。具体配置浓度见表5-3。

自配生活污水配置浓度 **表5-3**

序号	项目	自配水中的含量（mg/L）	序号	项目	自配水中的含量（mg/L）
1	$C_6H_{12}O_6$	750	8	$CuSO_4 \cdot 5H_2O$	3×10^{-5}
2	NH_4Cl	152.84	9	$MnCl_2 \cdot 4H_2O$	1×10^{-4}
3	$MgSO_4$	15	10	$NiCl_2 \cdot 6H_2O$	2×10^{-5}
4	$CaCl_2$	1	11	$CoCl_2 \cdot 6H_2O$	5×10^{-5}
5	KH_2PO_4	1	12	H_3BO_4	1.5×10^{-6}
6	$NaHCO_3$	650	13	$Na_2MoO_4 \cdot 2H_2O$	2.2×10^{-5}
7	$ZnSO_4 \cdot 7H_2O$	5×10^{-5}	14	$NaSeO_4$	2.1×10^{-5}

由于实验的目标是填料的挂膜启动，因此水力停留时间取值较长，HRT取24h。COD负荷为0.8kgCOD/($m^3 \cdot d$)，氨氮负荷为0.08kgNH_4Cl/($m^3 \cdot d$)，DO为1.8～2.2mg/L。

(4) 实验步骤

搭建实验装置：完成在线DO监控仪及气泵的连接，检查反应器的密闭性、曝气系统和蠕动泵的运行状况。

1）配置实验污水：配水六日一次，每次配置100L污水。

2）投加接种污泥：接种污泥取自某水质净化厂污泥浓缩池，接种污泥的投加量占挂膜反应器有效容积的40%，约为5L。

3）投加填料：反应器接种污泥后，在两个反应器中分别装入聚氨酯及改性聚氨酯填料，填充比约为23%（3L），反应器进满自配污水后停止进水。

4）闷曝：开启曝气系统，调节反应器内DO为（2.0±0.1）mg/L，闷曝一日，此时接种完成。

5）驯化：污泥驯化期间反应器为连续运行，每六日配水一次，每两日取出水水样进行氨氮检测。系统运行阶段DO控制在（2.0±0.1）mg/L。当出水氨氮去除率稳定时，即可认为挂膜启动阶段完成。

6）取样：将约10mL污水用针孔滤膜过滤，用10mL离心管保存，滴加浓硫酸使pH值小于2后，于4℃冰箱中冷藏保存。为提高实验效率、节省药品，每隔5日，将保存水样统一取出进行氨氮的测定。

7）对比聚氨酯填料、活性炭改性的聚氨酯填料在同样实验条件下的挂膜时间、挂膜后的氨氮去除率。

实验装置塔建过程如图 5-2 所示，挂膜实验及化验如图 5-3 所示。

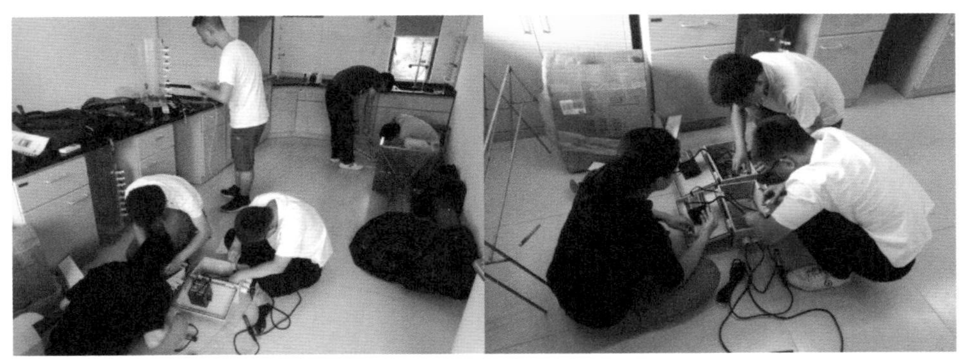

图 5-2　实验装置搭建过程

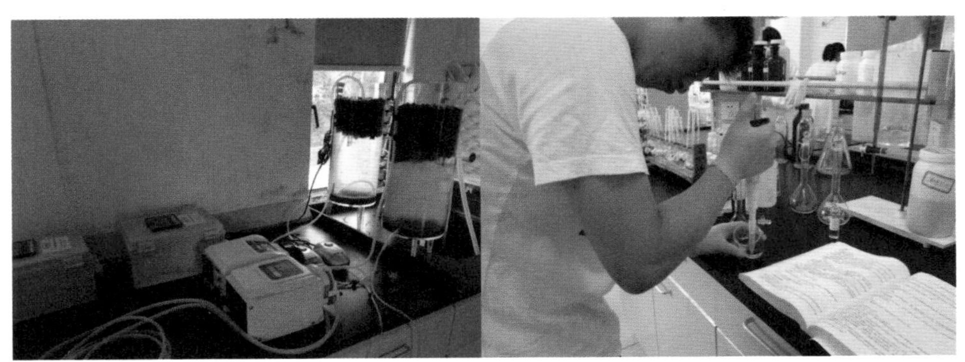

图 5-3　挂膜实验及化验

（5）实验评价指标及方法

常规评价污水净化效果的指示性指标有 COD 去除率、氨氮去除率等，本实验选择氨氮去除率作为污水处理效果的指示性指标，原因如下：

本实验探究利用生物膜法进行好氧处理。好氧生物处理过程中，发生生物反应主要为碳化反应及硝化反应：碳化反应发生较快，碳化细菌将含碳有机物分解成为 CO_2，碳化反应基本结束后，硝化细菌发生硝化反应，将氨氮分解为亚硝酸菌、硝酸菌。但由于碳化细菌世代周期较短，硝化细菌所需世代周期较长，因此实现更高脱氮效率所需的污泥龄更长。在应用生物膜法时，由于污泥附着在生物膜上，污泥龄增长，因此有利于脱氮效率的增加。

COD 是衡量污水处理效果的首要指标，但某净水厂及学校均无便携 COD 测量设备，COD 测量仅能采用国标法，在检测过程中会用到浓硫酸、硫酸汞等试剂，独自操作危险性较大。因此在实验条件不允许的情况下，小组选择采用氨氮去除率作为污水处理的指示性指标。

本实验作为评价指标的检测项目为填料颜色（拍照记录）、氨氮（采用国标纳氏法）和生物膜干重。

生物膜干重测量方法如下所示。首先对填料上的生物膜进行超声剥落：将填料置于烧杯中，超声 30min，利用超声波冲击剥落生物膜。生物膜剥落后，含有生物膜的溶液经事先称重的 0.45μm 滤膜过滤，把滤膜置于温控 105℃的干燥箱内，干燥至恒重，过滤前后的重量之差即为剥落生物膜干重。

4. 实验秩序建立及维持

为了保证实验的安全、顺利进行，小组成员在实验启动前进行了详细的人员安排，并编制了《轮班值日表》及《轮班工作内容说明书》，设定实验第一、第二负责人，并以全员轮班的方式开展实验。同时，小组人员均完成校内实验安全考核，并完成了赴某水质净化厂进行氨氮检测、配换水、取样等实验内容的学习及考核工作。

5.2.4 MBBR 反应器设计及优化

1. 资料收集与学习

MBBR 反应器具有占地面积小、抗冲击负荷能力强、适合于污水处理厂扩容改造的优点。MBBR 可根据污染负荷的大小使反应器内生物填料的填充率控制在 10%～67%之间[110]，当实际运行进水水质或水量发生变化时，只通过提高填料填充率，即可保证原池容不变的情况下，满足设计出水标准。生物填料填充率在 60%左右时，在相同的污染负荷条件下，MBBR 反应器的池容为常规生物处理池（包括厌氧/缺氧/好氧）的 30%左右。MBBR 工艺在设计和运行上也具有灵活简单的特点，一是它可以采用各种池型（深浅方圆/不同建筑结构）而不影响工艺的处理效果；二是它可以很灵活地选择不同的填料和填充率；三是 MBBR 工艺可“镶嵌”（组合）到已建污水处理厂的大部分工艺中，如 A^2O 工艺、AO 工艺、普通活性污泥工艺、SBR 工艺和氧化沟工艺等；所以，它适合于市政或工业污水处理厂的原位升级改造。

本组同学通过对收集文献及相关专利的阅读整理、工程案例分析以及到深圳水务集团研发中心实地调研等，完成了如下工作内容：

（1）加深了对 MBBR 整体工艺流程、各组成要素（曝气系统、搅拌系统、出水装置）的理解；

（2）确定在运行过程中影响 MBBR 处理效果的因素，及其在整个流程中的作用；

（3）总结案例中相关经验和教训，了解小试装置运行中可能出现的问题，并系统地总结应对策略；

（4）获取详细的小试装置设计思路，提高设计能力；

（5）了解现有 MBBR 装置出现的问题，并着眼于其中一、两点进行突破，形成创新点。

2. MBBR 反应器设计关键点探究

（1）填料堆积问题及解决思路

挂膜后的填料和污水相对密度接近，在实际工程应用中会随着水流在出口处堆积，很大程度上限制了生物膜填料的移动性，导致填料不能充分地与污水均匀接触，最终的处理效果也会受到影响。在实际运行中，填料堆积问题也往往有多种不同的形式：

1）现有移动床生物膜反应器内填料不能在反应器内完全循环流动，导致部分填料长期处于死区；

2）在反应池出水端，水流将大量填料带至出水口，使得拦截填料的栅板、格网发生堵塞，造成出水不畅；

3）现有移动床生物膜反应器存在水流沟流的现象，由于没有水力导流设施，最终造成部分区域水力停留时间不足，导致处理效果变差；局部水力停留时间又过长，导致产生大量死泥的现象；

4）现有移动床生物膜反应器没有给填料充分的下沉空间，不能让填料充分地与污水接触，从而影响生物活性和处理效果；

5）为了解决上述问题未经认真思考而盲目采取的相关措施，例如盲目增大曝气量，出现曝气能耗过高的现象；或搅拌强度过大，造成能耗过高，导致悬浮填料磨损和填料上生物膜不易附着。

相应的解决方法如下：

1）在实际工程中，设置活动栅板，定期进行人工清理，或者设置空气反吹装置，以防治堵塞；

2）尽量把池底曝气装置分散均匀，适当在角落和边缘地带增加曝气头、增加曝气量，这样就会减少有死角的区域；

3）长宽比或长径比越大越容易堆积，可适当进行分割减小比值，使填料相对分散均匀；池体尺寸的合理设计有处于改善水利条件；

4）通过在池内设置导流板，形成强制循环来解决池内死角的问题。

（2）其他问题

1）填料回流会造成系统能耗的增加，同时填料在管道中彼此撞击，会导致填料上厌氧、缺氧生物膜大量脱落而影响系统的处理效果；

2）悬浮污泥可能附着在格栅上；

3）反应器运行过程中出现泡沫。

相应的解决方法如下：

1）水力停留时间的调控；

2）悬浮污泥附着问题可从格栅的材料和间距上解决，如选择光滑吸附性小的材料，格栅间距在保证能截留填料的前提下尽量加大，使其不易被悬浮物质附着等；

3）如果必须控制泡沫，建议采用消泡剂。但不建议使用与塑料载体不相容的硅化物消泡剂，其会覆盖载体并阻碍基质向生物膜的扩散，从而可能影响 MBBR 的性能。

在对多个实际案例进行分析并查阅了大量的 MBBR 反应器相关专利后[111-113]，设计小组了解现有 MBBR 装置设计及运行可能出现的问题集中在填料堆积、泡沫问题、悬浮污泥附着问题等方面；通过分析，设计小组最终将如何改善 MBBR 反应器的水力条件、解决填料的堆积问题作为本课题的关键点进行创新。

3. 小试装置构造设计与改进

（1）第一版小试装置设计

设计小组将收集到的资料进行整理和学习后，尝试确定了 MBBR 反应器大致的设计思路并初步确定了反应器的形式，比如装置的尺寸、形状、内部构成（曝气系统、搅拌系统、出水系统、好氧填料区和厌氧区组成）等。第一版小试装置设计为长方形池体，尺寸为1m×0.3m×0.8m。此时的设计在经过后期继续学习后发现存在一系列的问题，如无法有效地解决填料堆积问题、设计尺寸不合理等，最终决定放弃该方案。

(2) 第二版小试装置设计

通过对 MBBR 在运行中可能存在的问题深入了解后，设计小组对第一版小试装置进行了改进。在相关的调研中发现，目前许多 MBBR 装置设计及运行中出现的问题都与装置的水力条件有关。因此，设计小组决定将改善装置水力条件、解决填料堆积问题作为本项目 MBBR 装置设计的重心和创新点。通过参考国内外先进的 MBBR 设计，并结合深入思考，设计出了第二版小试装置。

第二版小试装置为双层同心圆柱体，外圆柱尺寸为25cm×50cm（$\phi \times h$），内圆柱（上宽下窄）高为26cm，上底半径为10cm，下底半径为4.5cm。装置内区为厌氧区，下方不设曝气装置；外区为好氧区，下方设有均匀的曝气装置。装置采取四周进水、中心出水的方式，进水管直接引入内区，营造厌氧环境。相比于第一版装置，这版装置能有效改善反应池内水的流动特性，防止填料在出水口堆积；同时能一定程度上减少曝气量，从而降低能耗；好氧厌氧一体化处理，也能有效节省空间。但第二版小试装置本身也存在一些较大的问题，如好氧区填料和厌氧区填料混搅在一起不能明确分区、整体设计不完整、未考虑悬浮状污泥的沉淀与回流以及出水口负荷过大等，这些都在一定程度上限制了第二版小试装置的使用和处理效果。

(3) 第三版小试装置设计

在校内老师的建议下，设计小组决定再一次调整原有设计方案，但保留第二版改善水力条件的优点，并根据老师提出的意见及指导进行第三版小试装置的设计。

第三版小试装置为厌氧、好氧反应区加二沉池的一体化设计，总设计有效容积为140.4L，其中生化反应部分有效容积为61.7L（好氧区49.4L、厌氧区12.3L）、沉淀区有效容积为56.7L、污泥收集区容积为22L，装置总高度为0.85m（有效水深0.6m）。该版装置中，构造上的优化能有效改善第二版小试装置存在的问题，如在好氧区上下边界各设置一个筛网，从而将填料限制在好氧区，但同时又不影响水的流态；增加二沉池进行污泥的沉淀与回流等。虽然第三版小试装置设计本身也带来了一些小问题，如污泥回流比的控制、排泥区域的设计等，但最后在小组成员的改进下得以解决。

(4) 第四版小试装置设计

总体构造与框架设计完毕后，设计小组开始对装置内各区域的尺寸和参数等进行系统的设计计算。计算参考了相关设计手册与实际设计案例，并结合小试装置的实际情况。本小试的设计主要包括曝气池和二沉池的计算和设计。

在设计计算中分为基本参数和计算参数，基本参数为根据实际经验指定的设计参数，或基于指定参数的简单计算就能得到的参数，前者包括污泥负荷、污泥体积指数、表面负荷等，后者包括曝气池混合污泥浓度、混合液的内回流量等；计算参数指基于指定的基本参数，通过一系列计算步骤得到的参数，包括反应池容积、剩余污泥量、曝气池需氧量、沉淀池总高度等。

5.3　结果与讨论

5.3.1　填料改性研究

1. 填料挂膜前后外观

挂膜实验装置分为 A、B 两组，A 组为聚氨酯填料（PU）的挂膜实验系统，B 组为活性炭改性聚氨酯填料（APU）的挂膜实验系统。表 5-4 为填料的基本参数，图 5-4 为填料的扫描电镜照片。

填料基本参数　　表 5-4

名称	单位	PU	APU
长	cm	1.70	2.00
宽	cm	0.75	2.00
高	cm	0.75	0.70
体积	cm^3	0.96	2.80
平均质量	g	0.0384	0.1326
平均密度	g/cm^3	0.0401	0.0474

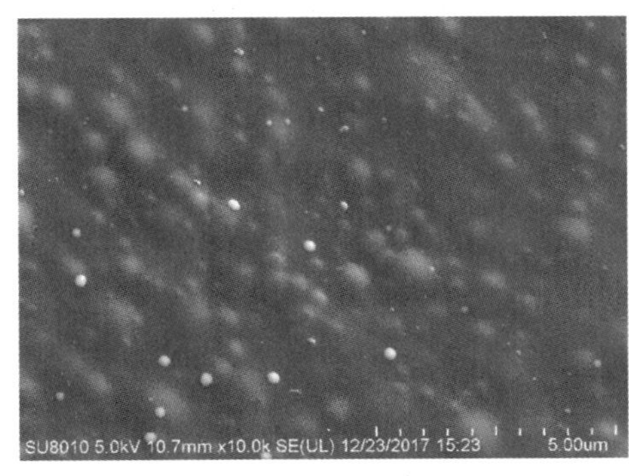

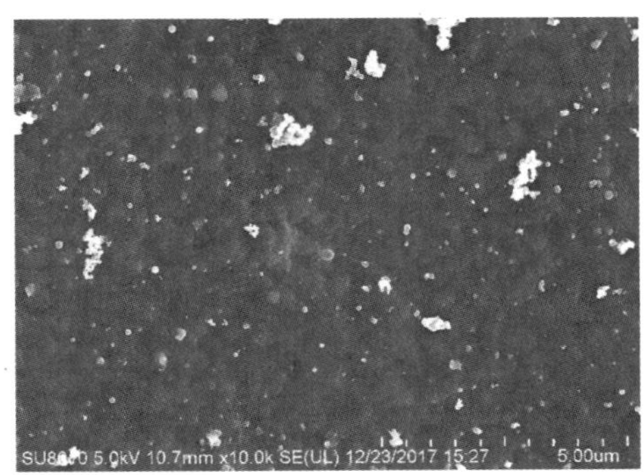

图 5-4　PU（左）、APU（右）填料电镜扫描照片

由图 5-4 可见，放大至相同倍数时，PU 填料表面有少数较平滑凸起，APU 填料表面出现较多小凸起，因此 APU 填料表面粗糙程度更高。

挂膜实验启动两周后，检测发现 A、B 两组实验系统过滤清液中氨氮浓度处于动态稳定状态；同时，在实验系统排泥结束后取出两组填料观察，发现填料表面及内部有明显黄色黏稠物质。图 5-5 和图 5-6 为 PU 和 APU 填料在挂膜前和挂膜后的对比情况。

图 5-6 中可见，PU 填料由于孔隙较大，内部网状结构较疏松，可见明显的生物膜结构；APU 填料由于孔隙较小，无法看清内部生物生长情况，但表面有明显的棕黄色生物膜附着。

图 5-5 聚氨酯（PU）填料挂膜情况（左挂膜前、右挂膜后）

图 5-6 改性聚氨酯填料（APU）挂膜情况（左挂膜前、右挂膜后）

2. 填料挂膜生物量

将取出的挂膜填料放入内衬锡纸包裹的称量瓶中，放入 105℃的烘箱中烘干、冷却并称重（*W*1，g）后，将填料置于 1mol/L 的 NaOH 溶液中，在 70℃条件下维持 1h 水浴，然后使用 40Hz 超声处理 1h，水洗数遍直至填料上的生物膜被全部清理掉，称量出填料的自重（*W*3，g）后，将填料放回称量瓶中进行烘干、冷却和称重（*W*2，g）；计算（*W*1－*W*2)/*W*3 即为单位质量填料上的生物膜干重（g/g）。两种填料挂膜后的生物膜量见表 5-5。

填料挂膜后的生物量 **表 5-5**

名称	*W*1（g）	*W*1－*W*2（g）	*W*3（g）	生物膜干重（g/g）	平均干重
PU1	0.0542	0.0158	0.0427	0.3700	
PU2	0.0484	0.0100	0.0391	0.2558	0.3302
PU3	0.0523	0.0139	0.0381	0.3648	
APU1	0.1848	0.0522	0.1296	0.4028	
APU2	0.1958	0.0632	0.1545	0.4091	0.4063
APU3	0.1856	0.0530	0.1302	0.4071	

由表 5-5 可见，挂膜完成后活性炭改性聚氨酯填料每 1g 上生物膜挂膜量约为 406mg，未改性的聚氨酯填料上生物膜挂膜量约为 330mg，改性后填料生物膜挂膜量提高了将近 23%。同时，因实验装置搭建的原因，APU 填料装置搭建晚于 PU 填料装置的搭建，也能得出改性后填料上的生物膜生长速率更快的结论。

改性填料的生物膜量与生物膜生长速率之所以更高，分析原因如下：聚氨酯泡沫塑料填料的挂膜仅仅是通过泡沫体与微生物之间的物理吸附而实现，故其固定化微生物细胞容易脱落而导致处理效果降低。活性炭材料有着优良的吸附能力和催化性能，能使生物细胞的外酶、有机物及溶解氧浓缩在其表面和周围，造成局部空间的高氧化速率，提供给微生物良好的微环境，打破反应原有的浓度平衡，延长微生物与有机物的接触时间，加快有机物的降解过程。当有机物彻底降解后，活性炭表面吸附能力又得到恢复，形成良性循环过程。在活性炭的表面还会发生高分子化合物取代低分子化合物的取代吸附，提高其吸附效能，降低污水毒性。聚氨酯填料中如果有活性炭成分的存在，可以改善微生物的活性，延长污染物的停留时间，提高污水处理效率。

3. 氨氮去除率

通过监测系统氨氮的去除率，得到 A 组（聚氨酯填料，PU）及 B 组（活性炭改性聚氨酯填料，APU）系统出水氨氮去除率随挂膜时长的关系。氨氮去除率变化如图 5-7 所示。

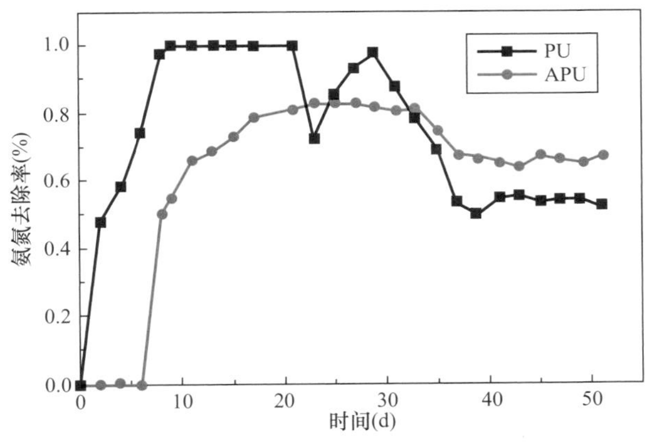

图 5-7　氨氮去除率—时间关系

图 5-7 中横坐标为时间（d），纵坐标为出水氨氮去除率（%）。测量进水水样氨氮浓度（$c1$，mg/L）、出水氨氮浓度（$c2$，mg/L）、计算氨氮去除率为（$c1-c2$）/$c1$。A（PU）组进水氨氮浓度为 40～80mg/L，B（APU）组进水氨氮浓度为 40mg/L。

由于实验刚启动后，即出现 B 组（APU）气泵损坏，故该组实验待气泵购回后重新启动，因此 B 组（PU）实验启动是在 A 组实验启动后第 6 日开始的。

A 组实验中，实验启动第 9 日-第 19 日期间氨氮去除率达到 100%，第 19 日后氨氮去除率明显下降，原因如下：实验启动时，原水氨氮浓度为 40mg/L，PU 组在运行至第 9 日时实现氨氮全部去除，即氨氮去除率达 100%；稳定运行至第 15 日，提高进水氨氮浓度至 52mg/L，观察填料对氨氮的去除效果，依然可以达到 100%的氨氮去除率。实验进行的第 23 日，将原水氨氮浓度进一步提升至 80mg/L，此后氨氮去除率明显下降，最终在去除率约 50%时趋于稳定。

B 组实验中，氨氮去除率始终未达到 100%，故没有对其进水的氨氮浓度进行提高。如图 5-7 所示，实验启动后第 19 日时，系统内氨氮浓度基本达到稳定值，此时氨氮去除率约为 80%，出水氨氮浓度约为 8mg/L。但随后氨氮去除率下降并稳定在 66%左右，出水氨氮浓度约为 13mg/L。

根据稳定后的出水水质，A 组在进水氨氮浓度在 40mg/L 和 52mg/L 时，去除率可以达到 100%；在进水浓度为 80mg/L 时，出水氨氮浓度最终为 37mg/L，去除率约为 53%；B 组氨氮进水浓度为 40mg/L，出水浓度约为 13mg/L，去除率约为 66%。可见在同样的进水条件下，A 组氨氮的去除能力更强。

对比生物膜干重数据，结合实验过程中的观察，APU 填料氨氮去除效果不佳与其较为致密的孔隙结构有关。根据 SEM 图像分析，APU 填料具有表面粗糙性高、内部孔隙致密的特征。粗糙的表面可以附着较大的微生物群落，在填料表面形成大体积菌胶团，一方面使生物膜干重明显增加；另一方面，菌胶团又阻碍了周围水体与填料表面的物质交换，使污水不容易进入填料内部。同时由于填料内部孔隙小而致密，比表面积大，气泡、水流通过时接触填料，受到的剪切力增大，因而严重影响流速；加之本次实验装置内未设搅拌设施，HRT 较长，水体流速极低，曝气强度控制较低，无法提供推动力，因此微生物与外界的物质交换受到限制。此外，在实验启动之初，由于 APU 填料内部的致密气泡难以与水发生交换与流动，填料与水体难以快速混合，APU 长时间浮于污水表面，直至污水缓慢浸入。综上所述，在本次实验设置条件下，结果显示 APU 填料内部的微生物与外界物质交换能力较弱，致使含有污染物、氧气及其他营养物质的污水难以进入，填料内部可能形成相对封闭的厌氧环境。因此，尽管 APU 组的生物膜干重较高，但氨氮的去除率却不如 PU 组。

5.3.2 MBBR 反应器设计及优化

在对前几版设计中存在的问题进行认真的分析和总结后，小组成员完成了终版 MBBR 小试装置的设计，并取得了一定的成果。

1. 总体构造

图 5-8 所示反应池为双环类圆柱构造。内环被曝气装置分为厌氧、好氧两个反应区。曝气系统以上区域为好氧填料区，好氧区上、下边界各设置一个筛网，从而将填料限制在好氧区，但又不影响水的流态；而曝气系统以下区域为厌氧区，在厌氧区接近底部的位置设置进水蠕动泵，通过提高进水的有机物浓度和降低溶解氧浓度营造厌氧氛围。外环通过上部导流板分为沉淀区和回流区。上部导流板以外为沉淀区，以内为回流区。在回流区和缺氧区分别装有在线 DO 检测仪，用于实时监测该区域的 DO 值，确保装置在正常的环境下运行。

2. 运行原理

待处理污水自厌氧区底部的蠕动泵源源不断流入，在曝气作用的辅助下，形成水体从

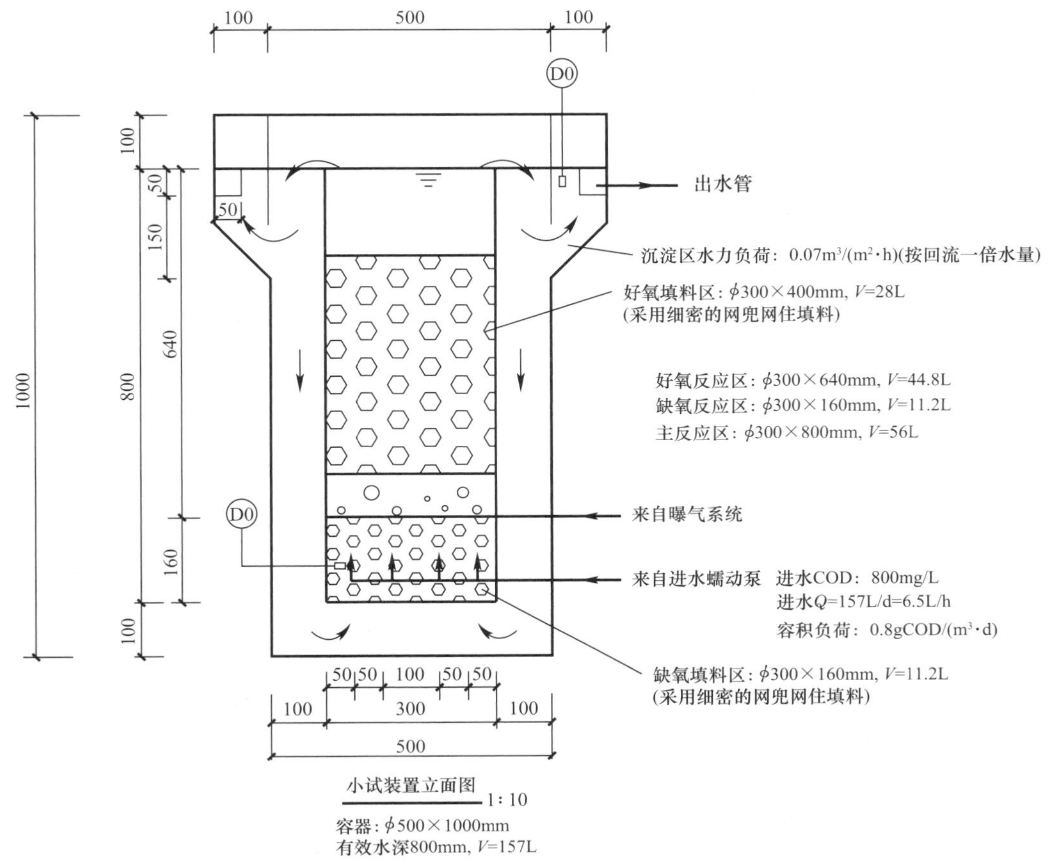

图 5-8　第三版小试装置设计图

内环厌氧区底部翻腾向上流动，流向外环；而外环则不设曝气装置。由于内环的水体向上流动，并且由于水体的连续性，造成外环中水体的主体部分源源不断地向下流动，从而形成循环水流，保证了污水混合液在整个生化反应池中充分均匀混合和循环流动的良好水力状态。另一方面，部分流向外环的污水在导流板的引导下，从导流板内侧流向外侧，此过程需要克服一定的势能。在这个过程中，相对密度较大的污泥会在重力作用下逐步滑落池底，达到污泥回流和截留微生物的效果，从而保证了反应器的处理能力。

3. 主要设计亮点

（1）将填料固定在一个区域，避免了填料在出水口堆积的问题。同时也解决了第二版小试装置出现的好氧、厌氧填料混搅的问题。

（2）通过与曝气装置的相对位置来划分好氧区和厌氧区。并通过在线 DO 检测仪控制各区域的 DO。

（3）装置的设计能改善反应器内的水力流动特性，使得污水与填料的混合更加均匀。

（4）将沉淀池也纳入一体化结构，进一步节省了空间。同时，解决了第二版小试装置存在的生物量截留问题，进一步提高了处理效果。

4. 设计存在的问题及解决方案

本版的小试装置有上述优点，完美地解决了前几版小试装置存在的问题。但该装置本身，也存在一些新的问题：

（1）污泥回流比例不可控。由图 5-8 可知，该池体为一体化设计，没有专门设计污泥回流系统，导致污泥回流到反应区的比例无法控制。

（2）缺乏排泥系统。由于一体化设计、集成度较高，装置导致缺乏专门的排泥系统，长期运行可能会导致污泥淤积。

（3）设计、建造难度大。一体化设计集成了好氧区、厌氧区、沉淀池等功能，令整个池体结构较为复杂，各区域的设计参数不易确定；另外，建造施工也较为困难。

根据本版小试存在的问题，小组成员经过查阅相关资料，提出了以下改进的设想。终版装置的 CAD 图如图 5-9 所示：

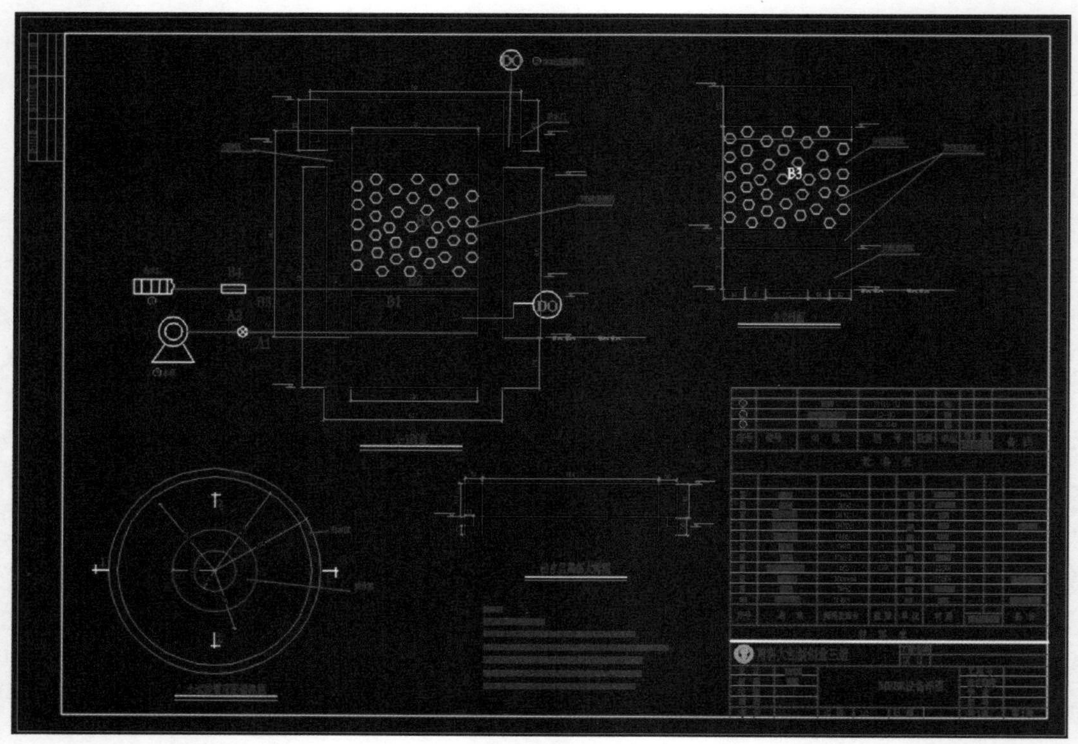

图 5-9 终版小试装置设计图

1）在底部设计排泥装置，不仅可以解决污泥堆积问题，还能够控制污泥回流比例，一举解决其存在的前两个问题。

2）将上述装置的底部设计为楔形形状。这样的倾斜设计，有利于污泥在底部进行堆积，同时也便于污泥重力回流。

5. 小试装置设计计算

设计小组成员在参考相关设计案例的情况下，基于小试装置总体构造，完善了整个参数的计算流程，并撰写了《MBBR 小试装置设计说明书》。下面是主要参数的设计摘要。

（1）生化池设计参数

MBBR 是活性污泥法与生物填料的结合，与 A/O 法、普通活性污泥法等有相似之处。因而，设计小组参照了 A/O 法的设计思路，对生化池的相关参数进行计算。以填料改性小组的实验配水为原水参数，即进水 COD=800mg/L，TN=40mg/L，处理标准按一级 B 计算，曝气池的设计中采用的基本参数见表 5-6。

曝气池基本设计参数　　**表 5-6**

参数	单位	数值
设计水量	L/d	100
生化池总容积	L	61.7
好氧区	L	49.4
厌氧区	L	12.3
水力停留时间	h	14.8
污泥负荷	kgCOD/(kgMLSS·d)	0.18
污泥浓度	mg/L	7200
回流污泥浓度	mg/L	12000
污泥回流比	%	150
混合液内回流比	%	100
剩余污泥量	g/d	2.74
需氧量	g/d	3.65

（2）二沉池设计参数（表 5-7）

二沉池基本设计参数　　**表 5-7**

参数	单位	数值
表面负荷	$m^3/(m^2 \cdot h)$	0.3
沉淀时间	h	2
储泥时间	h	2

5.4　导师点评

胡清老师：深圳水务集团是集自来水生产及输配业务、污水收集处理及排放业务、水务投资及运营、水务设施设计及建设等业务为一体的大型综合水务服务商，承担着深圳市 97%的供水业务及全部的污水处理业务；我们这门课能和该集团合作非常难得。我们学院是环境科学与工程学院，就是说我们不仅要进行理论基础学习、科学研究，最终还要将研究成果进行工程转化和应用。这个课题不仅对填料的改性进行了研发，同时还做了装置的工程设计，并设计出了 CAD 加工图，做到了研究与工程的结合，非常难得。而深圳水务集团在全国的水务集团中也居于前列，我记得我们刚去的时候集团的总工对我们的课程也有一些疑惑和忐忑，但是经过一个学期的课题开展，最终得出的结论是学生们做得非常好，这让我感觉很欣慰。

胡滨老师：在整个课题的学习过程中同学们非常不容易，一个课题分成了两个小组来完成，不仅要对填料改性进行研究，还要设计工艺装置。在填料改性实验过程中，在企业老师的带领下，同学们独立展开实验。由于实验条件的限制，同学们在研究过程中遇到了很多问题，并通过自己的努力最终得以解决，并取得成果，非常不容易，特别好。由于课题进程整体时间较短及实验条件等的限制，填料改性小组这次仅对填料改性前后的挂膜外观、挂膜生物量及氨氮去除效果进行了对比分析，建议后续能够继续进行多种改性方法的研究。

5.5 学生感悟

项目开展过程中我们每周举办一次周例会，交流项目进展并讨论制定下一步的工作计划，组会之后进行周报汇总，累计 13 次。

我们的团队是一个非常有凝聚力的团队，在整个项目实施过程中每位同学发挥各自长处、实时沟通，相互提出意见和建议，实现了真正意义上的零掉队。同时每位同学都在所负责的项目最终结果中奉献出了不可或缺的力量。

另外通过这次课程学习，我们组内的成员也深刻感受到做研究和做工程应用的区别是很大的。在接到这个课题之前，同学们没有任何工业设计上的经验，包括工艺参数的设计等，我们会去查阅设计手册或者请教老师和其他同学，包括 CAD 设计也是原来没有接触过的，这对我们来说是一个挑战和学习的过程。

第6章　基于BioWin软件对污水厂MBR工艺运行优化及达标改造方案研究

6.1　课题背景

随着国家对环保要求日益严格，污水处理厂出水水质标准也逐步提高，多数水厂出水标准需要从一级B标准提升到一级A标准，一些地区甚至要求污水处理厂出水达到地表水准Ⅵ类标准。污水处理厂为了满足新的排放要求，都将面临现有工艺的运行优化、升级改造等问题。在污水处理厂运行过程中，伴随着季节变化和水质不稳等因素，往往会造成出水中氮、磷浓度超标或运行费用增加，因此如何提高污水厂的脱氮除磷效率、节能降耗是目前需要解决的首要问题。由于污水处理过程的复杂多变性，传统的工艺优化方法往往依靠工程经验，耗时长、花费大，且对将来有不可预测的风险。而活性污泥数学模拟软件是国际公认的污水处理工艺数学模型并配有国外污水处理厂长期设计运行中积累的工艺参数经验值。因此，工艺模拟是传统设计运行模式的有效辅助手段，在国外得到广泛应用。

BioWin软件是由加拿大EnviroSim环境咨询公司开发的基于Windows的交互式软件，其内嵌的BioWin全污水处理厂ASDM数学模型整合了国际水协会的4套活性污泥生物反应模型（ASM1～3与ASM2D），并集成了厌氧消化模型（ADM）、pH平衡、化学沉淀模型、生物膜模型等[114]。BioWin不仅可以用于模拟单一的处理工艺单元，也可以模拟污水处理厂的所有处理单元，即全污水处理厂的模型[115-117]。

基于活性污泥数学模型，以BioWin软件多模型的模拟平台[118]，了解污水处理过程中各个阶段污染物的变化特征，对现有处理设施进行模拟与优化，在污水处理厂的设计、运行和提标改造中节省人力、物力和财力，具有很大的经济效益[119]。

6.2　课题研究方法

6.2.1　课题研究目标

以采用MBR工艺作为生化处理工艺的某污水处理厂为研究对象，充分了解MBR工艺过程中的反应机理，学习ASM2D活性污泥模型，掌握如何通过数学表达式来反映污水处理中的生物反应过程。基于活性污泥数学模型，以BioWin软件为模拟平台，确定污水特征化组分，建立工艺模型对污水处理厂现有MBR工艺的运行情况进行评价，并对MBR工艺进行模拟和优化，实现工艺的节能降耗和提高污水处理厂的出水水质。

6.2.2 课题研究成员分工及进度安排

小组成员在接到课题后首先与学校老师和企业导师进行认真沟通，深入了解课题的研究背景、内容及方向；随后按研究内容制定了详细的进度规划表（总时长为一个学期）。在进度计划中设定了工作内容、计划工期、课题各阶段预期完成时间、成员分工等，并以每周为时间单位进行总结。表 6-1 为课题时间规划表，表 6-2 为成员分工表。

课题进度时间规划 **表 6-1**

时间	工作内容
9 月（1-4 周）	基础知识学习：MBR 膜处理工艺、活性污泥模型、微生物生长基础知识
10 月（5-8 周）	污水厂实地考察学习，BioWin 软件基础学习
11 月（9-12 周）	BioWin 软件界面操作，根据实际工艺构建模型并校正，模拟调整水质
12 月（13-16 周）	整理前期模拟数据结果和问题，调整模拟方案得到优化结果，总结提出建议方案

成员分工 **表 6-2**

姓名	职务	主要承担工作
同学 A	组长	1. 把控全组成员按计划推进项目
		2. 与企业导师保持联系并积极沟通，安排每次出行
		3. 完成第 3、5、7、11、13、14 周报，第二次月报，终期报告
		4. BioWin 软件运用和最终结果分析
同学 B	副组长	1. 每场组会的场记和校内组会的拍照
		2. 报告版面设计，完成第 1、3、5、7、11、13 周报，中期汇报，终期报告
		3. 协助组长推进项目并督促组员
同学 C	财务	1. 整理组内产生票据并报销
		2. 把控组内财务进程
		3. 完成第 3、5、7、11、13 周周报，第二次月报，所有报告财务汇报部分
同学 D	组员	1. 预订每次校内组会场地
		2. 协助组长安排每次外出活动
		3. 完成第 3、5、7、11 周周报，第二次月报，以及部分周报，月报排版，终期报告排版
同学 E	组员	1. 小组活动主要拍照
		2. 完成第 2、6、10、14 周周报，第一、三次月报
同学 F	组员	1. 完成第 2、6、10、14 周周报，第一、三次月报，以及部分周报排版
		2. 主导小组成员 BioWin 软件学习
同学 G	组员	1. 完成第 2、6、10、14 周周报，第一、三次月报
		2. 整理前期学习的资料

6.2.3 模型基础知识构建

为了能够成功应用 BioWin 软件构建模型，首先需要对理论基础知识进行系统学习，包括：MBR 膜处理工艺、微生物生长基础知识、活性污泥模型。

1. MBR 膜处理工艺

膜生物反应器（MBR），是由膜分离与生物处理结合而成的一种新型、高效的污水处理技术。MBR 工艺通过将分离工程中的膜分离技术与传统废水生物处理技术有机结合，不仅省去了二沉池的建设，还大大地提高了固液分离的效率，并且由于曝气池中活性污泥浓度的增大，提高了生化反应速率。同时通过降低 F/M（污泥负荷，F-有机物量，M-微生物量）减少剩余污泥产生量，从而基本解决了传统活性污泥法存在的占地面积大、污泥浓度不能过高、脱氮效果不理想等问题[120,121]。

普通活性污泥工艺如图 6-1 所示，内置 MBR 工艺如图 6-2 所示。

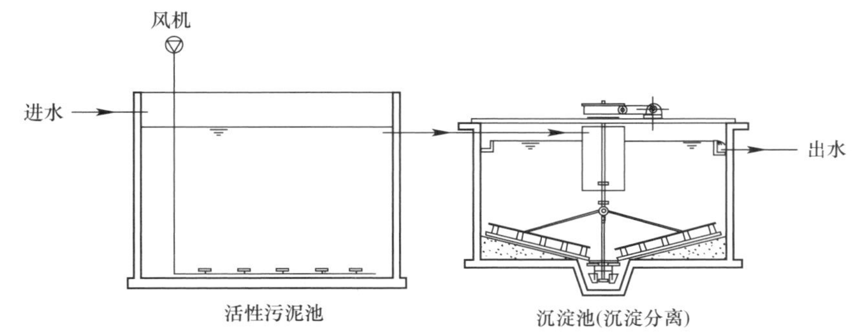

图 6-1　普通活性污泥工艺

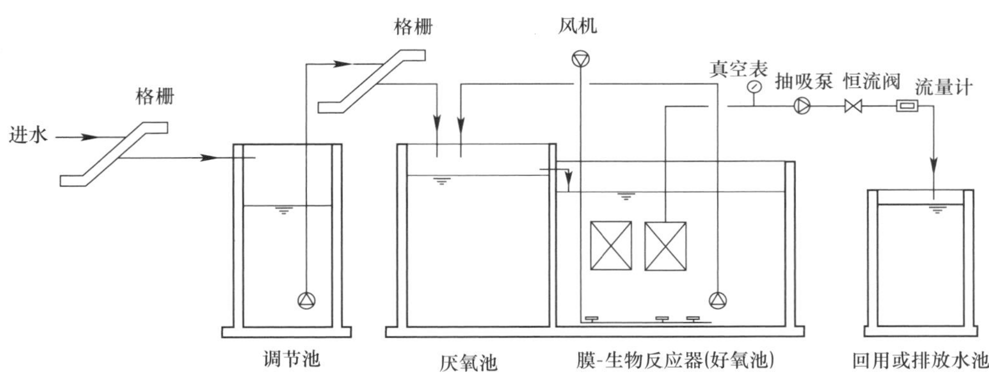

图 6-2　内置式 MBR 工艺

MBR 的工艺特点[122]：出水水质稳定（膜的高分离作用，分离效果远好于传统沉淀池，处理出水清澈）；占地面积小，适用性强；剩余污泥产量小；可去除氨氮及难降解有机物（由于微生物被完全截流在生物反应器内，从而有利于增殖缓慢的微生物生长）；因 HRT（水力停留时间）与 SRT（污泥停留时间）的完全分离，运行控制更加灵活稳定，从而可实现微机自动控制；易于对传统工艺进行升级改造。

2. 微生物生长知识[123,124]

(1) 维持（Maintenance）理论

维持理论比较简单，是污水处理领域最早概括的理论。这个理论认为微生物将污水中的污染底物一部分用来合成本身的机体，一部分用来维持微生物的生命活动。

(2) 内源呼吸（Endogenous Respiration）理论

内源呼吸理论是为了进一步解释污水中微生物的生长过程而提出的，是得到广泛认同的一个基础理论。内源呼吸理论中，微生物的衰亡过程可以用下式表示：

微生物＋电子受体→CO_2＋电子受体的还原产物＋营养物＋残留物

这一过程的COD化学计量表达式如下：

生物量COD＋[－(1－f_p)]·电子受体当量→f_p·生物残留物

式中：f_p——微生物衰亡时形成残留物的比例，一般为0.20。

(3) 微生物死亡-再生（Death-Regeneration）理论

1980年Dold等人提出的微生物死亡—再生理论在包含有好氧、缺氧的污水处理系统中获得了广泛应用，国际水质协会（IAWQ）的ASM1、ASM2、ASM2D均是采用了这种方法模拟微生物的衰减过程。死亡—再生理论认为，微生物的衰减可以使微生物转化为溶解性、颗粒性产物（慢速生物降解的）和惰性生物残留物，这一过程无COD损失，而传统的内源呼吸理论认为此过程具有通过氧的消耗而补偿COD损失。这一过程基于COD的化学计量表达式如下：

生物量COD→(1－f_p)·颗粒有机物COD＋f_p·微生物残留物COD

死亡—再生理论的引入是为了可以描述当微生物衰亡时发生的不同反应过程，而传统的内源呼吸理论仅仅描述了当微生物维持生命活动时造成的机体质量的消耗。在死亡—再生模型中，衰亡的细胞物质是通过溶胞过程释放的，释放出的可生物降解基质可以通过水解过程变成微生物可利用的一部分。这就可以解释在兼氧和好氧交替运行状态下的系统中，当兼氧阶段结束、好氧阶段开始后发生的氧快速吸收现象：由于兼性阶段内微生物的衰亡而造成了可生物降解物质浓度的积累。

(4) Monod模型方程

基本假设：

1）细胞为均衡非结构式生长；

2）培养基中只有一种底物是细胞生长的限制性底物；

3）细胞生长视为简单单一的反应模型方程：

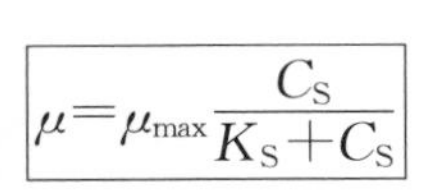

$$\mu=\mu_{max}\frac{C_S}{K_S+C_S}$$

μ——比生长速率；

μ_{max}——最大比生长速率；

C_s——限制性底物的质量浓度；

K_s——饱和常数。

3. ASM2D活性污泥模型[125]

(1) 简介

活性污泥2号模型（ASM2）中包括了19种生化反应过程、19个组分、22个化学计量常数和42个动力学参数。在活性污泥2号模型（ASM2）研究刚完成的时候，反硝化与生物除磷的关系尚不清楚，因此，活性污泥2号模型（ASM2）中未包含这一因素。1999年ASM2被扩展成ASM2D，ASM2D中包括了反硝化聚磷菌。ASM2和ASM2D对脱氮除磷系统有较好的模拟作用。

（2）模型组分

在 ASM2 中活性污泥系统有 19 种组分，分为两大类，一类是可溶性物质，用 $S_?$ 表示；另一类是颗粒性物质，用 $X_?$ 表示（表 6-3）。颗粒性组分与活性污泥有关联（絮凝到活性污泥上），它在沉淀池中通过沉积作用而浓缩，而可溶性组分只能通过水来传输，并且只有可溶性组分可携带离子电荷，颗粒性组分是电中性的。

ASM2 中活性污泥系统组分　　　　**表 6-3**

S_A[M(COD)/L]①	S_{ALK}[mol(HCO_3^-/L)]	S_F[M(COD)/L]	S_I[M(COD)/L]	S_{N2}[M(N)/L]
假设为乙酸盐	碳酸盐碱度	可发酵的易生物降解有机物	惰性溶解性有机物	氮气
发酵产物			水解产生	反硝化产物
S_{NH_4}[M(N)/L]	S_{NO_3}[M(N)/L]	S_{O_2}[M(O_2)/L]	S_{PO_4}[M(P)/L]	
假定 S_{NH_4} 全部以 NH_4^+ 形式存在	硝酸盐氮和亚硝酸盐氮	溶解氧	溶解性无机磷	
铵态氮和氨氮			由 50% $H_2PO_4^-$ 和 HPO_4^{2-} 组成	
X_{AUT}[M(COD)/L]①	X_H[M(COD)/L]	X_I[M(COD)/L]	X_{MeOH}[M(TSS)/L]	X_{MeP}[M(TSS)/L]
硝化菌（好氧自养菌）	异氧菌	惰性颗粒性有机物	金属氢氧化物	金属磷酸盐 $MePO_4$
将氨氮直接氧化为硝酸盐氮	水解颗粒性底物，降解有机物	由进水带入或由微生物内源呼吸产生		磷酸盐与金属氢氧化物作用的产物
X_{PAO}[M(COD)/L]	X_{PHA}[M(COD)/L]	X_{PP}[M(P)/L]	X_S[M(COD)/L]	X_{TSS}[M(TSS)/L]
聚磷菌（PAO）	聚磷菌（PAO）细胞内部贮存的有机物	聚磷酸盐，聚磷菌（PAO）的细胞内部贮存的无机物	慢速可生物降解有机物	总悬浮固体
不包括细胞内部贮存物 X_{PP} 和 X_{PHA}	包括聚羟基链烷酸酯（PHA）、糖原等	颗粒性磷的一部分	水解产物为 SF	包括进水中的无机颗粒和生成的磷沉淀物

① 可溶性物质，用 $S_?$ 表示；颗粒性物质，用 $X_?$ 表示。

（3）模拟过程

ASM2 中的反应过程包括 17 个生物反应过程（以下前 4 大部分）和模拟磷的化学沉淀的 2 个化学过程（第 5 部分）。

1）水解过程（表 6-4）

高分子量的胶体或颗粒性有机物只有经微生物水解酶水解后才能被微生物所利用。在 ASM2 中有 3 种水解反应：

① 慢速可生物降解有机物 X_S 在好氧条件下的水解过程（$S_{O_2}>0$）；

② 慢速可生物降解有机物 X_S 在缺氧条件下的水解过程（$S_{O_2}\approx0$，$S_{NO_3}>0$）；

③ 慢速可生物降解有机物 X_S 在厌氧条件下的水解过程（$S_{O_2}\approx0$，$S_{NO_3}\approx0$）。

ASM2 水解过程　　表 6-4

水解	1. 好氧水解	ρ_1	$K_h \cdot \frac{S_{O_2}}{K_{O_2}+S_{O_2}} \cdot \frac{X_S/X_H}{K_X+X_S/X_H} \cdot X_H$
	2. 缺氧水解	ρ_2	$K_h \cdot \eta_{NO_3} \cdot \frac{K_{O_2}}{K_{O_2}+S_{O_2}} \cdot \frac{S_{NO_3}}{K_{NO_3}+S_{NO_3}} \cdot \frac{X_S/X_H}{K_X+X_S/X_H} \cdot X_H$
	3. 厌氧水解	ρ_3	$K_h \cdot \eta_{fe} \cdot \frac{K_{O_2}}{K_{O_2}+S_{O_2}} \cdot \frac{S_{NO_3}}{K_{NO_3}+S_{NO_3}} \cdot \frac{X_S/X_H}{K_X+X_S/X_H} \cdot X_H$

2）兼性异氧菌过程（表 6-5）

ASM2 兼性异氧菌过程　　表 6-5

异养微生物 X_H	4. 基于 S_F 的生长	ρ_4	$\mu_H \cdot \frac{S_{O_2}}{K_{O_2}+S_{O_2}} \cdot \frac{S_F}{K_F+S_F} \cdot \frac{S_F}{S_F+S_A} \cdot \frac{S_{NH_4}}{K_{NH_4}+S_{NH_4}} \cdot \frac{S_{PO_4}}{K_P+S_{PO_4}} \cdot \frac{S_{ALK}}{K_{ALK}+S_{ALK}} \cdot X_H$
	5. 基于 S_A 的生长	ρ_5	$\mu_H \cdot \frac{S_{O_2}}{K_{O_2}+S_{O_2}} \cdot \frac{S_A}{K_A+S_A} \cdot \frac{S_A}{S_F+S_A} \cdot \frac{S_{NH_4}}{K_{NH_4}+S_{NH_4}} \cdot \frac{S_{PO_4}}{K_P+S_{PO_4}} \cdot \frac{S_{ALK}}{K_{ALK}+S_{ALK}} \cdot X_H$
	6. 基于 S_F 的反硝化	ρ_6	$\mu_H \cdot \eta_{NO_3} \frac{K_{O_2}}{K_{O_2}+S_{O_2}} \cdot \frac{S_F}{K_F+S_F} \cdot \frac{S_F}{S_F+S_A} \cdot \frac{S_{NH_4}}{K_{NH_4}+S_{NH_4}} \cdot \frac{S_{NO_3}}{K_{NO_3}+S_{NO_3}} \cdot \frac{S_{ALK}}{K_{ALK}+S_{ALK}} \cdot \frac{S_{PO_4}}{K_P+S_{PO_4}} \cdot X_H$
	7. 基于 S_A 的反硝化	ρ_7	$\mu_H \cdot \eta_{NO_3} \frac{K_{O_2}}{K_{O_2}+S_{O_2}} \cdot \frac{S_A}{K_A+S_F} \cdot \frac{S_A}{S_F+S_A} \cdot \frac{S_{NH_4}}{K_{NH_4}+S_{NH_4}} \cdot \frac{S_{NO_3}}{K_{NO_3}+S_{NO_3}} \cdot \frac{S_{ALK}}{K_{ALK}+S_{ALK}} \cdot \frac{S_{PO_4}}{K_P+S_{PO_4}} \cdot X_H$
	8. 发酵	ρ_8	$q_{fe} \cdot \frac{K_{O_2}}{K_{O_2}+S_{O_2}} \cdot \frac{K_{NO_3}}{K_{NO_3}+S_{NO_3}} \cdot \frac{S_F}{K_{fe}+S_F} \cdot \frac{S_{ALK}}{K_{ALK}+S_{ALK}} \cdot X_H$
	9. 溶菌	ρ_9	$b_H \cdot X_H$

分为 6 部分：

① 1、2 步分别为作用于可发酵的易生物降解有机物 S_F 和发酵产物 S_A 的异氧菌的好氧生长过程。两个过程有相同的异氧菌最大生长速率 μ_H 和产率系数 Y_H。这两个过程需要氧、营养物（S_{NH_4} 和 S_{PO_4}）、合适的碱度（S_{ALK}）、并产生悬浮固体 S_{ALK}。

② 3、4 步分别为反硝化条件下作用于可发酵的易生物降解有机物 S_F 和发酵产物 S_A 的异氧菌的缺氧生长过程。

③ 5 步为厌氧条件下的发酵过程（$S_{O_2} \approx 0$，$S_{NO_3} \approx 0$），将可发酵的易生物降解有机物 S_F 转化为发酵产物 S_A。

④ 6 步为异氧菌的溶菌过程。

3）聚磷菌过程（表 6-6）

聚磷菌（PAO）能以聚磷酸盐形式贮存无机磷酸盐。由于聚磷菌所涉及的反应机理有些仍处于研究讨论之中，ASM2 中对聚磷菌的作用进行了简化，对聚磷菌的行为作了严格限定。假定像乙酸（S_A）一类的发酵产物是生物除磷过程被聚磷菌吸收的唯一底物。聚磷菌只能靠利用贮存的 PHA，而不是直接以 S_A 作为底物，在好氧条件下生长。聚磷菌在好氧条件下吸收 S_A 不是为了生长，而是为了磷酸盐的释放。聚磷菌不能利用硝态氮作电子受体（研究表明，有些聚磷菌可以利用硝态氮作电子受体进行反硝化）。

此过程分为 6 步：

ASM2 聚磷菌过程　　　　**表 6-6**

聚磷菌 X_{PAO}	10. X_{PHA}的贮藏	ρ_{10}	$q_{PHA}\cdot\frac{S_A}{K_A+S_A}\cdot\frac{S_{ALK}}{K_{ALK}+S_{ALK}}\cdot\frac{X_{PP}/X_{PAO}}{K_{PP}+X_{PP}/X_{PAO}}\cdot X_{PAO}$
	11. X_{PP} 的贮藏	ρ_{11}	$q_{pp}\cdot\frac{S_{O_2}}{K_{O_2}+S_{O_2}}\cdot\frac{S_{PO_4}}{K_{PS}+S_{PO_4}}\cdot\frac{S_{ALK}}{K_{ALK}+S_{ALK}}\cdot\frac{X_{PHA}/X_{PAO}}{K_{PHA}+X_{PHA}/X_{PAO}}\cdot\frac{K_{MAX}-X_{PP}/X_{PAO}}{K_{IPP}+K_{MAX}-X_{PP}/X_{PAO}}\cdot X_{PAO}$
	12. 基于 X_{PHA} 的好氧生长	ρ_{12}	$\mu_{PAO}\cdot\frac{S_{O_2}}{K_{O_2}+S_{O_2}}\cdot\frac{S_{NH_4}}{K_{NH_4}+S_{NH_4}}\cdot\frac{S_{ALK}}{K_{ALK}+S_{ALK}}\cdot\frac{S_{PO_4}}{K_P+S_{PO_4}}\cdot\frac{X_{PHA}/X_{PAO}}{K_{PHA}+X_{PHA}/X_{PAO}}\cdot X_{PAO}$
	13. X_{PAO}的溶解	ρ_{13}	$b_{PAO}\cdot X_{PAO}\cdot\frac{S_{ALK}}{K_{ALK}+S_{ALK}}$
	14. X_{PP} 的分解	ρ_{14}	$b_{PP}\cdot X_{PP}\cdot\frac{S_{ALK}}{K_{ALK}+S_{ALK}}$
	15. X_{PHA}的分解	ρ_{15}	$b_{PHA}\cdot X_{PHA}\cdot\frac{S_{ALK}}{K_{ALK}+S_{ALK}}$

① 聚磷菌胞内贮存有机物 X_{PHA}的贮存。假定聚磷菌可以从聚磷酸盐 X_{PP}释放磷酸盐 S_{PO_4}，并利用聚磷酸盐水解放出的能量，将胞外发酵产物 S_A以 X_{PHA}的形式贮存在聚磷菌细胞内。这一过程主要是在厌氧条件下进行，但在好氧和缺氧条件下也能进行。

② 聚磷酸盐 X_{PP}的贮存。当聚磷菌从 X_{PHA}的呼吸中获得能量后，就可以将正磷酸盐 S_{PO_4}以聚磷酸盐 X_{PP}的形式贮存在细胞内。如果聚磷菌中磷含量太高，聚磷酸盐的贮存就会停止。X_{PP}贮存的速率方程最后一项表达的就是 X_{PP}贮存的抑制条件，当比值 X_{PP}/X_{PAO}达到 K_{MAX}的最大允许值时，贮存的抑制条件开始起作用。

③ 基于 XPHA 的聚磷菌好氧生长。模型将聚磷菌的生长模拟为专性好氧过程，仅消耗胞内贮存的 X_{PHA}。由于溶菌作用会使 X_{PP}持续释放磷，因而假定聚磷菌好氧生长以 S_{PO_4}为营养物。

④ 聚磷菌的溶解。

⑤ X_{PP}的分解。

⑥ X_{PHA}的分解。

4）硝化菌过程（表 6-7）

ASM2 硝化菌过程　　　　**表 6-7**

硝化菌 X_{AUT}	16. 生长	ρ_{16}	$\mu_{AUT}\cdot\frac{S_{O_2}}{K_{O_2}+S_{O_2}}\cdot\frac{S_{NH_4}}{K_{NH_4}+S_{NH_4}}\cdot\frac{S_{PO_4}}{K_P+S_{PO_4}}\frac{S_{ALK}}{K_{ALK}+S_{ALK}}\cdot X_{AUT}$
	17. 溶菌	ρ_{17}	$b_{AUT}\cdot X_{AUT}$

ASM2 将硝化作用处理成一步过程，即由 S_{NH_4}转变成 S_{NO_3}，不考虑中间产物亚硝酸盐的生成和转化。

① 硝化菌的生长。

② 硝化菌的溶菌。

5）化学过程（表 6-8）

ASM2 化学过程　　表 6-8

因 Fe（OH）$_3$ 引起的磷沉淀	18. 沉淀	ρ_{18}	$k_{PRE} \cdot S_{PO_4} \cdot S_{MeOH}$
	19. 再溶解	ρ_{19}	$k_{RRD} \cdot X_{MeP} \cdot \frac{S_{ALK}}{K_{ALK}+S_{ALK}}$

废水中的金属离子会与生物脱氮除磷系统中释放出来的正磷酸盐 S_{PO_4} 发生沉淀作用。另外，在生物除磷过程也会投加铁盐或铝盐，进一步改善除磷效果。

① 金属磷酸盐沉淀的产生。

② 金属磷酸盐沉淀的溶解。

6.2.4 某污水厂实地考察与参数收集

在系统地学习了微生物生长基础理论知识及活性污泥模型后，为了能与实际工程结合，本组同学于 2018 年 10 月 24 日，到深圳市某污水处理厂按照污水处理工艺流程的顺序进行了参观学习，了解各工艺处理单元的作用和处理效果。

1. 污水处理工艺流程（图 6-3）

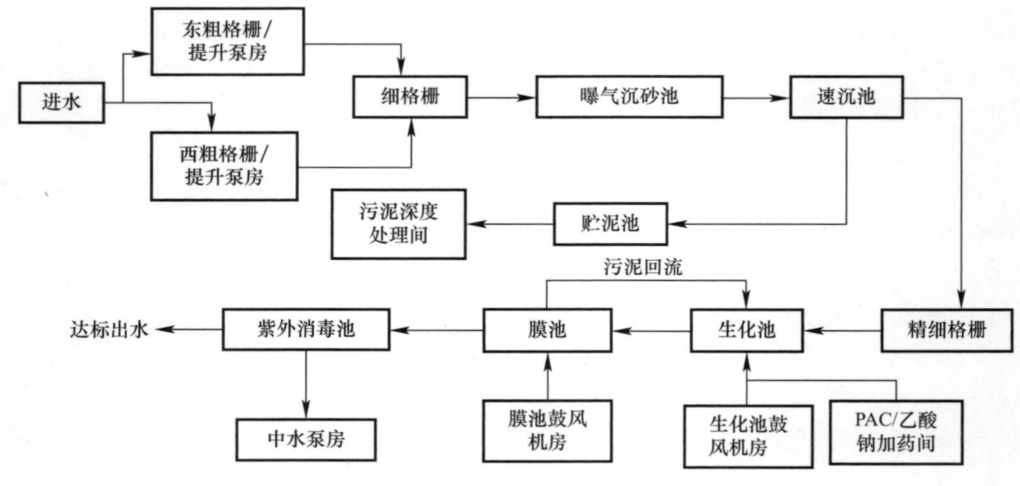

图 6-3　某污水厂工艺流程图

2. 粗格栅/提升泵房

图 6-4、图 6-5 中，为污水厂粗格栅及提升泵房。粗格栅的作用是拦截污水中石头、木块、塑料等较大型的悬浮物，保护后续设备、管线的正常运行，粗格栅分 2 组并列运行。粗格栅及提升泵房工艺参数见表 6-9。

图 6-4 提升泵房

图 6-5 提升泵房管道

粗格栅及提升泵房工艺参数 表 6-9

<table>
<tr><th colspan="2">名称</th><th colspan="5">主要参数</th></tr>
<tr><td rowspan="8">一级处理工艺</td><td rowspan="4">东粗格栅</td><td colspan="4">机械格栅参数</td><td rowspan="4">配有皮带运输机
B=650mm，
L=8000mm，
N=3kW</td></tr>
<tr><td>数量</td><td>2 套</td><td>栅宽</td><td>2.5m</td></tr>
<tr><td>倾角</td><td>90°</td><td>栅高</td><td>3.73m</td></tr>
<tr><td>功率</td><td>3kW</td><td>栅距</td><td>20mm</td></tr>
<tr><td rowspan="4">东提升泵房</td><td colspan="4">泵房参数</td><td rowspan="4">6 台参数为
Q=3620m³/h，
H=19m
型号：
CP350 1/865
275kW 380V/
50Hz/3Ph</td></tr>
<tr><td>设计流量</td><td colspan="3">1.01m³/s</td></tr>
<tr><td>泵房平面尺寸</td><td colspan="3">L×B=12.3m×7.2m</td></tr>
<tr><td>地上建筑层高</td><td>井深</td><td>6.3m</td><td>14m</td></tr>
</table>

<table>
<tr><th colspan="2">名称</th><th colspan="5">主要参数</th></tr>
<tr><td rowspan="8">一级处理工艺</td><td rowspan="4">西粗格栅</td><td colspan="4">机械格栅参数</td><td rowspan="4">配有皮带运输机，
B=650mm，
L=8000mm，
N=3kW</td></tr>
<tr><td>数量</td><td>2 套</td><td>栅宽</td><td>1.6m</td></tr>
<tr><td>倾角</td><td>90°</td><td>栅高</td><td>2.5m</td></tr>
<tr><td>功率</td><td>3kW</td><td>栅柜</td><td>20mm</td></tr>
<tr><td rowspan="4">西提升泵房</td><td colspan="4">泵房参数</td><td rowspan="4">6 台参数为
Q=1335m³/h，
H=23m 型号：
NP3356/735
140kW 380V/
50Hz/3Ph</td></tr>
<tr><td>设计流量</td><td colspan="3">0.38m³/s</td></tr>
<tr><td>泵房平面尺寸</td><td colspan="3">L×B=18.3m×8.4m</td></tr>
<tr><td>地上建筑层高</td><td>6.3m</td><td>井深</td><td>12m</td></tr>
</table>

3. 细格栅

细格栅的作用是进一步去除污水中的悬浮物，确保后续工艺的稳定运行。细格栅采用内流往复式履带结构，滤板孔径为 5mm。截留下来的污染物经反冲洗进入出渣管道，经过简单离心干化后，运出场外。细格栅工艺参数见表 6-10。

细格栅工艺参数 表 6-10

<table>
<tr><th colspan="2">名称</th><th colspan="5">主要参数</th></tr>
<tr><td rowspan="9">一级处理工艺</td><td rowspan="4">内径流板式细格栅</td><td colspan="4">机械格栅参数</td><td rowspan="4">配有栅渣输送系统 4 套，栅渣压榨系统 4 套，冲洗水系统 4 套。
室内型控制柜 2 个和液位计 16 个</td></tr>
<tr><td>数量</td><td>8 套</td><td>过栅流速</td><td>0.8～1.0m/s</td></tr>
<tr><td>尺寸</td><td colspan="2">2.1m×1.1m×4.6m</td><td></td></tr>
<tr><td>孔径</td><td>5mm</td><td></td><td></td></tr>
<tr><td rowspan="4">曝气沉砂池</td><td colspan="4">1 座 2 组，分 4 格，与细格栅合建，主要参数如下：</td><td rowspan="4">罗茨鼓风机 5 台，4 用 1 备，单机风量 40m³/min，风量 40m³/min，风压 4m，功率 45kW。
桁车式提板刮砂机：2 台，B=10.80m，N=2×0.55kW。潜水式砂泵，Q=60m³/h，H=13m，N=4.0kW，6 台，5 用 1 备</td></tr>
<tr><td>单个净宽</td><td>5.2m</td><td>有效水深</td><td>3.0m</td></tr>
<tr><td>总停留时间</td><td>4min</td><td>有效长度</td><td>24.45m</td></tr>
<tr><td>除砂能力</td><td>≥0.149mm</td><td>曝气量</td><td>0.2m³ 空气/m³ 污水</td></tr>
</table>

4. 曝气沉砂池

曝气沉砂池的作用是去除污水中的无机砂粒，其结构是一个长形渠道，沿渠壁一侧的整个长度方向，池底安设曝气装置，在其下部设集砂斗，上设有刮砂装置。由于曝气作用，废水中有机颗粒经常处于悬浮状态，砂粒互相摩擦并承受曝气的剪切力，砂粒上附着的有机污染物能够被去除，有利于取得较为纯净的砂粒。在旋流的离心力作用下，这些密度较大的砂粒被甩向外部并沉入集砂槽，而密度较小的有机物随水流向前流动被带到下一处理单元。另外，在水中曝气可脱臭，改善水质，有利于后续处理，还可以起到预曝气作用。

5. 速沉池

速沉池表面积较大，经曝气沉砂池管道流出的污水，在速沉池流速突然变慢，泥沙在此容易沉积，上清液流入后续处理单元。速沉池工艺参数见表 6-11。

速沉池工艺参数　　表 6-11

<table>
<tr><th colspan="2">名称</th><th colspan="5">主要参数</th></tr>
<tr><td rowspan="6">一级处理工艺</td><td rowspan="3">速沉池</td><td colspan="4">1 座分 2 座，每座 5 组，共 10 组</td><td rowspan="3">刮泥机 10 台，设备参数 $B=7.9$m，$L=40.7$m，$V=0.305$m/min，管式撇渣机设备参数：$DN400$，7.9m，0.37kW，4 台排泥泵（2 用 2 备）设备参数：$Q=150m^3/h$，$H=10$m，$N=7.5$kW</td></tr>
<tr><td>峰值表面负荷</td><td>$5m^3/(m^2 \cdot h)$</td><td>有效水深</td><td>4.12m</td></tr>
<tr><td>总停留时间</td><td>0.80h</td><td>单组有效尺寸</td><td>52.35m×40.70m×4.98m</td></tr>
<tr><td rowspan="3">内径流板式精细格栅</td><td>孔径</td><td>1mm</td><td></td><td></td><td rowspan="3">配有栅渣输送系统 4 套，栅渣压榨系统 4 套，冲洗水系统 4 套。
室内型控制柜 2 个和液位计 16 个</td></tr>
<tr><td>数量</td><td>12 套</td><td>设计渠宽</td><td>进水 800mm
出水 1600mm</td></tr>
<tr><td>设计渠深</td><td>3350mm</td><td>单机最大过水量</td><td>602L/s</td></tr>
</table>

6. 精细格栅

精细格栅的作用是截留污水中细小的悬浮物，确保中空纤维膜的正常使用。精细格栅的孔径为 1mm，因表面吸附作用，精细格栅能截留直径远小于 1mm 的悬浮物。

7. 生化池（图 6-6）

生化池一共 4 组并联运行，每组生化池从前往后分别为两个厌氧廊道，两个缺氧廊道和两个好氧廊道。生化池污泥龄在 12 天左右，污水停留时间大约为 10h，污泥回流比为 400%。膜池内污泥可以回流至厌氧和缺氧两个廊道，目前污水处理厂实际运行中污泥只回流至厌氧廊道。

曝气系统即生化鼓风机房位于每个池子下方，为生化池提供氧气。生化池内各廊道设置在线溶解氧仪监测各厌氧、缺氧、好氧段的 DO 指标，实时监测生化池的运行情况。

因生化池除氮效果显著，但除磷效果不理想，所以通过向好氧廊道添加聚合氯化铝

（PAC）来去除污水中的磷。企业导师介绍，除磷药剂有铝系除磷剂和铁系除磷剂，综合考量污水厂的运行成本、除磷效果和产生的化学污泥量，最终选定PAC作为本污水厂的除磷药剂。生化池工艺参数见表6-12。

图6-6　生化池

生化池工艺参数　　**表6-12**

名称		主要参数
二级处理工艺	生化池	1. 设计水量：40万m^3/d，共分四个系统； 2. 变化系数：K=1.15； 3. 总容积：170000m^3； 4. 单系列容积：42500m^3； 5. 有效水深：h=6.1m； 6. 每座单格尺寸：115m×20.3m×6.77m，共3格； 7. 设计停留时间：10.2h（均日流量），8.9h（峰值流量）； 8. 最低水温：15℃； 9. 设计泥龄：12d； 10. MLSS：8800mg/L

8. 膜池

某污水处理厂的MBR膜组件采用内置式中空纤维膜，孔径为0.04μm。通过提升泵在中空纤维膜管道上方施加负压，将原水从纤维管外侧吸取至纤维管内侧，实现膜过滤。膜池底部有曝气系统，通过持续吹扫纤维膜来去除附着在纤维膜上的污泥污染物。膜池工艺参数见表6-13。

膜池工艺参数　　**表6-13**

名称		主要参数
二级处理工艺	膜池	1. 单座膜池尺寸：39.1m×21.6m；单个膜列尺寸：21.6m×6.1m；膜池有效水深：正常液位：2.85m；最高液位：2.95m；膜池水力停留时间：0.54h；膜池内污泥浓度：最高11000mg/L。 2. 设计膜列数：24列（实际23列，1号膜组17×6，2号膜组20×5，2-6为0），3号和4号膜组18+17×5（膜列3-1和膜列4-1为18个膜箱）共408个。日平均产水量：400000m^3/d，日峰值流量：460000m^3/d，峰值系数1.15倍，且峰值流量（19000m^3/h）不超过4h。

续表

名称		主要参数
二级处理工艺	膜池	3. 产水泵27台（每个膜组6台，3台备用）。 4. 反洗泵7台（1，4号膜组1用1备；2，3号膜组2台反洗泵+1台公共备用）。 5. 排泥泵5台（4用1备）。 6. 混合液回流泵9台。 7. 排放泵4台：卧式离心泵，Q=1160m^3/H，H=7m；N=37kW

9. 紫外消毒渠

污水处理厂出水的消毒方式采用紫外线消毒，杀菌率高达99.9%。紫外消毒工艺装置见图6-7，参数见表6-14。

图6-7　紫外消毒渠

紫外消毒工艺参数　　**表6-14**

名称		主要参数
消毒工艺	紫外消毒	1. 4组明渠式低压高强紫外灯系统； 2. 平面尺寸为$L\times B$=14.40×12.10（m）； 3. 紫外透光率@253.7nm；不低于70%； 4. 平均颗粒尺寸；小于20μm； 5. 消毒指标：粪大肠菌群不超过1000个/L

6.3　结果与讨论

6.3.1　BioWin模型模拟

1. 构建模拟生化池

在系统地学习了微生物的基本理论知识和活性污泥模型构建方法后，根据污水处理厂实际生化系统的基础条件，进行模型构建。某污水处理厂生化池由厌氧廊道、缺氧廊道、好氧廊道组成，其平面设计见图 6-8。

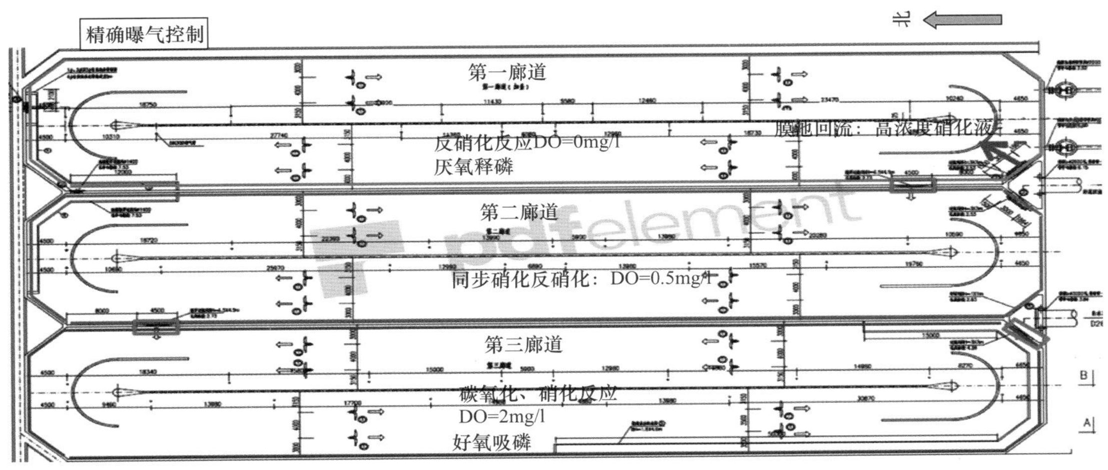

图 6-8　生化池平面设计图

采用 BioWin 软件对生化系统（生化池及 MBR 膜池）进行流程模拟，见图 6-9。

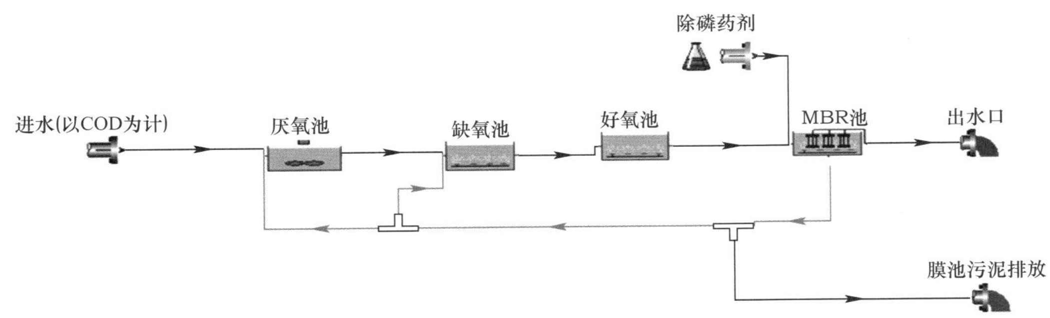

图 6-9　BioWin 模拟生化流程图

生化池模型按污水厂实际情况输入各生化反应单元（厌氧、缺氧、好氧）的物理参数及溶解氧设置参数，见表 6-15；MBR 膜池按污水厂实际情况模拟输入的物理参数、溶解氧设置参数及污泥回流比参数，见表 6-16。

生化池模拟输入参数　　**表 6-15**

名称	体积（m^3）	面积（m^2）	深度（m）	平均溶解氧（mg/L）
厌氧池（厌氧廊道）	1.424E+4	2334.5000	6.100	0
缺氧池（缺氧廊道）	1.424E+4	2334.5000	6.100	0.5
好氧池（好氧廊道）	1.424E+4	2334.5000	6.100	1.5

膜池模拟输入参数　　**表 6-16**

名称	体积（m^3）	面积（m^2）	深度（m）	总显示体积（m^3）	膜表面积（m^2）	平均溶解氧（mg/L）	污泥回流比
MBR 池	4362.3360	855.3600	5.100	202.80	181941.60	4.0	400%

为了达到生化系统对总磷的去除，除了生化除磷外，还需要在好氧阶段末端向池内投加除磷药剂 PAC 辅助以物化除磷的方式，来确保出水中总磷达标。除磷药剂投加模拟计算参数见表 6-17。

模拟除磷剂投药输入参数 **表 6-17**

名称	除磷药剂
药剂浓度（mg/L）	150000.00
其他阳离子（strong bases）（meq/L）	5.00
其他阴离子（strong acids）（meq/L）	16697.46
总 CO_2（mmol/L）	7.00
每日药剂投加量（m^3/d）	1.35

2. 模拟实际运行情况

根据污水厂实际运行情况设定模拟生化池的进水水质指标，见表 6-18。

模拟进水输入参数 **表 6-18**

名称	进水（以 COD 为计）
COD（mg/L）	300.00
凯氏氮（mg/L）	40.00
总磷（mg/L）	5.00
硝酸盐氮（mg/L）	3.02
碱度（mmol/L）	20.00
ISS（mg/L）	50.00
钙（mg/L）	30.00
镁（mg/L）	30.00
溶解氧（mg/L）	0
pH	7.47

注：生化池进水为经过预处理后的出水，水质情况优于污水厂总进水。

随着国家对环保要求日益严格，某污水处理厂出水水质标准也在逐步提高，从一期的出水标准满足现行国家标准《污水综合排放标准》GB 8978—1996 一级标准，提升到二期的满足现行国家标准《城镇污水处理厂污染物排放标准》GB 18918—2002 一级 B 标准，到近期提出的进一步升级改造，使出水满足地表水准Ⅳ类标准（总氮除外），具体指标见表 6-19。

某污水处理厂膜池出水标准 **表 6-19**

设计本质指标	一期（mg/L）		二期（mg/L）		指标改造（mg/L）	
	进水	出水	进水	出水	进水	出水
BOD_5	150	≤20	150	≤20	250	≤6
COD	250～100	≤100	250～100	≤60	550	≤30

续表

设计本质指标	一期（mg/L）		二期（mg/L）		指标改造（mg/L）	
	进水	出水	进水	出水	进水	出水
SS	150	≤20	150	≤20	550	≤6
TN	30	≤10	30	—	42	≤15
TP	2～4	≤1.2	4	—	5.6	≤0.3
NH_3-N	—	—	—	≤15	35	≤1.5

模型模拟后的生化系统出水水质情况见表 6-20，从表 6-20 可见，除总磷超标外，其他指标均满足提标改造后的出水标准。

模拟实际生化系统出水水质数据　　表 6-20

名称	过滤后 COD（mg/L）	总悬浮物（mg/L）	总氮（mgN/L）	总无机氮（mgN/L）	硝酸、亚硝酸盐（mgN/L）	总磷（mgP/L）	可溶性 PO_4 —P（mgP/L）	pH
MBR 池出水口	10.23	0	13.20	11.83	11.79	0.39	0.39	7.60

3. 模拟数据与实际数据对比分析（图 6-10、表 6-21）

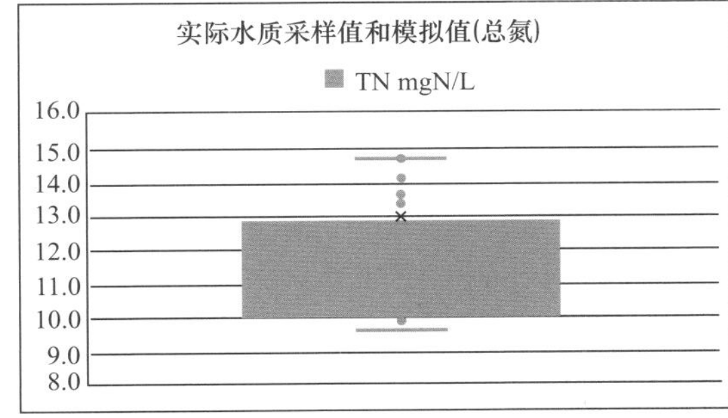

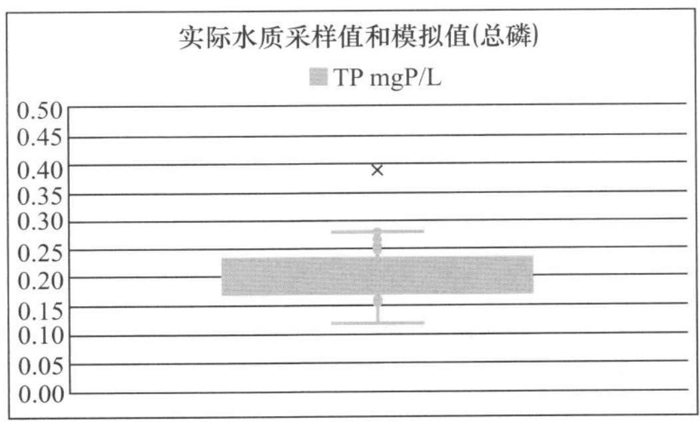

图 6-10　实际水质采样值和模拟值（总氮和总磷）

实际出水水质数据　　表 6-21

日期	COD（mgCOD/L）	总氮（mgN/L）	总磷（mgP/L）	硝酸盐氮（mgN/L）	PH	碱度（mmol/L）
20181015	16	13.6	0.23	12.40	7.09	50
20181016	16	14.7	0.23	12.40	7.09	50
20181017	16	12.8	0.26	12.40	7.44	50
20181018	16	13.3	0.28	12.40	7.54	50
20181019	16	11.8	0.28	12.40	7.48	50
20181022	16	11.7	0.24	10.50	7.26	50
20181023	16	12.7	0.25	10.50	7.56	50
20181024	16	10.7	0.25	10.50	7.66	50
20181025	16	11.7	0.27	10.50	7.48	50
20181026	16	11.5	0.24	10.50	7.43	50
20181029	16	14.1	0.12	12.13	7.39	50
20181030	16	12.8	0.20	12.13	7.54	50

续表

日期	COD（mgCOD/L）	总氮（mgN/L）	总磷（mgP/L）	硝酸盐氮（mgN/L）	PH	碱度（mmol/L）
20181031	16	12.3	0.21	12.13	7.54	50
20181101	16	12.8	0.22	12.13	7.39	50
20181102	16	14.7	0.20	12.13	7.54	50
20181105	16	12.1	0.20	9.73	7.25	50
20181106	16	10.1	0.16	9.73	7.36	50
20181107	16	10.0	0.15	9.73	7.43	50
20181108	16	9.6	0.16	9.73	7.57	50
20181109	16	9.8	0.21	9.73	7.44	50
20181112	16	10.1	0.20	10.46	7.34	50
20181113	16	9.9	0.20	10.46	7.38	50
20181114	16	10.7	0.21	10.46	7.37	50
20181115	16	10.1	0.20	10.46	7.37	50
20181116	16	10.9	0.18	10.46	7.36	50
20181119	16	11.3	0.16	12.49	7.18	50
20181120	16	11.8	0.17	12.49	7.52	50
20181121	16	12.7	0.17	12.49	6.90	50
20181122	16	12.0	0.15	12.49	7.33	50
20181123	16	13.3	0.17	12.49	6.96	50
20181126	16	10.0	0.17	10.68	7.46	50
20181127	16	9.6	0.19	10.68	7.56	50
20181128	16	10.9	0.16	10.68	7.50	50

课题小组选取了2018年10月15日到11月28日期间的水质实际测量值与模型模拟值进行比较，发现出水水质指标中COD、悬浮物SS、pH等项目的实际测量值与模拟值均非常一致。课题小组重点关注了出水总氮和总磷指标，其中，总氮的模拟值也与实际测量值基本吻合，但模型模拟出水的总磷浓度大于实际测量值并超标。污水厂运行时为了确保出水总磷达标，实际投加的除磷剂比模型模拟测算的1.35m^3/d要大，实际加药量约为1.7m^3/d。因此，运用BioWin软件构建的生化系统模型的模拟结果与实际出水水质基本相符，可以作为后期调整模拟参数调整的基础。

4. 模型模拟参数调整

在建立了正确的模型后，课题小组根据前期基础知识的学习并结合污水处理厂的实际情况，采用分步调整模拟模型中参数设置的方式，力争在不增加动力费用并减少除磷药剂投加的条件下强化生化除磷，使出水中的总磷达标。

生化除磷机理是利用聚磷菌（也称为除磷菌、磷细菌等）在厌氧条件下释磷、在好氧条件下又能超过自身生理需要从水中过量吸收磷，并将其转化为细胞体内的聚合磷酸盐，从而形成富含磷的生物污泥，再通过排泥过程，达到从废水中除磷的效果。根据此机理，控制生化除磷的关键点是在厌氧条件下有效释磷的过程。影响厌氧区释磷过程的两个主要因素如下：

1）溶解氧的影响：在厌氧区中必须控制严格的厌氧条件，这直接关系聚磷菌的生长状况、释磷能力及利用有机基质合成聚-β-羟基丁酸盐（PHB）的能力。由于 DO 的存在，一方面 DO 将作为最终电子受体而抑制厌氧菌的发酵产酸作用，妨碍磷的释放；另一方面会耗尽能快速降解的有机基质，从而减少聚磷菌所需的脂肪酸产生量，造成生物除磷效果变差。一般厌氧段的 DO 应严格控制在 0.2mg/L 以下。

2）硝态氮包括硝酸盐氮和亚硝酸盐氮的影响：一方面，其存在同样也会消耗有机基质而抑制聚磷菌对磷的释放，从而影响在好氧条件下聚磷菌对磷的吸收。另一方面，硝态氮的存在会被部分生物聚磷菌（气单胞菌）利用作为电子受体进行反硝化，从而影响其以发酵中间产物作为电子受体进行发酵产酸，从而抑制了聚磷菌的释磷和摄磷能力及 PHB 的合成能力。

（1）第一步——调整“分流比”

很多 MBR 工艺中，膜池回流水携带有较高浓度的 DO 和硝酸盐，这样的回流液到达厌氧池会破坏厌氧环境，厌氧池中发生的释磷过程因此受到抑制，导致生化除磷过程破坏。很多实际案例中在回流至厌氧池前，会设置一个池子对回流液进行搅拌，以去除回流液中的溶解氧[13]。然而，该污水处理厂由于占地等原因无法实现这一改造。该污水处理厂实际运行过程中，所有回流水都回流到了厌氧池，DO 和硝酸盐破坏了厌氧环境，影响释磷作用，除磷基本上完全依靠投加除磷药剂来完成。因此依据上述内容，进行第一个参数调整——分流比：将部分回流水分流到第二廊道的缺氧池中，以减少回流液对厌氧环境的破坏。希望能够在比实际运行少投加除磷药剂的基础上，起到更好的除磷效果（图 6-11）。

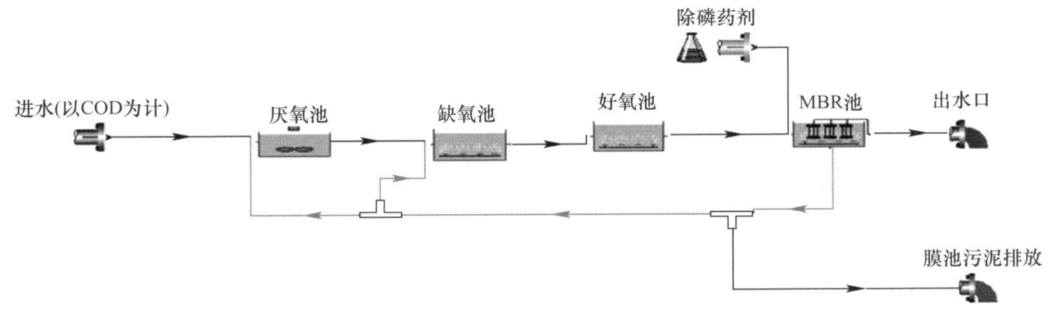

图 6-11　调整分流比示意图

分流比的定义：膜池回流水中，流向缺氧池的水量与流向厌氧池的水量的比值（目前该污水厂的实际情况是，所有回流水全部进入厌氧池。设此实际状态值为初始值，即分流比=0）。

1）具体调整情况和结果见表 6-22：

2）结果分析：

根据表 6-22 可知，分流比的调整对出水中 COD、SS 和 pH 的影响不大，所有出水 COD 浓度均满足＜30mg/L 的标准，所有总悬浮物均为 0mg/L，pH 均很稳定。分流比的调整影响重点在氮、磷的去除效果上：随着分流比的增加，即更多的回流水流入到缺氧池，出水总磷浓度在缓慢下降，当回流比大于 0.85 后，出现显著下降。出水总磷浓度随分流比的变化，见图 6-12。这印证了我们的预期，回流水流入厌氧池的量越小，回流水中的 DO 和硝酸盐对厌氧池的释磷作用破坏也越小，整体的生化除磷效果在一定范围内会显著增加。

调整分流比后模拟出水水质数据　　表 6-22

除磷药剂投加	好氧池溶解氧	缺氧池溶解氧	分流比	过滤后 COD (mg/L)	总悬浮物 (mg/L)	总氧 (mgN/L)	总无机氮 (mgN/L)	硝酸亚硝酸盐 (mgN/L)	总磷 (mgP/L)	可溶性 PO_4-P (mgP/L)	pH
投药流量 1.35m³/d	好氧池 DO 15mg/L	缺氧池 DO 0.5mg/L	0	10.23	0	13.2	11.83	11.79	0.39	0.39	7.6
			0.1	10.22	0	13.25	11.88	11.83	0.39	0.39	7.6
			0.3	10.21	0	13.43	12.07	12.02	0.39	0.39	7.6
			0.5	10.21	0	13.97	12.61	12.56	0.38	0.38	7.6
			0.7	10.22	0	16.27	14.9	14.85	0.38	0.38	7.6
			0.85	10.53	0	21.16	19.79	19.74	0.19	0.19	7.59
			0.9	10.87	0	23.79	22.42	22.38	0.06	0.06	7.59

但是从表 6-22 可见，随着分流比的增加，出水中总氮含量也增加了，并且在分流比为 0.85 时，总磷显著降低，总氮含量超过了 15mg/L 的排放标准，见图 6-13。出现这种情况的主要原因是由于该污水厂在缺氧池运行过程中设置溶解氧量为 0.5mg/L 的参数。为维持溶解氧在 0.5mg/L，在缺氧池中设置了曝气系统，在不断曝气的作用下，缺氧池中的 COD 首先被碳化细菌利用转化为 CO_2，反硝化作用被抑制，导致出水总氮超标。

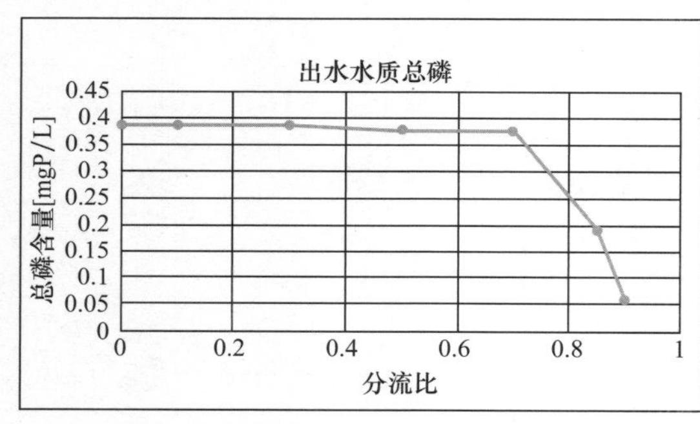

图 6-12　模拟出水总磷浓度随分流比变化

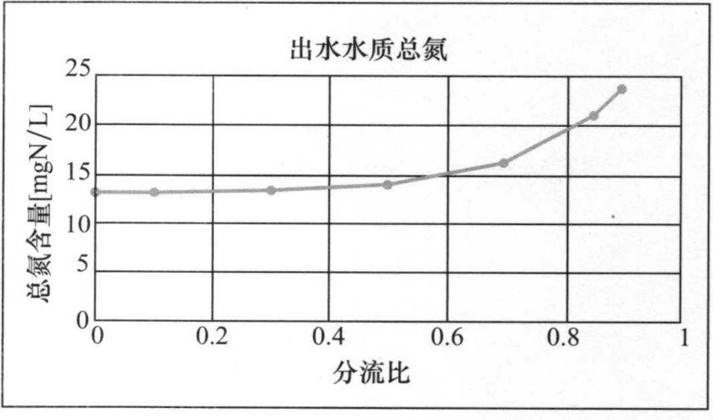

图 6-13　出水总氮浓度随分流比变化

综上所述，单纯调节分流比并不能达到预期的提标效果。接下来我们希望通过调整缺氧池内的溶解氧浓度，并配合分流比的调整，使氮磷均能达到提标标准。

（2）第二步——调整缺氧池内溶解氧浓度

生物脱氮反应是通过硝化反硝化过程来实现的，即进水中的有机氮先经过氨化反应转化成氨氮，再在好氧条件下通过亚硝化反应和硝化反应转化为硝酸盐氮；硝化液回流至缺氧池，在缺氧条件下通过反硝化反应将硝酸盐氮转化成氮气，完成总氮去除的过程。反硝化菌属异养型兼性厌氧菌，它需要在缺氧条件下生活。如果反应器中的溶解氧过多，将会阻抑硝酸盐还原酶的形成，或充当电子受体，从而竞争性地阻碍了硝酸盐氮的还原。

由于在缺氧池内对溶解氧进行参数设置为 0.5mg/L，并同时进行曝气辅助，课题组认为这会影响硝酸盐氮的反硝化过程。因此，由以上所提到的基础知识和第一步的调整结果，进行第二个参数调整——缺氧池内溶解氧（图 6-14）。

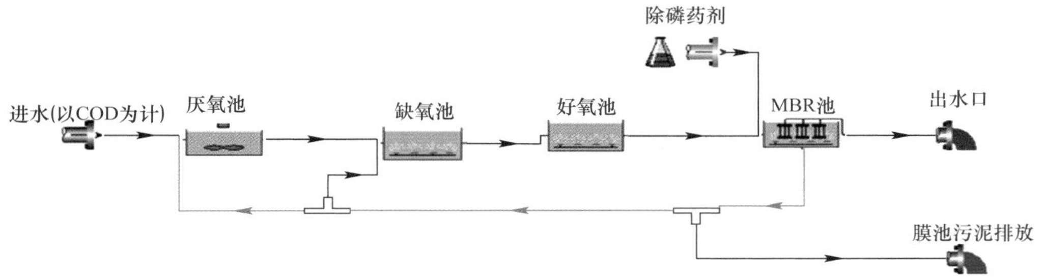

图 6-14　调整缺氧池溶解氧示意图

污水厂实际运行条件是控制缺氧池溶解氧为 0.5mg/L，以此为设定初始值，现将缺氧池内 DO 调整为 0mg/L。

1）具体调整情况和所得结果见表 6-23：

调整缺氧池溶解氧为 0mg/L 时模拟出水水质数据　　表 6-23

除磷药剂投加	好氧池溶解氧	缺氧池溶解氧	分流比	过滤后 COD (mg/L)	总悬浮物 (mg/L)	总氮 (mgN/L)	总无机氮 (mgN/L)	硝酸亚硝酸盐 (mgN/L)	总磷 (mgP/L)	可溶性 PO_4-P (mgP/L)	pH
投药流量 1.35m²/d	好氧池 DO 15mg/L	缺氧池 DO 0mg/L	0	10.48	0	8.16	6.77	6.63	0.26	0.26	7.63
			0.1	10.48	0	8.18	6.79	6.66	0.27	0.27	7.63
			0.3	10.48	0	8.28	6.88	6.76	0.28	0.28	7.63
			0.5	10.48	0	8.58	7.18	7.06	0.28	0.28	7.63
			0.7	10.6	0	9.19	7.79	7.67	0.23	0.23	7.63
			0.85	10.45	0	9.34	7.96	7.85	0.25	0.25	7.63
			0.9	10.41	0	9.43	8.05	7.95	0.26	0.26	7.63

2）结果分析：

根据表 6-23 可知，在第一步调整分流比参数的基础上将缺氧池内 DO 调整为 0mg/L，所有出水 COD 浓度均满足<30mg/L 的标准，所有总悬浮物均为 0mg/L，pH 均很稳定，重点依旧在氮磷的去除上。出水总磷的浓度基本都稳定在了<0.3mg/L 的标准之下。高分流比情况下总磷浓度略低于低分流比的情况，总氮含量依旧随着分流比的增加而增加，但都维持在<15mg/L 标准之下，见图 6-15。

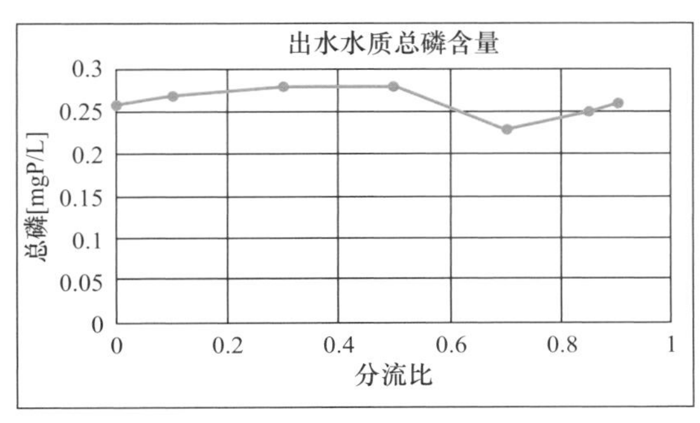

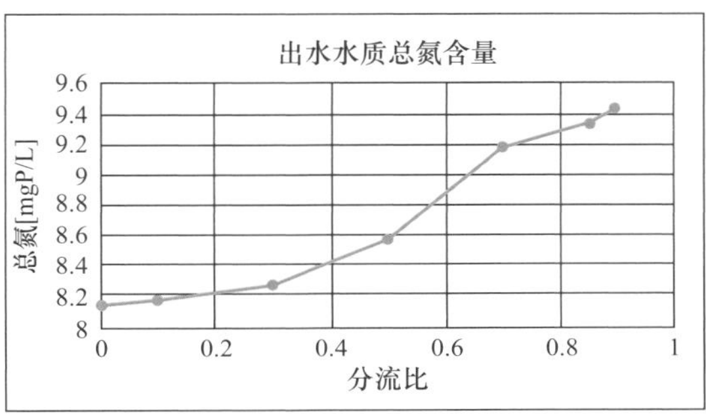

图 6-15　调整缺氧池溶解氧为 0mg/L 后出水总磷和总氮浓度随分流比变化

相比于第一次调整模拟得出的结果，第二次调整得出的结果基本上能达到提标改造的排放要求。当缺氧池溶解氧为0mg/L，分流比调为0.7左右时，模拟得出最佳氮磷去除效果。这样的结果印证了课题小组的预期：将缺氧池溶解氧控制为0mg/L，配上一定的回流水分流比，既保护了厌氧池的释磷过程，维持较好除磷效果，在不增加除磷药剂投加量的情况下达到提标目标，见图6-16；同时又能确保缺氧池在缺氧条件下反硝化脱氮的效果，以保证出水总氮达标，见图6-17。

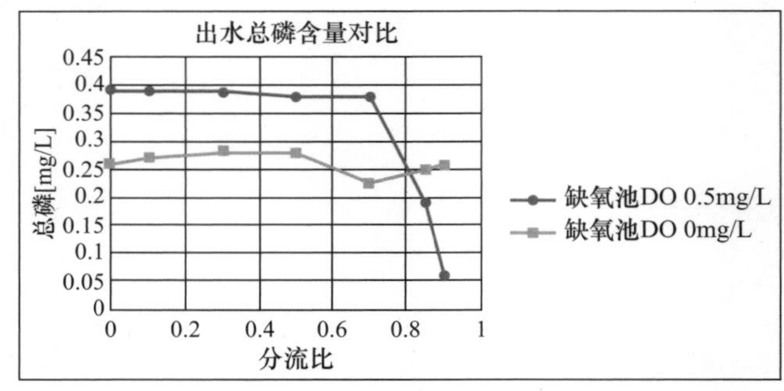

图6-16　出水总磷浓度对比

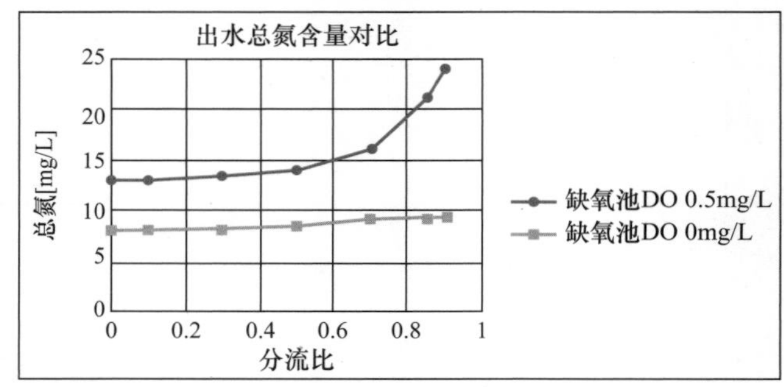

图6-17　出水总氮浓度对比

(3) 第三步——调整除磷药剂投加量

通过第一、二步的调整，我们得出了较为满意的提标方案。为了更好地说明上述调整能提高污水处理厂的脱氮除磷效率、节能降耗，我们在第三步进行了除磷药剂投加量的调整（图6-18）。课题小组希望比较通过第一、二步的参数调整获得氮磷达标去除与通过增加除磷药剂投加量使出水总磷达标进行对比，获得更优方案。

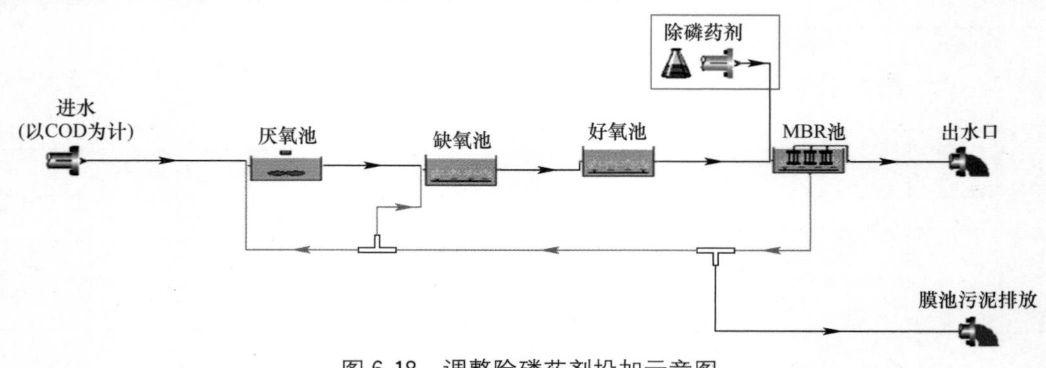

图6-18　调整除磷药剂投加示意图

模型模拟药剂投加量为 1.35m³/d，但模拟结果出水总磷不达标（污水厂实际运行投加药剂量为 1.7m³/d），以药剂投加量 1.35m³/d 为设定初始值，对加药量进行调整。

1）具体调整情况和所得结果见表 6-24：

调整除磷药剂模拟出水水质数据　　　　**表 6-24**

状态	除磷药剂投加	好氧池 DO	缺氧池 DO	分流比	过滤后 COD (mg/L)	总悬浮物 (mg/L)	总氮 (mgN/L)	总无机氮 (mgN/L)	硝酸亚硝酸盐 (mgN/L)	总磷 (mgP/L)	可溶性 PO_4-P (mgP/L)	pH
初始	投药流量 1.35	好氧池 DO15 mg/L	缺氧池 DO 0.5mg/L	0	10.23	0	13.2	11.83	11.79	0.39	0.39	7.6
增加药剂投加量	投药流量 1.4			0	10.23	0	13.2	11.79	11.83	0.27	0.27	7.6
改变缺氧池溶 DO	投药流量 1.35		缺氧池 DO 0mg/L	0	10.48	0	8.16	6.77	6.63	0.26	0.26	7.63
改变分流比和缺氧池 DO				0.7	10.6	0	9.19	7.79	7.67	0.23	0.23	7.63

2）结果分析：

表 6-24 所示的是四种状态下，即初始状态，仅增加药剂投加量状态，仅改变缺氧池 DO 状态以及同时改变缺氧池 DO 并调整分流比状态下的除磷效果。结果显示增加除磷药剂投加量到 1.4m³/d 后，出水总磷可以达到 0.27mg/L，满足排放标准。但其效果低于单独改变缺氧池内 DO 时的除磷效果。而改变缺氧池 DO 并同时调整分流比的除磷效果最优，图 6-19 为四种状态下的除磷对比。另外，如图 6-20 所示，除磷药剂对脱氮效果没有影响，降低缺氧池 DO 浓度比改变分流比对总氮的去除更为有效。

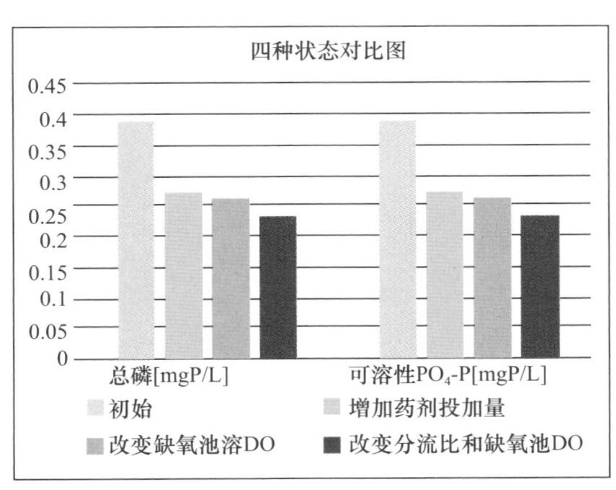

图 6-19　四种状态下除磷效果对比

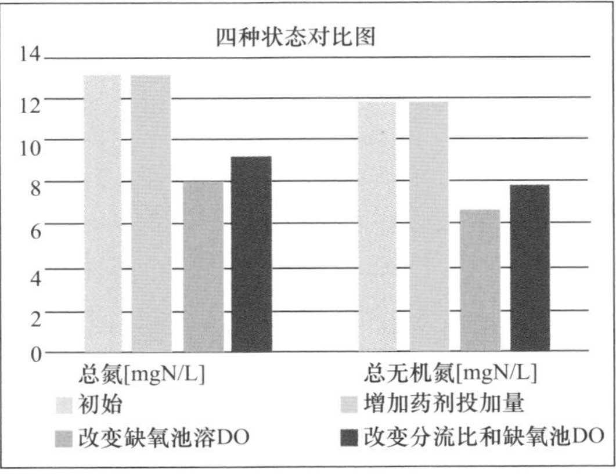

图 6-20　四种状态下脱氮效果对比

综上所述，将缺氧池溶解氧设为 0mg/L，并配上一定回流水分流比的调整方案在一定程度上能够满足提高脱氮除磷效率、同时不增加药剂投加量的目标。

（4）第四步——调整好氧池内溶解氧

好氧池发生的最主要反应是，微生物对有机物的降解。MBR 工艺将膜分离技术与传统废水生物处理技术有机结合，省去了二沉池的建设，并提高了固液分离效率。在 MBR 膜池中，为了防止污泥在膜丝上的堆积导致出膜通量下降，需要在膜丝底部进行曝气抖丝，该气量式得 MBR 膜池中的 DO 高达 4mg/L。课题小组推断，在 MBR 膜池内由于曝气的原因也具有好氧池降解有机物的作用。基于上述分析，课题小组降低了模型中好氧池内溶解氧的设置浓度，以低溶解氧的条件进行了模拟（图 6-21）。

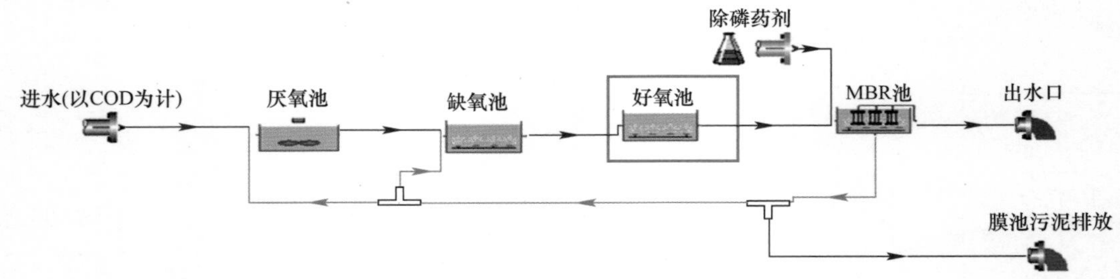

图 6-21　调整好氧池内溶解氧浓度示意图

污水厂实际好氧池溶解氧 DO 设置参数为 1.5mg/L，此为初始值。将好氧池溶解氧降低至 0.5mg/L，从表 6-25 可见，出水 COD 无明显变化，甚至总氮浓度还稍微有些降低。可见在 MBR 曝气膜池中对 COD 的去除及硝化过程非常明显。污水厂的 MBR 膜池是二期提标时新建的独立设计模块，其分离污泥以外的额外去除 COD 的处理效果为污水处理厂远期增加处理水量打下了基础。

调整好氧池内溶解氧浓度模拟出水水质数据　　表 6-25

除磷药剂投加	好氧池 DO	缺氧池 DO	分流比	过滤后 COD (mg/L)	总悬浮物 (mg/L)	总氮 (mgN/L)	总无机氮 (mgN/L)	硝酸亚硝酸盐 (mgN/L)	总磷 (mgP/L)	可溶性 PO_4-P (mgP/L)	pH
投药流量 1.35	好氧池 DO 0.5mg/L	缺氧池 DO 0.5mg/L	0	10.23	0	12.1	10.69	10.74	0.39	0.39	7.61
	好氧池 DO 1.5mg/L		0	10.23	0	13.2	11.83	11.79	0.39	0.39	7.6
		缺氧池 DO 0mg/L	0	10.48	0	8.16	6.77	6.63	0.26	0.26	7.63

6.3.2　建议与展望

结合某污水处理厂的实际情况和运用 BioWin 软件的模拟结果，我们概括总结出该污水处理厂提标运行调整方案，并对此调整建议提出我们的看法。

1. 提标运行调整方案建议

(1) 针对某污水处理厂的提标运行调整方案

根据模型模拟获得：将缺氧池溶解氧调整为 0mg/L（尽可能保证缺氧环境），并且将分流比从 0 调整到 0.7 左右（建议在 0.5～0.8 范围内调试，在实际试验检测中得出最佳值），可以达到最佳出水水质。调整方案能保证出水总氮浓度较低，并且溶解性磷的浓度显著降低，能达到准Ⅳ类水标准。而且还可以减少除磷药剂投药量，节省运行成本。

（2）针对其他污水处理厂改造或污水处理厂新建方案：

考虑 MBR 膜池对水中污染物去除的贡献，核算好氧池的容积，从而减少占地面积和建设成本。

2. 展望

运用 BioWin 软件进行模拟存在一定缺陷。污水处理厂实际运行中影响因素众多，模型并不能完全准确地模拟出现实状况。所以，给出的调整建议最终是对各参数指标的一个调整范围。但是，这样的模拟在实际污水处理厂的运行调整中能起到至关重要作用。实际调整中，从调整到水质变化有一段缓冲期，在调整前后采样分析等也需要大量时间。通过模拟能在短时间里提出较为合理的整改方案，而不需要像传统小试、中试试验耗费大量时间。用模型先进行合理的模拟分析，进而提出建议，可以有效缩短时间、提高效率。同时，在全球气候变化的大背景下，极端气候和突发状况发生频率将会增加，如何运用软件快速得出较为合理的应对措施，是未来污水处理厂实际运营需要思考和解决的问题。

6.4　导师点评

此次课题结合实际运行的污水处理厂的设计和运行而展开。课题小组在前半学期主要对微生物降解有机物和氮磷去除进行了理论学习，掌握了基础理论后再运用到 BioWin 软件中进行模拟。同时，同学们对某污水处理厂进行了全面的现场调研，对每一个处理构筑物的功能及其具体运行参数都有一定的了解，再通过 BioWin 软件来进行提标模拟，取得了一定的成果。课题小组成员对溶解氧的控制以及回流比回流到厌氧和缺氧段的分流比进行了调整，达到一个比较好的预期，圆满地完成了课题目标。

一个学期对于我们这个小组的同学来说是比较短的，能够达到这样的成果对他们来说已经圆满地完成了自己的小目标。如果后期再继续深入开展课题的话，可以将模拟的结果做到小试的实验中去，真正的研究溶解氧控制以及分流比控制能不能达到我们模拟的效果来加以印证，这对工程应用来讲具有指导意义。

6.5　学生感悟

本次汇报我们从项目回顾、时间安排、项目进展、项目成果、财务汇总、参考引用、致谢、答疑等环节展开。

首先，我们对某污水处理厂进行了深入的实地考察。在明确项目目标后，制定时间进度表。在项目初期我们分别对 MBR 膜处理工艺、活性污泥模型、微生物生长、某污水处理厂的资料和 BioWin 软件进行了学习；项目中期运用 BioWin 软件对某污水处理厂水质进行模拟调整；项目后期对调整方案进行优化、总结等。

我们整个项目分为理论准备阶段和实操阶段。在整个课题实施过程中，我们对课题进度、计划以及推进进程做了合理的时间安排。课题小组每位同学都积极参与，在规定时间内完成了我们的短期目标和长期目标，达到了预期效果。感谢课题小组成员的共同努力、相互配合，感谢给各位导师的指导和大力支持。

第7章　华侨城湿地生境提升

7.1　课题背景介绍

7.1.1　湿地及湿地问题

"蒹葭苍苍，白露为霜。所谓伊人，在水一方。"2500多年前，《诗经》中就已经记载了众多赞美湿地的诗句。"湿地"一词在中国古代文学中的别名有很多，如"汀""泊""湟""滩""薮""洼"等。现代"湿地"概念最先于1954年由美国鱼类与野生生物保护组织提出，指"被间歇的或永久的浅水层覆盖的土地"[127]。1971年在伊朗拉姆萨尔签署的《关于特别是作为水禽栖息地的国际重要湿地公约》（简称《湿地公约》或《拉姆萨尔公约》）中又将"湿地"定义为"不论其天然或人工、长久或暂时的沼泽地、湿原、泥炭地或水域地带，带有静止或流动的淡水、半咸水或咸水水体，包括低潮时水深不超过6米的水域"[128]。

从定义可以看出，湿地是一种有别于陆生生态系统和水生生态系统的特殊的生态系统。它与森林、海洋并称三大生态系统，在抵御洪水、调节径流、蓄洪防旱、控制污染、调节气候、控制土壤侵蚀、促淤造陆、美化环境和维持生物多样性等方面，具有其他系统不可替代的作用[129-131]。因此，湿地被誉为"天然水库"和"地球之肾"，是关系国家和区域生态安全的战略资源。虽然仅覆盖地球表面6%，湿地却为地球上20%的已知物种提供了生存环境。此外，正因为给人类和陆地上的其他动物提供了源源不断的物质，如人类所需要的绝大部分水产品和部分禽畜产品、谷物、药材等，湿地又被誉为"生物超市"[132,133]。

1992年1月3日，我国政府正式加入国际《湿地公约》。截至2018年底，我国（不包括港澳台地区）已有56处湿地列入国际重要湿地名录大全。在广袤的祖国大地上，湿地广泛分布在寒温带到热带、沿海到内陆、平原到高原山区各个区域。此外，我国湿地分布还呈现出一个地区内有多种湿地类型和一种湿地类型分布于多个地区的特点，构成了丰富多样的组合类型[134,135]。这些湿地中生长着多种多样的生物，不仅物种数量多，而且有很多是我国所特有的物种。以鸟类为例，在亚洲57种濒危鸟类中，我国湿地就有31种，占54%；全世界雁鸭类有166种，我国湿地就有50种，占30%；全世界鹤类有15种，仅在我国记录到的就有9种。此外，我国一些湿地还是世界某些鸟类唯一的越冬地或迁徙的必经之地，如在鄱阳湖越冬的白鹤占世界总数的95%以上[136]。

从人类文明的发展史来看，湿地为人类生存和发展提供了淡水和食物，是生命之源；从现代生态文明来看，在湿地系统中孕育出的湿地文化（如湿地水文化、沼泽文化、滩涂文化、湿地动植物、湿地建筑等）是人类文化中的精华[137-139]。《湿地公约》在序言部分也提到湿地文化价值，指出湿地是经济、科学、娱乐以及文化等重要资源。为了帮助世界各国公众加强对湿地生态服务功能的认识，了解湿地对于人类和地球的重要价值，并鼓励大家采取实际行动保护湿地，自 1997 年起，国际湿地公约组织将每年的 2 月 2 日定为“世界湿地日”。表 7-1 中整理了现有所有世界湿地日的主题。可以看出，世界湿地日的关注话题随人类对人类与湿地关系认识的加深而不断变化。例如，早期的主题主要是对湿地和生命之间关系的探讨，而后期越来越强调湿地对人类的服务功能，包括在消除贫困、发展旅游和农业、减少地质灾害和支持渔业发展等方面。

历年世界湿地日宣传主题 **表 7-1**

年份	主题
1997	湿地是生命之源（Wetlands：a Source of Life）
1998	水与湿地（Water for Wetlands，Wetlands for Water）
1999	人与湿地，息息相关（People and Wetlands：the Vital Link）
2000	珍惜我们共同的国际重要湿地（Celebrating Our Wetlands of International Importance）
2001	湿地世界——有待探索的世界（Wetlands World-A World to Discover）
2002	湿地：水、生命和文化（Wetlands：Water，Life，and Culture）
2003	没有湿地就没有水（No Wetlands-No Water）
2004	从高山之巅到大海之滨，湿地无处不在为我们服务（From the Mountains to the Sea，Wetlands at Work for Us）
2005	湿地文化多样性与生物多样性（Culture and Biological Diversities of Wetlands）
2006	湿地减贫的工具（Wetland as a Tool in Poverty Alleviation）
2007	湿地支撑渔业健康发展（Wetlands and Fisheries）
2008	健康的湿地健康的人类（Healthy Wetland，Healthy People）
2009	从上游到下游，湿地连着你和我（Upstream-Downstream：Wetlands connect us all）
2010	湿地、生物多样性与气候变化（Wetland，Biodiversity and Climate Change）
2011	森林与水和湿地息息相关（Forest and Water and Wetland is Closely Linked）
2012	湿地与旅游（Wetlands and Tourism）
2013	湿地与水资源管理（Wetland and Water management）
2014	湿地与农业：共同成长的伙伴（Wetland and Agriculture：Partners for growth）
2015	湿地，我们的未来（Wetlands for Our Future）
2016	湿地与未来，可持续的生计（Wetlands for Our Future Sustainable Livelihoods）
2017	湿地减少灾害风险（Wetlands and Disaster Risk Reduction）
2018	湿地：城镇可持续发展的未来（Wetlands：the Future of Sustainable Urban Development）
2019	湿地与气候变化（Wetlands and Climate Change）

然而，从表 7-1 还可以看出，近年来湿地日的主题越来越侧重于湿地与人类未来发展之间关系的探讨。随着科技的发展和人口爆炸增长，人类对自然系统的扰动越来越剧烈，这些扰动带来了一系列的环境问题，如气候变暖、海平面上升、土壤污染、水质恶化和生态系统退化等[140]。21 世纪环境问题是威胁人类生存及可持续发展的一个巨大挑战，而湿地问题也是众多环境问题中重要的一环[141,142]。湿地问题主要包括海平面上升对天然海岸带的淹没和填海造陆对天然海岸带湿地的永久性破坏等[143,144]。据估计，全球约 20%～90%的滨

海湿地（基于最低和最高海平面上升预测情景）会消失，进而导致生物多样性和高价值生态服务功能丧失[145]。特别地，这些区域主要集中在欧洲、中亚、东亚、北美和太平洋区域。

为改善湿地生态环境，保护湿地资源，不同国家和科研组织做了一系列的努力，如健全保护湿地的行政管理条例和法律法规，建设湿地自然保护区和湿地公园等[146,147]。尽管如此，由于人类对湿地的扰动远远超过了其自身恢复能力，湿地问题并没有得到根本改善，其依然是当前影响人类可持续发展的最严峻的生态环境问题之一[141]。因此，此创新设计课程中特别关注了湿地这一与人类生存息息相关的生态系统，希望通过对华侨城湿地——我国唯一位于现代化大都市腹地的滨海湿地面临的生态环境问题进行分析，寻求 21 世纪湿地问题的创新解决方案。

7.1.2　华侨城湿地概况

华侨城湿地公园位于深圳经济特区南部的深圳湾畔，面积 4.8km^2，平面位置如图 7-1 所示。华侨城湿地北侧自西向东依次为世界之窗、东方花园别墅和锦绣中华民俗村，南侧为白石路和欢乐海岸，西侧为商业区，东侧为住宅区。自 2007 年起，华侨城集团公司负责对华侨城湿地的开发、建设和管理。

图 7-1　华侨城湿地地理平面位置图

1. 华侨城湿地的历史演变

深圳湾是珠江口伶仃洋东侧中部的一个外窄内宽的半封闭海湾，海湾湾长 17.5km，湾宽各处不等[148]。由于西临珠江口东部，南邻香港特别行政区，深圳湾地理位置十分优越。自 20 世纪 80 年代以来，深圳市开展了大规模的围海造地活动[149,150]。

根据遥感图像（图 7-2）可以看出，早期的填海造地集中在蛇口半岛，规模较小且分散（图 7-2（*a*）和（*b*））。1995 年之后，由于对土地资源的需求增大，在蛇口半岛和深圳湾北部均开展了大规模的填海造地活动（图 7-2（*c*））。全长 9.66km 的滨海大道全部或部分依托这期间填海形成的土地。与此同时，现在的滨海大道以北、华侨城世界之窗、东方花园、锦绣中华、民俗村以南，深湾三路以东，侨城东路以西，留下约 125hm^2 原深圳湾的滩涂未填，涨潮时成为一个大湖区。2000 年前后修建的白石路又将这 125hm^2 的大湖区再分为南北两湖，其中北湖约 69hm^2，南湖约 56hm^2（图 7-2（*d*））。北湖为原始深圳湾海岸及滩涂，一直生长有约 10hm^2 的红树林，此外，还生长有大量的海滨湿地草木、灌木及海岸防护林乔木。南湖因为滩涂低、潮水较高，退潮时为光滩，涨潮时海水较深。2000 年以后，该片区的填海工程基本停止，整个深圳湾湿地面积也趋于相对稳定。

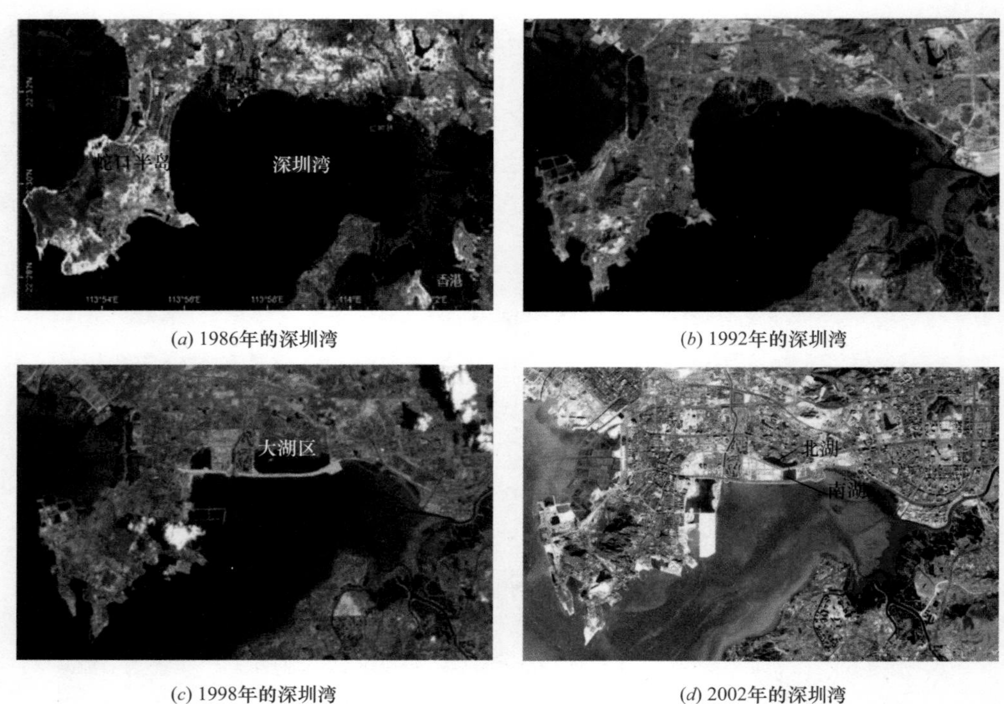

(*a*) 1986年的深圳湾　(*b*) 1992年的深圳湾

(*c*) 1998年的深圳湾　(*d*) 2002年的深圳湾

图 7-2　深圳湾填海造陆的变化

由于基建工程阻隔，北湖受到潮汐作用影响减弱，加之水土流失和污染排放等原因，导致北湖内部滩涂淤积加快，部分区域慢慢开始陆地化。陆地化的滩涂为鸟类提供了栖息地（图 7-3）。例如，北湖红树林在 2000～2003 年间出现了 1500～3700 个鹭鸟鸟巢，成为深圳湾最重要的鸟类繁殖区，一时吸引了大量的观鸟爱好者。随着时间推移，越来越多冬季候鸟出现在北湖栖息觅食，因而，北湖成为深圳湾候鸟最多的区域之一。观鸟爱好者在谈及观鸟地时，就把“北湖”称为“侨城湿地”。2007 年华侨城集团接管这片区域后，取消“北湖”或“侨城湿地”的叫法，统一称其为“华侨城湿地”。华侨城湿地虽然是经填海造陆阻隔而成的，但其水源补充、水生生物交流及鸟类栖息环境仍隶属深圳湾生态系统，且仍具有自由水面、自然滩涂、红树林等重要结构。因此，根据《湿地公约》和湿地国际中关于湿地的定义和分类，华侨城湿地仍是滨海湿地。

图 7-3　华侨城湿地陆地化的滩涂

2. 华侨城湿地的修复治理

随着深圳湾的开发建设，特别是华侨城湿地南侧（含东南区滨海医院、西南区房地产的开发）以及白石路车流量的增加、滨海休闲带的建设和投入运营，华侨城湿地生态系统受到干扰的程度日益加大，抗干扰承载力日趋不足。2007 年以前，由于长期疏于管理，华侨城湿地周边污水乱接乱排情况严重，湿地淤积导致滩涂陆地化加速，垃圾堆放和滥捕乱捞破坏了湖区环境，加之外来入侵植物生长迅猛等，使华侨城湿地几乎完全丧失了作为城市腹地内湖的景观价值和生态价值（图 7-4）。

(*a*) 湿地周边排污口

(*b*) 湿地陆地化情况

(*c*) 湖面养殖情况

(*d*) 外来入侵植物群落

图 7-4　修复前华侨城湿地生态环境

为此，华侨城集团受深圳市政府委托代管华侨城湿地之后，开启华侨城湿地治理修复、保护、发展之旅。依托国家海洋局的国家海洋公益性科研专项“新兴经济区滨海湿地生态修复技术研究与工程示范”项目，2010年起，华侨城集团对华侨城湿地实施全面整治、修复工作。整治修复的终极目标是恢复并提升华侨城湿地的生态价值，在营造景观美的同时，通过增加环境多样性提升物种多样性，并以鸟类多样性作为最终评价指标。具体内容包括内部整治工程、小沙河出海口整治工程、截污治污工程、防洪整治工程、清淤还湖工程和外引水工程等工程改造，以及水环境修复、生物通道恢复、植被修复和鸟类栖息地修复等修复活动。以下就清淤还湖工程、植被修复和鸟类栖息地修复作重点介绍。

(1) 清淤还湖工程

华侨城湿地湖底之下海相沉积的淤泥层厚度2.0～4.5m，具有含水量高、强度低等特点，属于超软弱的淤泥。本次湿地和陆地化湿地清淤总面积约20.6hm^2，清淤总量约21万m^3（图7-5）。为了保护红树林，红树林保护范围内未进行清淤；为了增加湿地的植物多样性和生态环境的多样性，清淤后的滩涂按照渐变的标高（从0.8～1.6m依次升高）进行改造。此外，清淤之后，根据华侨城湿地涉禽的历史资料以及深圳湾涉禽种类，在湖面布局一定数量的不同大小的泥质裸滩，在湖心岛周边亦建造一定面积的裸滩。在湖面增设木桩，以为普通鸬鹚、翠鸟科鸟类站立之用。

(a) 陆地化湿地清淤

(b) 湿地水域清淤

图7-5 清淤还湖工程

(2) 植被修复工程

通过清淤工程，去除了大量湿生草本入侵植物；通过人工锄头作业，对生长在湖边和路边以及攀附在植物冠丛上的入侵植物进行清除（图7-6）。人工清除相对较为有效且应用广泛，不会造成环境污染，是一种廉价而清洁的防治方法。但是，人工清除要选择最佳的时间进行短期集中清理（如植物成熟期之前等），并需要长期管理。2006年以来，管理人员曾先后组织数次对危害红树林湿地的薇甘菊的消杀，使缠绕在红树林和其他植被上的薇苷菊大面积枯死，红树植物的生存得到了有效保障。同时根据规划，在湿地内补种了上百棵树木，有效改善了湿地的植被环境。

除了清除外来入侵植物，华侨城集团还采取了其他植被修复工程，包括：通过补种乡土植物，合理控制乔木间距以及乔木、灌丛和地被关系；通过引入浆果类植物、坚果类植物、显花植物、芦苇以及其他可为鸟类提供种子食物的禾本科植物，以吸引食果鸟类、访花鸟类、食虫鸟类以及以种子为食的小型雀形目鸟类；通过在湿地靠近水边区域小范围补种挺水植物，如香蒲、风车草等，以丰富夏季景观，并方便黑水鸡建造浮巢，又不影响冬季水鸟居留。

(a) 红树林树冠上的入侵植物

(b) 修复后的红树林

图 7-6　人工清除入侵植物

(3) 鸟类栖息生境修复

威胁华侨城湿地鸟类生物多样性的因素主要包括水污染严重，水面积过大，水深较深，滩涂面积较少，生境单一，植被配置不合理，人为干扰较多等。由于环境胁迫，湿地生态环境恶化，食物来源减少，水鸟活动范围缩小，许多珍稀种数量减少或消失。栖息地修复是保护湿地生物多样性的重要措施。华侨城湿地通过清除外来种，重建本土植物群落，构建多样性生境，人为营造裸滩，增加水面鸟类落脚地等栖息地修复措施，为鸟类提供充足的食物和栖息地（图 7-7）。改造后的华侨城湿地，鸟类多样性得到进一步提升，2013～2014 年的监测共记录鸟类超过 100 种，其中包括黄斑苇鳽、草鹭、灰尾漂鹬、凤头麦鸡等水鸟。华侨城湿地与深圳湾潮间带在水鸟栖居方面具有时空互补性。高潮位时，原活跃在潮间带滩涂的鸟类，尤其是涉禽，以青脚鹬、金斑鸻为代表，成群飞至华侨城湿地停栖、觅食；退潮后，这些鸟类再飞回潮间带滩涂。

(a) 补种的挺水植物

(b) 新建的滩涂裸地

图 7-7　鸟类栖息生境修复

3. 华侨城湿地的生态功能

湿地的生态服务功能包括产品提供功能（如淡水、木材、食品、遗传基因库等），调节功能（如空气质量调节、水资源调节、水质净化、侵蚀控制和授粉等），文化功能（文化多样性、知识系统、教育价值、美学价值和感知等），以及支持功能（初级生产、土壤形成、氮循环和产生氧气等）。华侨城湿地经过改造和修复，目前拥有泥滩、沙砾浅滩、芦苇、湖心岛、灌丛等多种生境类型，适于不同生态类型的鸟类在此栖息，是深圳湾鸟类重要的繁殖地，是维持和保证深圳湾鸟类多样性不可或缺的重要组成部分（图 7-8）。修复后的华侨城湿地具有维持生物多样性等重要的生态效益，再配置科普教育设施，华侨城湿地可以开展诸如自然课堂、湿地常识、物种多样性、生态现象等系列专题教育，是观鸟、观鱼、观虫、观自然的理想场所，是中小学、大专院校等开展教学和科学研究的实验基地。以下就华侨城湿地在维护生物多样性和自然教育方面的生态服务功能进行介绍。

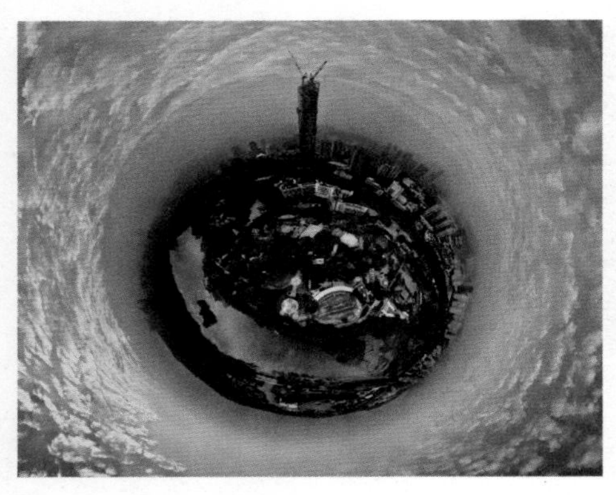

图 7-8　华侨城湿地现状（欧阳勇　航拍）

（1）维护生物多样性

生态系统结构的合理性、功能健全程度和结构的稳定性与该生态系统中生物多样性呈正相关性。物种的消失，特别是那些影响水和养分动态、营养结构和生产能力的物种的消失，会削弱生态系统的功能。红树林湿地是海岸带生态关键区，是对维持生物多样性或资源生产力有特别价值的生物活动高度集中的地区。红树植物有多种生长型和不同的生态幅度，各自占据着一定的空间，为生物群落中的各级消费者提供重要的栖息和觅食场所。红树林生态系统中的生物层次越复杂，鸟类及各种水生生物的种类则越丰富。

现阶段华侨城湿地自然分布的真红树植物有 6 科 6 属 9 种，分别为秋茄、白骨壤（又称海榄雌）、桐花树、老鼠簕、木榄、卤蕨、海桑，无瓣海桑等。半红树植物 3 科 4 属 4 种，分别为海漆、许树、黄槿等。红树植物伴生种主要有海刀豆、文殊兰、血桐等（图 7-9）。此外，根据 2011 年年底野外调查结果，华侨城湿地植物种类已达到 162 种，鸟类 142 种。此外，还鉴定出浮游动物 25 种、藻类 5 门 11 属 14 种、以软体动物腹足类为主底栖无脊椎动物 44 种。

华侨城湿地植被的多样性为湿地鸟类提供了优良的栖息环境，而浮游动物、浮游植物和藻类的多样性也为鸟类提供了丰富的食物来源。华侨城红树林湿地系统与福田红树林自然保护区、香港米埔自然保护区共同组成完整的深圳湾红树林湿地生态系统，为候鸟从西伯利亚至澳大利亚南迁北徙提供重要的“歇脚地”（图 7-10）。目前，华侨城湿地有记录鸟类超过 160 种，占深圳湾有记录鸟类 80％以上，覆盖鸟纲的 11 目 38 科 142 种，其中留鸟 43 种，候鸟 106 种，涉及游禽、涉禽、攀禽、猛禽、陆禽和鸣禽六大类别，每日栖息数量 2000～4000 只，瞬时最大数量超过 10000 只（图 7-11）。特别地，华侨城湿地有国家二级保护鸟类 10 种，中国濒危物种红皮书易危、濒危鸟类 7 种，广东省重点保护鸟类 8 种，有繁殖记录的受保护鸟类 6 种。黑脸琵鹭、褐翅鸦鹃、黑耳鸢、普通鵟、雕鹗、彩鹬、黑翅长脚鹬、长尾缝叶莺、黑领椋鸟、暗绿绣眼鸟等珍贵鸟类均在华侨城湿地自在栖息。

(*a*) 湿地红树林近景

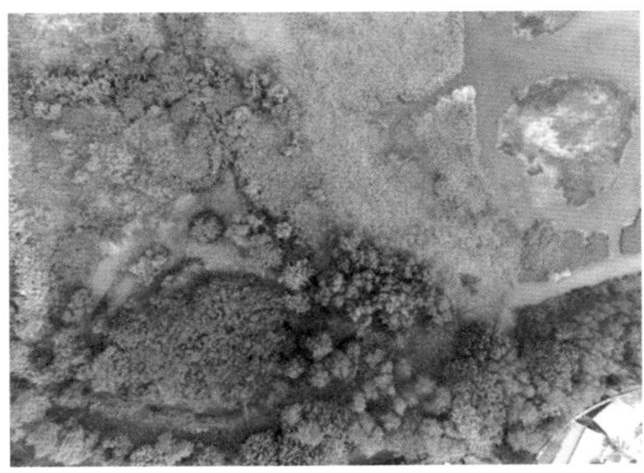

(*b*) 位于湿地东北部的红树林群落

图 7-9　华侨城湿地红树林生态系统

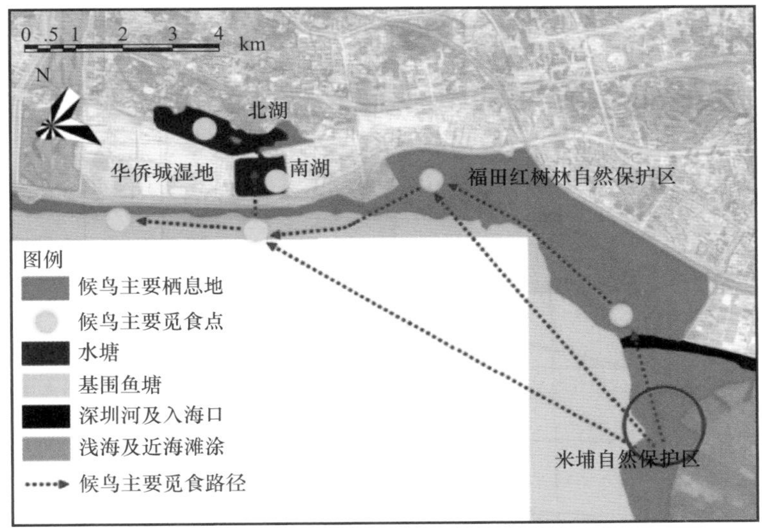

图 7-10　鸟类在深圳湾的觅食路线

(*a*) 全球濒危物种黑脸琵鹭

(*b*) 湿地滩涂中的鸟类

图 7-11　华侨城湿地中的鸟类

(2) 提供自然教育服务

自然教育，指在自然中体验学习关于自然的事物、现象及过程的认知，目的是认识自然、了解自然、尊重自然，从而形成爱护自然、保护自然的意识形态[151]。湿地自然景观独特，旅游观光潜力巨大，适度开发湿地生态旅游有利于湿地资源的开发利用和保护。华侨城湿地充分发挥其优越的区域地理位置，积极弘扬滨海湿地文化和海洋文化。2014 年，全国第一家自然学校在华侨城湿地诞生。曾经是边防海岸线的华侨城湿地拥有丰富的自然资源、历史遗留的哨所岗亭及增建的生态展厅，为科普教育提供了“大自然教室”（图 7-12）。华侨城湿地自然学校研发了针对不同年龄、不同季节的 29 套多元化课程，教育活动覆盖从幼儿园、小学、中学到大学的各个年龄段的学生和普通公众，并常年举办湿地日、世界环境日、地球日、爱鸟周、六一活动等重要环境纪念日活动。

(a) 遗留哨所岗亭改造的观鸟屋

(b) 新建的华侨城湿地生态展厅

图 7-12　华侨城湿地的教育设施

华侨城湿地通过自然教育媒介服务社区居民。作为华侨城“凤凰花嘉年华”的战略合作伙伴，湿地举办了大型湿地品牌公益活动“自然艺术季”。来自深圳的各中小学生利用石头、树枝、树叶、芦苇、羽毛、果实、竹竿、贝壳等自然废弃物制作自然艺术装置，将大自然许多元素透过艺术结合，呈现出另一番美丽而神奇的新景象。通过“自然艺术季”，公众以多彩的活动形式参与其中，感受自然的美，感受自然的“零”感，增进了尊重自然、关爱生命的意识和情感。同时，华侨城湿地与深圳市各职能局联合举办每月公众生态讲堂（图 7-13）。

(a) 华侨城湿地生态教育基地

(b) 华侨城湿地自然教育课堂

图 7-13　华侨城湿地生态教育

华侨城湿地通过教育活动与公益活动，搭建社会各界践行生态环保行动的开放性公益平台，践行企业社会责任、推动生态文明建设。华侨城湿地自然学校因在自然教育、社区服务、公益活动、生态保护等方面的突出贡献，受到社会的广泛关注和公众的广泛认可，获得多项荣誉，先后获得“国家级滨海湿地修复示范项目”“全国中小学环境教育社会实践基地”“中国人居环境范例奖”等嘉奖。此外，华侨城湿地还与香港城市大学深圳研究院、中山大学和暨南大学等高校建立了科研教学基地。

湿地的开发和利用，是一项综合性很强的生态系统工程，应遵循自然规律，因地制宜地综合开发，使人类生产经济活动与可更新的自然资源之间维持平衡。特别地，湿地开发还应把“保护”和“利用”两者有机结合起来，本着“保护优先、合理利用”的首要原则，将环境保护教育融入湿地的开发利用过程中，切实维护湿地良好生态环境，以利于湿地的可持续发展与利用。因此，华侨城湿地将定位为集生态保护、科普教育、生态监测、鸟类观赏及生态品牌示范为一体的高档次、高品质、高水平管理的重要湿地，创建企业主导下以亲近自然、享受生态及科普教育为主要内容的生态旅游新模式，树立现代都市人与自然和谐共存的典范，打造深圳市的城市生态品牌。

7.1.3　课题选择与确定

课题确定的过程包括初选、再选和聚焦细化三个阶段。

1. 初选阶段

课程导师多次赴华侨城湿地进行交流，在传播创新设计课程理念的同时，也深入学习华侨城湿地在修复和管理过程中积累的宝贵经验，了解了湿地管理过程中遇到的一些新问题。例如，如何提升华侨城湿地的生境（引入的淡水植物芦苇扩张速度较快，导致滩涂陆地化加剧，影响了部分鸟类栖息地），如何对华侨城自然学校的课程进行长期跟踪评估以量化评价自然学校教育对学生的影响，以及如何更好地推广华侨城湿地自然学校等。初选课题总结见表7-2。

初选课题总结　　表7-2

初选课题	意义	内容	产出形式
华侨城湿地生境提升	华侨城湿地与深圳湾水系相通、生物资源共有，是深圳湾重要的生态系统组成部分，为区域提供消浪护岸、抵御风暴、减少侵蚀、调节气候等生态功能。深圳湾填海造陆工程后，形成华侨城湿地公园内典型且特殊的湿地生态系统，与广东内伶仃岛—福田国家级自然保护区、香港米埔自然保护区、香港湿地公园共同构成了深圳湾完整的湿地保护体系。丰富的生物资源及良好的生境，使华侨城湿地成为深圳湾鸟类重要栖息繁殖地，也是深圳湾鸟类多样性最高区域之一	鸟类栖息地营造、芦苇生境控制研究、植物水质净化研究	滩涂改造、芦苇控制示范区、生态浮床示范

续表

初选课题	意义	内容	产出形式
自然学校课程评估调研	华侨城湿地自然学校长期面向中小学、亲子团队开展教育课程活动，以解说学习、五感体验、手工创作、场地实践、拓展游戏及公众参与的形式，培养人们完整的人格。自然学校认为人格的培养比知识的传授更重要。 各种形式的课程活动后，受众在知识和情感上的收获情况，在日后的生活中引发的思考和行动情况，都是评估课程活动效果和提升的重要依据	生态导赏课程评估、自然 fun 课堂评估、零废弃课程评估	问卷数据收集分析、采访统计汇报、软件 APP 皆可
华侨城湿地自然学校推广	华侨城湿地自然学校倡导在大自然中学习自然，以传播生态理念、普及生态科普知识为目的，致力于改变人们与自然的疏离，建立对自然万物的尊重与敬畏，从而培养守护自然的承诺与责任感。作为强化生态文明的具体实践之一，华侨城湿地在推广自然学校的三年间不断探索，在课程研发和环境教育活动的执行方面已经形成了一套较完善的体系，这种模式对全国的自然学校、保护区、生态公园、生态旅游景区等具有典型借鉴意义	课程研发执行体系、志愿者管理体系	图册、书籍、新媒体传播方式等

2. 课题再选阶段

学生在第一节课开课时对初选确定的两个课题进行讨论和选择。考虑到所选课题需要在一个学期内完成，结合学生的兴趣，团队一致同意选择淡水植物生长控制这一方向作为研究课题。

3. 课题聚焦细化阶段

学生在收集了大量湿地背景资料的基础上，与华侨城湿地的导师进行深度交流，并进行了实地考察（图 7-14）。讨论中，学生了解到华侨城湿地公园的滩涂上草类过于茂密，影响到鸟类的活动与觅食，减少了它们的栖息空间；新生的红树林间的杂草生长太快，与它们争夺养分；芦苇丛发达的根系会使泥质滩涂不断硬化，减小潮间带面积。虽然湿地与欢乐海岸的人工湖相连，但通过人工手段控制涨落潮无法完全模拟自然生态，因而导致现有生态问题。在前往湖心滩涂实地考察时，学生发现这些占湖面约十分之一的滩涂已经硬化，主要问题为杂草和芦苇过多，人为反复清除后根系庞杂，使土壤板结，影响底栖生物的多样性以及水鸟（鸻鹬类）的觅食行为。芦苇群落是滩涂上最主要的植被类型和湿地景观之一，同时芦苇也是湿地生态环境中重要的初级生产者，对维持湿地的生物多样性具有重要的意义。能否保护和管理好芦苇群落，对于芦苇带中的鸟类，特别是雀形目鸟类具有重要意义。

(a) 学生与华侨城导师讨论课题细节

(b) 学生对硬化滩涂实地考察

图 7-14　课题聚焦细化阶段交流考察情况

因此，本课题希望能通过科学的手段，对华侨城湿地的生境做出一定程度的改善。课题的主要目标是控制芦苇的数量和生长（及再生）速度，减缓滩涂硬化情况。特别地，考虑到滩涂的生态价值和景观价值，具有破坏性的水淹法以及可能带来环境污染的化学或生物方法均不在选择范围内。

7.2　课题研究方法

根据已经确定的题目，该项目的技术路线确定如图 7-15 所示。

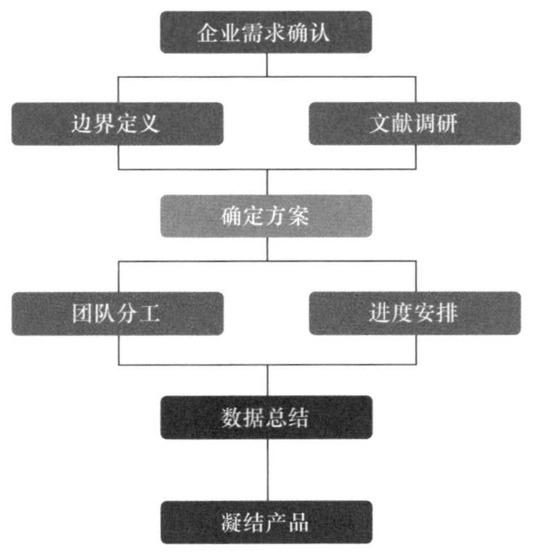

图 7-15　项目技术路线图

7.2.1　芦苇控制方法调研

芦苇属禾本科芦苇属，是湿地典型植物物种，它在盐分富集及改良、消除水体富营养化、吸收重金属、水质净化等方面具有重要应用，同时也是优良的造纸原料[152,153]。在华侨城湿地公园园区内，芦苇的存在却有两方面不同的意义。首先，芦苇的存在为部分鸟类提供了巢穴。然而，由于气候适宜且陆地化加重，芦苇过度生长。过度生长的芦苇大面积侵占本土植物如红树林的生存，同时由于其根系旺盛，随之带来土壤硬化的问题，极大地影响了水鸟的觅食[154,155]。

目前国内外已有大量关于环境因素对芦苇生长影响的研究，主要因素包括水分、盐度、温度、气候、营养物质、土壤肥力等，其中水分和盐度是最重要的影响因子。

1. 水深对芦苇生长的影响

大量研究表明水深会对芦苇生长产生显著影响，生长在深水中的芦苇要高于生长在浅水中的芦苇，同时茎粗也显著增加，但相对生长速率要低于浅水中的芦苇。Deegan 等人研究发现，静态水位在一定程度上可能会促进芦苇植株的生长，但水位若呈波动状态，则对芦苇的生长起副作用[156]。邓春暖等人研究表明，水深与芦苇株高、生物量、叶绿素含量、最高光化学效率以及光化学性能指数呈显著正相关，是影响芦苇生理生态特征变异的关键驱动因子[157]。

此外，有大量文献报道水位埋深对芦苇的萌发也有影响。刘玉等人试验结果表明，在土壤完全淹水时，由于土壤通气性差导致的环境缺氧，芦苇萌发率较低，而随着试验时间的延长，由于根系的扩展，组间差异降低，水位埋深影响减弱[158]。孟焕等人发现土壤埋深对芦苇的发芽率和发芽速率均有显著影响[159]。0 和 25mm 土壤埋深时芦苇种子发芽率较高、发芽速度较快；从芽长和根长来看，土壤埋深小于 10mm 更利于芦苇存活和生长。李有志指出，芦苇种子开始萌发的时间随埋藏深度的加深而推迟，且萌芽率随埋藏深度的加深显著减小。芦苇种子萌发对氧气的敏感性是导致种子萌发对基质、埋藏深度、水位响应的关键原因，也是种子在自然条件下萌芽率低的主要原因[160]。

2. 盐度对芦苇生长的影响

盐度是另一个控制芦苇分布和生长状况的重要因子。芦苇具有较强的耐盐性，耐盐范围一般在 5‰～25‰之间，甚至可达 40‰以上。由于驯化和适应，不同芦苇种群对盐度的耐受性不同，已报道的芦苇最大耐受极限：英国芦苇 12‰，纽约芦苇 29‰，红海岸芦苇 40‰。现有研究发现，盐度会对芦苇生长、芦苇种子的萌发等有一定的抑制作用，相关总结见表 7-3。

盐度对芦苇生长的影响　　表 7-3

文献来源	内容
Lissner 等人[161]	芦苇的耐盐性会随着其成熟度的增加而逐步提高。主要原因是芦苇的耐盐行为是通过调节叶片的溶质渗透水平来实现的。芦苇的光合作用速率、气孔导度和胞间 CO_2 浓度通常随盐度的增加而降低，而水分利用率则相反
黄溪水等人[162]	氯离子含量的增加对新植芦苇成活率、种子发芽率、苗期幼苗生长以及单位面积株数、株高、根状茎、芦苇产量、纤维素含量、纤维素产量等影响显著
李东[163]	盆栽试验表明，盐浓度是限制芦苇生长的主要因素之一。芦苇种子发芽的耐盐极限较高，幼苗生长的耐盐极限则较低。随着盐浓度的增加，芦苇种子发芽率和幼苗高度均降低；盐浓度越低越有利于芦苇生长，随着盐浓度的增加，芦苇植株的叶绿素含量、淀粉含量和芦苇产量均降低，而芦苇植株体内的氯离子含量却呈增加趋势，说明芦苇具有较高的抗盐能力，但盐浓度应控制在 7‰以下，最高不能超过 10‰，否则芦苇生长将会受到抑制，且土培试验较沙培试验对芦苇生长有一定的缓冲能力，抗盐性比沙培试验高

续表

文献来源	内容
李永涛等人[164]	以黄河三角洲湿地广泛分布的芦苇种子为试材研究了盐胁迫、外源钙及两者交互作用对芦苇种子萌发的影响，结果表明盐胁迫对植物种子的萌发具有明显的抑制作用，主要表现在降低种子的萌发率，推迟种子的初始萌发时间、延长种子的萌发时间，幼苗生长受抑制等。随着氯化钠浓度的增加，芦苇种子的发芽率、发芽势、发芽指数及活力指数均显著降低，相对盐害率上升趋势明显。而盐抑制种子的萌发原因可能是渗透胁迫造成低水势使种子吸水困难或者是盐抑制降低水解酶特别是α-淀粉酶的活性。单一氯化钙处理下，中低浓度（＜20mmol/L）的外源钙对芦苇种子萌发无显著影响，而高浓度的外源钙（40mmol/L）对种子萌发具有抑制作用；盐胁迫条件下，芦苇种子发芽率、发芽势、发芽指数及活力指数均随外源钙浓度的增加呈先升高后降低的趋势，相对盐害率呈相反趋势
肖燕等人[165]	对芦苇和互花米草在淡水、中盐度（15‰）和高盐度（30‰）环境下生长和有性繁殖特征及其年际动态进行了研究，指出随着盐度的升高，芦苇第1年和第2年地上部分生物量、株高和分蘖数均显著降低，淡水和中盐度处理下芦苇第2年地上部分生物量和株高显著大于第1年，在高盐度处理下，芦苇第1年和第2年地上部分生物量和株高都没有显著差异
邓春暖[157]	中等盐度样地芦苇的株高和生物量等指标均高于低盐度或者较高盐度样地芦苇，而钠离子含量在258mg/L时，样地芦苇的株高和生物量等明显低于中低盐度样地，芦苇株高以及生物量的减少是其在盐碱胁迫下的显著特征之一，这主要是由于植物新叶的生长以及茎的延长受到盐碱抑制，盐碱胁迫也使得植物叶片叶绿素含量下降，叶绿素合成减少，光合作用降低。为克服盐胁迫带来的抑制作用，芦苇会增加叶绿素含量的积累，以提高光化学效率，这可能是芦苇对盐胁迫的适应机制
薛宇婷[166]	研究芦苇不同生长阶段的耐盐特性发现，盐度对芦苇种子发芽具有显著的抑制作用，芦苇种子在淡水环境下萌芽率最高，随着盐度的升高，其萌芽率显著降低；盐度对幼苗苗高也具有显著的抑制作用。盐胁迫对芦苇成株、幼苗和萌发苗生长的抑制作用是显著的，不同生长阶段芦苇对盐胁迫的响应也存在差异，芦苇成株的耐盐极限为40‰，芦苇幼苗的耐盐极限为30‰，根状茎的耐盐极限为25‰，芦苇成株的耐盐性明显高于幼苗与萌发苗。以芦苇的生态指标为基础，包括株高、生物量、叶面积等指标，结合生理生态指标，对芦苇成株、幼苗和萌发苗适宜生长的盐度范围进行探讨，成株、幼苗、萌发苗分别适宜在盐度低于20‰、15‰和10‰的环境下生长
刘莹[167]	随着水深的下降，土壤盐碱含量越高，毒害作用越强，表明芦苇对高土壤离子浓度的耐受能力随着水深降低而消失。芦苇各性状对盐碱胁迫的敏感程度大于水分胁迫，尤其以碱胁迫对植物功能性状的影响最强。这可能与盐碱和水分胁迫对植物的迫害方式不同造成的。水分胁迫主要引起植物缺氧、遭受渗透和氧化胁迫，而盐碱胁迫除了会引起上述胁迫外，还会使植物遭受离子毒害。芦苇更耐高土壤盐碱胁迫，特别是在碱性胁迫条件下具有较强的调节和提高水分利用效率来抵御其不利环境的能力
王金爽[168]	随着盐分浓度的增加会使芦苇生长受到抑制，产量下降；而芦苇的生长又可以加速土壤的脱盐过程，改良土壤的理化性质，增加通气透水性，通过在盐渍化地区栽植芦苇，可有效改善土壤理化性状，进而对地区小气候产生影响
张爽等人[169]	芦苇在盐度为1‰与3‰水平下与淡水灌溉条件下的株高没有显著差异，但6‰以上盐度明显抑制芦苇株高

3. 覆盖材料对芦苇生长的影响

覆盖法是一种传统的去除园地杂草、抑制新生杂草的物理方法，广泛地应用在农业、林业用地中。覆盖法的原理是利用覆盖物的重力、不透光、不易透气等特性使被覆盖的杂草无法正常生长，直至死亡，以达到除草效果。虽然目前尚无通过覆盖法抑制芦苇生长的报道，但是，可以推测该方法可以在一定程度上也可影响芦苇的萌发和生长。图 7-16 展示了常见的用于覆盖法的材料，包括石块、木头、秸秆和混凝土等，另外还有除草地膜。

(a) 石块　(b) 木头　(c) 秸秆　(d) 混凝土

图 7-16　常见覆盖材料

4. 其他方法

除以上三种方法外，国内外学者还广泛开展了其他控制芦苇生长的研究方法，如采用抑制剂等。严岩[170]通过实验发现除草剂苄嘧磺隆对湿地芦苇的株高增长量、茎粗和干重无显著影响，但降低了芦苇植株可溶性糖的含量，芦苇叶片的光合作用也未受到显著影响，叶片叶绿素含量也未受到显著影响。需要注意的是，苄嘧磺隆对土壤酶活性影响各不相同，土壤过氧化氢酶、碱性磷酸酶和蔗糖酶活性均未受显著的抑制，因此，苄嘧磺隆浓度范围内对盐碱化沼泽芦苇生育特征和土壤酶活性无显著影响，农田退水中的除草剂苄嘧磺隆对芦苇湿地生态系统无显著影响。酞胺类除草剂丁草胺也会引起芦苇生理特性的变化，可降低芦苇植株可溶性糖和叶片叶绿素的含量，但对湿地芦苇的株高增长量、茎粗和干重无显著影响，芦苇植株光合作用也未受到显著抑制。此外，李爱荣等人通过实验证明了 108g/L 高效氟吡甲禾灵乳油对胡麻田芦苇具良好防效[171]。

7.2.2　实验方案确定与分工

1. 实验方案确定

根据文献调研和资料搜集结果可以看出，现阶段控制芦苇生长手段较多，包括控制水位深度及波动、喷洒抑制剂等方法。然而，考虑到华侨城湿地是深圳为数不多的鸟类栖息地和全球鸟类八大迁徙路线之一的重要驿站，为了给鸟类营造一个自然无污染、无人为干扰的生境，采用绿色无污染的方法尤为重要。因此，采用喷洒抑制剂的方法首先被排除。

通过调节盐度控制芦苇生长是现在主流的研究方向之一，然而，由于芦苇种类不同，其耐盐能力也不同，因此，现有研究结果仅表明高盐度对芦苇的萌发和生长会产生一定的抑制作用，具体的盐度范围还需要根据控制区域的实际情况进行确定。此外，在通过调节盐度控制芦苇生长的同时，还需要考虑盐度变化对芦苇控制区域其他植物的影响。根据相关报告，深圳湾区域主要红树植物耐盐程度不尽相同，如白骨壤在 0～30‰的盐度范围内均可正常生长，而桐花树正红树最适盐度仅为 8‰～15‰，老鼠簕和红海榄对盐度更为敏感，最适盐度为 8‰。因此，在选择合适的盐度控制芦苇生长的同时，还需考虑盐度变化对部分敏感红树植物的影响。

覆盖法虽然可以通过隔绝空气或光照等方式有效控制植物生长，但是，不同覆盖材料的成本和美学价值也需要考虑。其他地区采用的“铺设水泥法”可以有效抑制芦苇生长，但是对生态环境造成永久性破坏，也减少了鸟类的活动范围。考虑到砾石和贝壳均是沿海地区常见的原料，因此，有必要对这两种材料对芦苇生长的控制效果进行研究。

综上，本课题的芦苇生长控制方案主要包括覆盖法和水培法（图 7-17）。覆盖法采用的原料为砾石、贝壳和海盐，直接进行野外实验。水培法对华侨城湿地的芦苇样本在不同盐度条件下进行水培研究，以评价当地芦苇的耐盐性和盐胁迫对芦苇生长的影响，进而分析通过盐度限制特定区域芦苇生长的可行性，进一步提出对华侨城湿地滩涂恢复的整体解决方案。

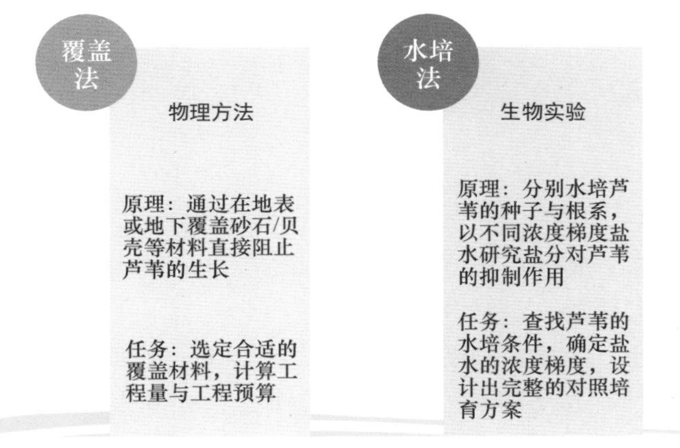

图 7-17　最终确定的华侨城湿地生境提升方法

2. 人员分工

根据前期自由组队，华侨城湿地小组共 6 人。在首周课题启动根据个人兴趣和特长，结合课题各阶段工作需要，分为室内水培组、野外覆盖组、财务组、摄影组和报告组。各组有专门的负责人，在工作量大的情况下可以协调其他组员一起工作。每周团队内部讨论会时，需要对上周工作进展进行总结，并合理安排下一阶段任务。每周会与华侨城湿地负责人交流，在交流时，会充分聆听负责人的意见，及时对团队工作方案进行修正。另外，由于华侨城湿地是纯天然的野生环境，蚊虫较多，常有蛇出没，因此，现场作业把安全放在首位，禁止个人单独行动。根据实验方案，初步拟定的任务进度安排见表 7-4。

课题任务进度安排　　表 7-4

时间节点	任务	具体要求
9 月 28 日	文献调研、进度总结	1. 对华侨城湿地现状进行信息汇总，整理并分析问题所在； 2. 整理前期工作成果及相关资料
10 月 1 日	方案制定	1. 细化成员分工，严格规定好每位组员的每周任务； 2. 制定解决方案，确定工作日程，进行可行性分析并于华侨城湿地负责人对接沟通； 3. 建立进度掌控、文件管理、照片管理等流程细则

续表

时间节点	任务	具体要求
10月10日	方案确定	1. 完成与华侨城湿地的沟通，确定具体实施方案，并进一步细化成员分工； 2. 着手设备和材料购买
10月15日	物资购买	1. 完成设备和材料选择，整理发票和报销凭证； 2. 材料检查验收，准备野外实验工具
10月17日	野外实验布置	1. 在华侨城湿地进行设备安装及布置； 2. 开始数据记录
12月12日	数据采集及处理	1. 完成两个月的数据采集及处理； 2. 项目总结

7.2.3 室内水培实验

1. 材料准备

水培箱组装：设计 6 个水培箱（40cm×40cm×40cm），水培箱被隔板平均分为四格，底部相通。水培箱底部铺设 10cm 高的水晶泥。

水培植物营养液组分：营养液参考改良霍格兰营养液配方配制而成[172]。主要成分包括 NH_4NO_3，$Ca(NO_3)_2 \cdot 4H_2O$，KNO_3，KH_2PO_4，$MgSO_4 \cdot 7H_2O$，K_2SO_4，$CaCl_2 \cdot 2H_2O$，$FeSO_4 \cdot 7H_2O$，Na-EDTA，H_3BO_3，$MnSO_4 \cdot 4H_2O$，$ZnSO_4 \cdot 7H_2O$，$CuSO_4 \cdot 5H_2O$，$H_2MoO_4 \cdot 4H_2O$，$NaMoO_4 \cdot 2H_2O$，KI，$CoCl_2 \cdot 6H_2O$。

芦苇样本采集：芦苇样本采集自华侨城湿地中部区域。采集后的芦苇现场洗净，在实验室进行适应性培养（图 7-18）。

(a) 收集芦苇

(b) 清洗芦苇根部

图 7-18　芦苇采集

2. 实验内容

在 6 个水培箱中分别放置 4 株采集的芦苇（每个小格 1 株），按照 4‰盐浓度梯度（4‰～24‰）分别添加海盐和等量的营养液。芦苇去根和上半部分茎，保留芽和根状茎。

芦苇根部状态如图 7-19 所示。每周测量并记录新生根和芽的数量和长度，并测量培养液盐度，调节至预设水平，水培法实验记录表示例见表 7-5。

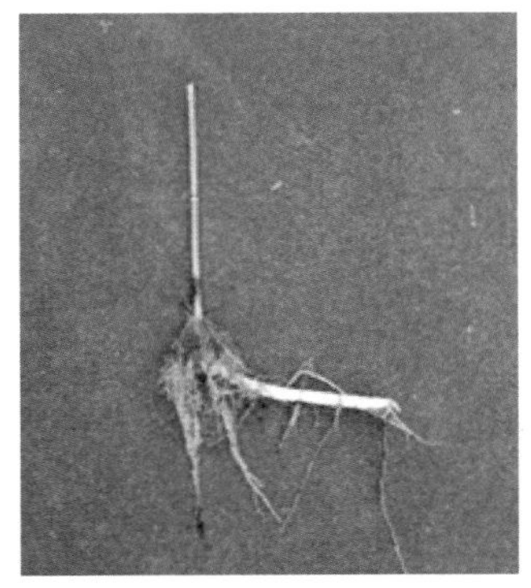

(a) 白根(多年生)

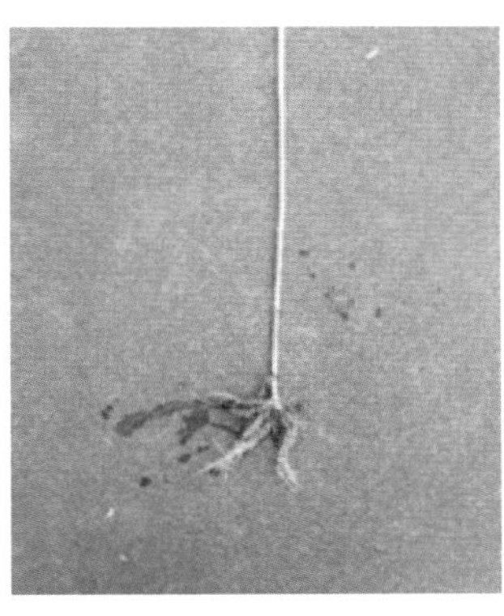
(b) 须根(第一年新生)

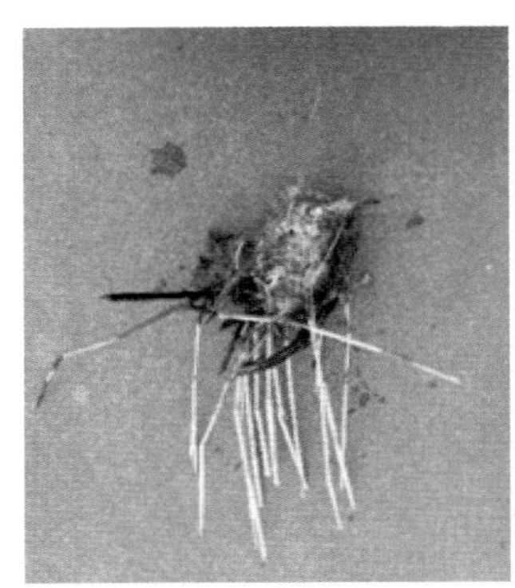
(c) 团簇(多头芦苇)

图 7-19　芦苇根部状态

水培法记录表　　表 7-5

实验室芦苇情况记录（第九周）						
水培箱序号	盐度（‰）	类别	A 较细无芽	B 多叉有芽	C 较粗有芽	D 较粗无芽
1	4	外观	白，软	正常	正常	正常
1	4	新生根数（个）	>15	>15	8	
1	4	新生芽长（mm）	/	55、41、3	87、32、5、7	/
2	8	外观	正常	发软	正常	正常
2	8	新生根数（个）	11	>15	13	>15
2	8	新生芽长（mm）	/	/	5	/
3	12	外观	正常	正常	正常	正常
3	12	新生根数（个）	6	>15	>15	>15
3	12	新生芽长（mm）	40、7、7、4	13、4	17、9、4	2、3
4	16	外观			正常	
4	16	新生根数（个）	无		12	9
4	16	新生芽长（mm）	掉落	掉落	26、10、8	掉落
5	20	外观	正常	正常	正常	正常
5	20	新生根数（个）	3	>15	12	9
5	20	新生芽长（mm）	/	55、2	13、7、5、6	2
6	24	外观	正常	正常	发白	发白
6	24	新生根数（个）	13	>15	无	无
6	24	新生芽长（mm）	7	25、4、3	3、2	/

注：1. 新生根数通过直接观察法进行统计；
　　2. 新生芽由于数量较少，会测量并记录所有芽长。

7.2.4 野外覆盖实验

1. 实验田和物资准备

实验田准备：实验田位于华侨城中部的长条状滩涂，该处芦苇生长茂密，具有代表性。地块平整且位置较为隐蔽，不会对华侨城日常自然教育活动带来不便。实验区域长约10m，宽约4m。操作方法为割除芦苇在地表以上的部分，保留芦苇在地下的根系。整理后的实验田见图7-20。

图7-20 割除芦苇后实验场地概况

物资准备：(1) 砾石区：1m²×3块分别铺5cm、10cm、20cm厚度的砾石；(2) 贝壳区：1m²×1块铺5cm厚度的贝壳；(3) 海盐区：1m²×3块分别均匀地在表面撒5kg、1kg、0.2kg的工业盐。每周去观察时补充撒盐；(4) 对照区：1m²×1块割完芦苇后做空白对照，要远离海盐区。其中，粗海盐的铺设量参照有关文献。中国农业科学院的研究人员针对黑麦草等禾本科杂草采用盆栽混入工业盐的方式进行实验，工业盐与土壤的质量比例梯度范围为0～5‰。通常，芦苇在滩涂环境中的根系一般在4cm深度以内。换算成试验田内含根系土壤的质量，我们需要的海盐质量分别为0.2kg、1kg、5kg。此外，由于华侨城湿地一个月两次的引水制造人工潮汐，试验田可能有一部分时间被浅水淹没。考虑到这一点，项目组每两周赴实验田为海盐组补充盐分。

试验田搭建：采购的物资到达后，小组成员于10月18日前往华侨城搭建试验田。首先将散装的亚克力隔板组装成1m×1m的正方形框，共8个。随后将亚克力框搬运至割除芦苇的空地，摆放好。摆放亚克力框要按照试验田设计的规则，即三个海盐组要尽量远离石块组、贝壳组和空白对照组，以防海盐溶解后影响周围的试验田。

接下来借用华侨城的小车将存放在仓库的砾石、海盐和贝壳运送至试验田区域，按照预定实际进行材料铺设（图7-21）。

(a) 组员在搬运材料

(b) 组员在铺设贝壳

图7-21 实验田搭建过程

2. 实验内容

根据制定的观察计划，每周安排两名组员来华侨城进行观测和记录，记录内容包括新生芦苇的数量和株高，观测周期为五周。野外实验记录见表 7-6。

野外实验记录表　　表 7-6

第　周 日期 2017/12/11		新生株（芽）数量	新生株（芽）高度（cm）					
			样本高度					平均高度
对照组		>50	135	156	123	154	168	147.3
			154	136	161	147	139	
石块组	5cm 厚	36	105	91	85	115	86	96.8
			121	79	84	89	113	
	10cm 厚	22	91	75	82	80	94	85.1
			74	76	86	91	102	
	20cm 厚	5	32	68	91	62	49	60.4
海盐组	0.2kg	46	120	107	119	103	124	114.2
			98	114	128	126	103	
	1kg	2	32					23.0
			14					
	5kg	0	0					0

注：1. 新生株（芽）数量若较少，则直接数；若过多，则用五点取样法估算；
2. 新生株（芽）高度，若较少则全部测量取平均值；若过多，则在试验田四角及中间各取四株（共 20 株），测其高度，取平均值。新生株从土面开始测高度，新生芽从茎的萌芽处开始测高度。

此外，根据华侨城方面建议，本项目还特地设计并制作一个标识牌，竖立在试验田附近，简要介绍项目的基本情况，既能够起到警示作用，也能向湿地公园的游客进行科普宣传（图 7-22）。

图 7-22　组员在设立指示牌

7.3 结果与讨论

7.3.1 水培法结果

通过10月30日、11月14日、11月21日三次测量、记录和计算6个水培箱中芦苇新生芽总数、平均新生根数、新生芽平均长度三个主要参数，结果如图7-23所示。

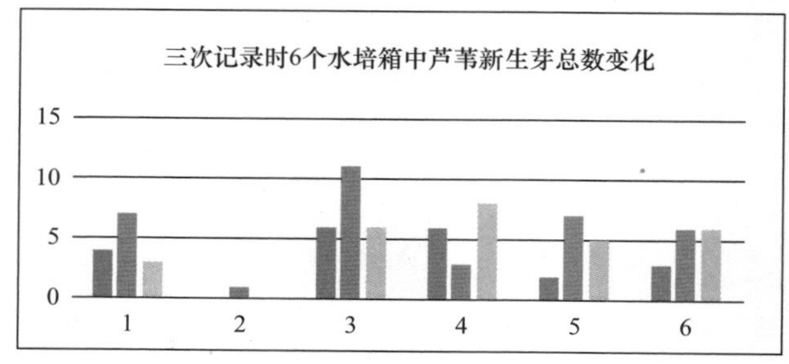

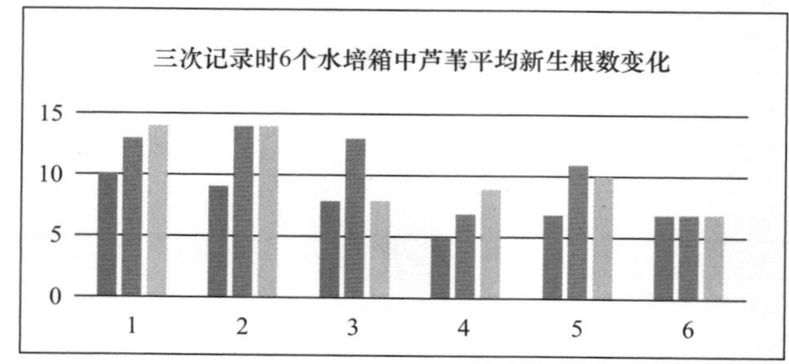

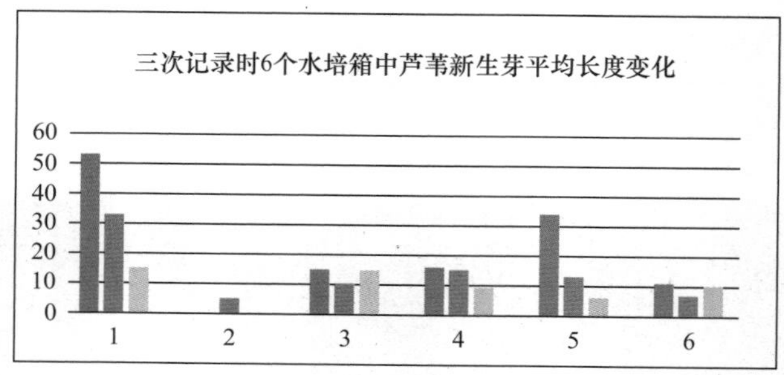

图7-23　水培法数据

根据图7-23所示结果，6号水培箱（24‰盐度）相比于1号水培箱（4‰盐度）同一分区，芽部长度明显短了非常多，新生根数量也明显更少。参考其他水培箱的结果，其各项生长指标与盐度关系虽不够显著，但依然呈现梯度递减，这与黄溪水[162]、李东[163]、薛宇婷[166]等人的研究结果相似。因此，本实验中也发现盐度对芦苇生长起到一定抑制作用。

在实验室进行的水培实验，在第四周时发生了水培芦苇陆续死亡的现象，原有的芽和新生的芽逐渐坏死，因此有效的数据记录仅仅 3 次（图 7-24）。经过小组讨论并咨询指导老师，初步结论认为芦苇逐渐坏死与实验初期对芦苇植株的处理方式有关。在实验初期，为了便于观察新生根的数量将芦苇的须根去除较多，可能导致芦苇养分不够，加速了芦苇的死亡。总体来看，虽然盐分对芦苇新生芽的萌发有一定的抑制作用，但由于芦苇过早死亡，实验结果需要进一步验证。

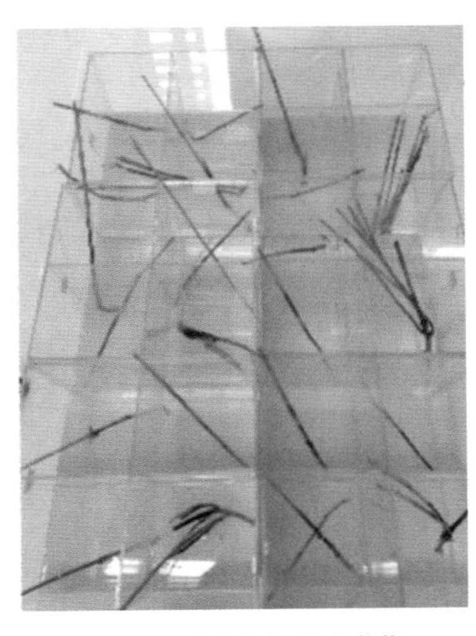

(a) 实验室水培箱中死亡的芦苇

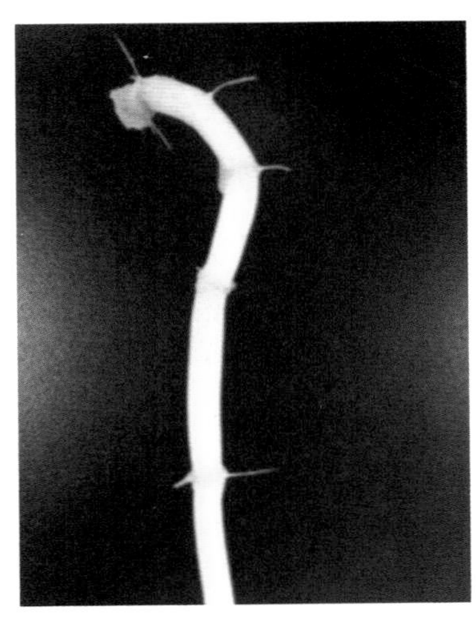

(b) 根部发白发软，未发现新芽的芦苇

图 7-24　水培实验中的芦苇

为此，本小组重新采集了芦苇进行了补充水培实验（图 7-25）。补充实验中未对芦苇的根部进行过多处理，以保证芦苇根部可吸收足够的养分。由于试验周期短，而改为跟踪拍照观察的形式。同时，本次实验为了增加区别度，将盐度梯度改为 10‰、20‰、30‰，依然采取每个水培箱 4 株的形式进行培养观察。在实验开展的两周内，芦苇生长整体正常，未发现盐度变化对芦苇生长的抑制作用。结合两次水培实验结果可以看出，30‰的盐度无法抑制芦苇的生长，且实验过程中去除须根有助于观察盐度对芦苇生长的抑制作用。

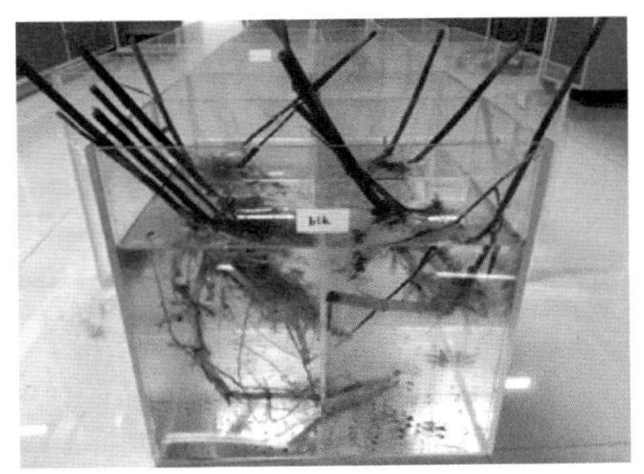

图 7-25　补充水培试验

7.3.2　覆盖法结果

自 2017 年 10 月 23 日开始，小组分别对覆盖法试验田的芦苇进行了五次观测和维护（图 7-26 和图 7-27），主要内容包括新生芦苇高度测量和海盐组试验区海盐补充。此外，对比图 7-28 和图 7-29 可以看出，虽然实验田里的芦苇生长情况得到不同程度的抑制，但是实验田周边的芦苇总体生长良好，说明在南方暖湿气候条件下芦苇的生长周期长，生长速度难以控制。实验结果也进一步说明了通过人工割除的方法的不可行性，因此，寻找合适方法控制芦苇生长十分迫切而必要。

图 7-26　组员在测量新生芦苇高度

图 7-27　组员在补充粗海盐

图 7-28　试验田全景

图 7-29　10cm 厚的砾石覆盖试验田

经过五周的观察记录，覆盖法每个试验田都长出了数量高度不等的新苗。为了更加直观地发现新生芦苇的长势，芦苇的数量和高度变化如图 7-30～图 7-33 所示。从图 7-30 和图 7-31 中可以发现，贝壳和石块覆盖法明显地抑制了新生芦苇的生长数量，其中 20cm 厚度的石块几乎可以完全阻止芦苇生长；另外，5kg 以内的粗海盐覆盖下的试验田里，芦苇数量略少于对照组。因此，项目组认为实验设计的海盐量覆盖并不能有效地抑制芦苇的生长。

不仅仅是新生芦苇的数量，高度也是一个重要的衡量指标。新生芦苇的高度能体现它们的生长状态是否受抑制。试验田芦苇的高度情况如下图 7-32 和图 7-33。可以发现，贝壳和石块覆盖法抑制了新生芦苇地生长高度；另外，5kg 以内的粗海盐覆盖下的试验田里，芦苇高度略低于对照组。因此，综合芦苇数量的差异可以看出，实验设计的海盐量覆盖并不能达到预期抑制芦苇生长的要求。

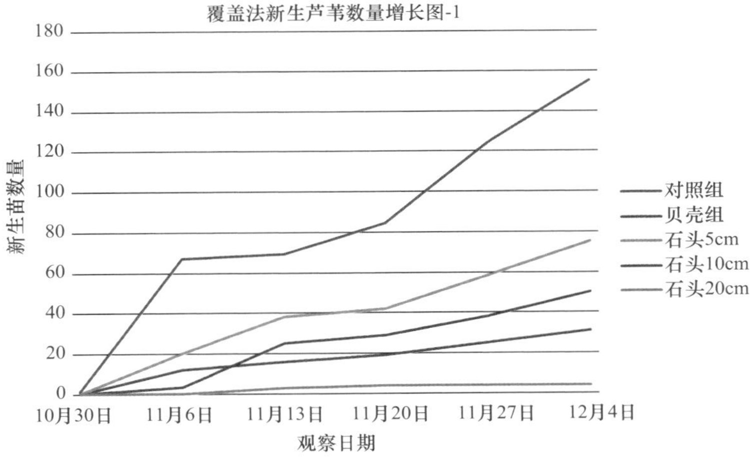

图 7-30　对照组与石块贝壳覆盖的芦苇数量对比

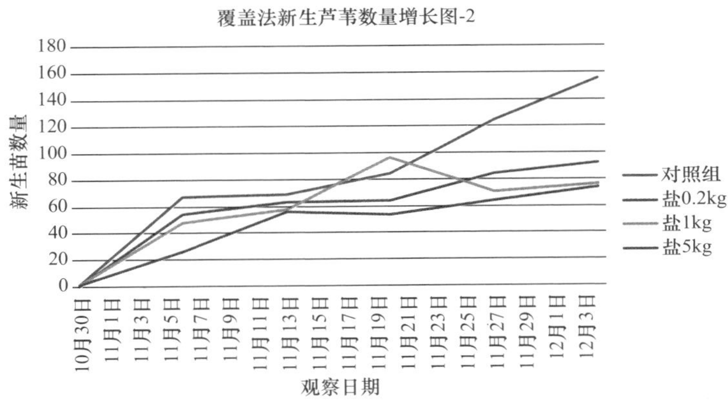

图 7-31　对照组与粗海盐覆盖的芦苇数量对比

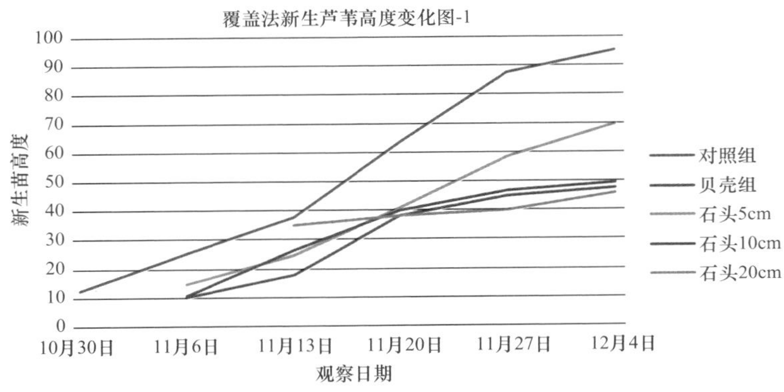

图 7-32　对照组与石块贝壳覆盖的芦苇高度对比

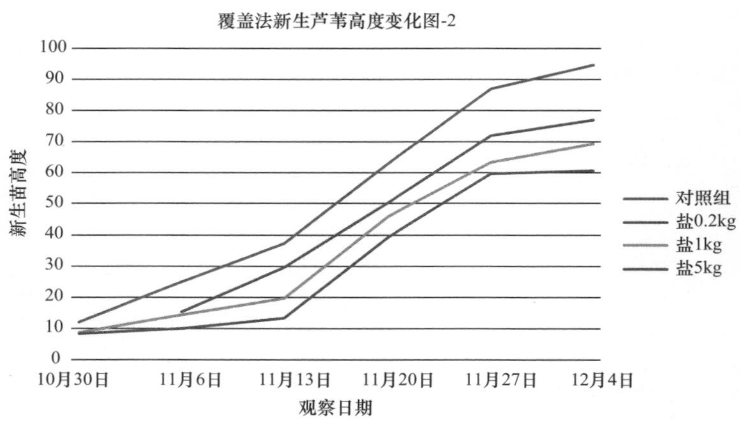

图 7-33　对照组与石块贝壳覆盖的芦苇高度对比

针对这种情况，我们决定对贝壳组和砾石组继续观测，另外再进行粗海盐覆盖补充实验。具体方法为割除原来的新生芦苇，并增加海盐覆盖量至 1cm 厚度（图 7-34 和图 7-35）。在补充实验实施三周内，海盐组的两个新试验田里并没有长出新生的芦苇。考虑到项目实施期深圳天气骤降（平均气温从 30℃降低至 15℃左右），因此，除盐度影响外，天气原因可能是被割除的芦苇无法在三周内长出新生芽的主要原因。

图 7-34　海盐覆盖法补充实验-空白组

图 7-35　海盐覆盖法补充实验-对照组

从已经获取的实验结果来看，最有效的覆盖物为 20cm 厚的砾石和 5cm 厚的贝壳（图 7-36～图 7-39）。但考虑到实际应用情况，20cm 厚度的砾石铺满湿地的长草滩涂显然需要非常大的工程量，而且对景观、土质会造成很大的影响。贝壳所需的厚度相对于石块来说较小，更适合海滨湿地的大范围应用。由于实验使用的贝壳为景观修饰的贝壳，颜色略微鲜艳，成本也较高，建议可以使用海产市场废弃的贝壳，成本低、来源广。

7.3.3　主要结论

根据水培法和覆盖法实验结果可以得出以下结论：

（1）水培实验中，24‰盐度对芦苇新生芽的萌发有一定的抑制作用，但抑制作用不明显。

图 7-36　对照组生长情况

图 7-37　5cm 厚石子组生长情况

图 7-38　5cm 厚贝壳组生长情况

图 7-39　20cm 厚石子组生长情况

（2）覆盖法实验中，20cm 厚砾石可完全抑制芦苇生长，但工程量大，不具有可行性；5cm 厚贝壳组效果次之，具有较好的应用前景；每平方米施加 5kg 海盐不能抑制芦苇生长。

（3）为有效控制芦苇生长，减少覆盖材料的使用，建议采用组合方法，即在铺设低厚度的砾石或贝壳的同时，补撒 5kg 或以上质量的粗海盐。

7.4　导师点评

在导师点评环节，各位评审老师就课题的创新性、科学性、环境影响、安全性等进行了提问，综合小组团队精神展现、报告是否按时提交、各项花费是否在预算控制之内以及现场口头表达等因素对小组的总体表现进行打分。导师点评意见如下：

（1）华侨城集团一直致力于湿地生态环境的改善并做了大量的工作。然而，芦苇疯狂生长是南方特有的现象，以至于呈入侵态势。学生从最开始不了解这个问题，到后面花了很大的精力去了解、分析和解决这个问题，整个过程锻炼了独立思考和方案设计能力。目前的初步结果基本达到实验设计预期。特别是采用贝壳作为覆盖材料的方法比较有创意。考虑到实验有部分结果失败，希望可以扎实补充植物种植方面知识，进一步探讨失败的原因，优化实验设计。

（2）覆盖法选择的材料中，贝壳是比较有创新的，实验的结果也是贝壳比砾石的结果好。考虑到砾石有不同的粒径和堆积密度，需要在报告中比较砾石的堆积密度和贝壳堆积密度的差异，以便解释实验结果。另外，堆积的情况对于供气量和日照的影响如何，堆积方式是如何影响芦苇生长的，需要进一步分析内在原因。此外，建议考虑覆膜处理，如透明或者不透明的，多角度探讨合适的覆盖法来控制芦苇生长。

（3）贝壳不仅可以作为覆盖材料，其在土壤修复中也有广泛应用。项目中是利用贝壳重力作用对芦苇生长进行控制，思路比较新颖。然而，在海滨广泛存在的贝壳，由于含有羟基磷酸钙，还具有很强的重金属吸附能力，可以固定滩涂中的重金属，起到净化水质的作用。因此，建议以后对贝壳资源综合利用进行更进一步研究，并结合深圳现有重金属污染较严重的需求，开发基于贝壳的吸附剂等。

7.5 学生感悟

（1）感悟一：这门课与其他课程的最大不同点是需要我们自己设立目标并寻找解决方法。平时老师的任务，或者是一个作业或者一道题，都是带有目的性的，但是我们这次课程只是要求我们要做得更好，但是如何做得更好，需要我们不断学习新的知识，不断挖掘自身潜力，不断进行新的尝试。

（2）感悟二：从一无所知到细化目标和成果集成，整个过程富有挑战。虽然课程开始前进行了文献调研等工作，我们也是根据个人兴趣进行的选择，但是，由于对湿地，特别是华侨城湿地的认识有限，对于湿地问题产生的根本原因也理解有限。因此，一个项目从刚入手时一无所知，到有思路去解决，特别是和别人一起去考虑用什么样的方式去解决，非常具有挑战也非常具有成就感。

（3）感悟三：团队合作是课题顺利完成的关键。小组共有六人，三人考研，一人出国，一人找工作，一人保研，处于大三下学期的每个人时间都很紧张。为了保证课题能顺利完成，在细化了各阶段任务后，组员尽量按照既定的工作计划安排各自时间进行实验室或野外数据采集。每周例会不仅对上周结果进行总结讨论，还会确认下周的工作安排。在组员生病或外出考试阶段，团队成员能够主动承担其他组员任务，互相协助，互相包容。

（4）感悟四：野外工作是体力脑力双重考验。课题的目的是设计可以有效控制华侨城湿地芦苇生长的方案，因此，除了进行大量文献调研外，还需要在野外对设计的方案进行验证。虽然所学专业是工科，但是，亚克力板安装、砾石和贝壳运输、每两周例行的野外数据收集等锻炼还是前所未有的。

第 8 章　深圳市危险废物综合研究

8.1　课题背景

8.1.1　课题背景与意义

根据《中华人民共和国固体废物污染防治法》的定义，危险废物是指列入国家危险废物名录或者根据国家规定的危险废物鉴别标准和鉴别方法认定的具有危险特性的废物[173]，类别如图 8-1 所示。危险废物若排放或贮存不规范，容易在雨水和地下水的长期渗透、扩散作用下污染水体和土壤，降低地区的环境功能等级，对生态环境造成严重破坏[174,175]。同时危险废物可通过摄入、吸入、皮肤吸收而引起毒害，严重的可导致长期中毒、致癌、致畸、致变等[176]。

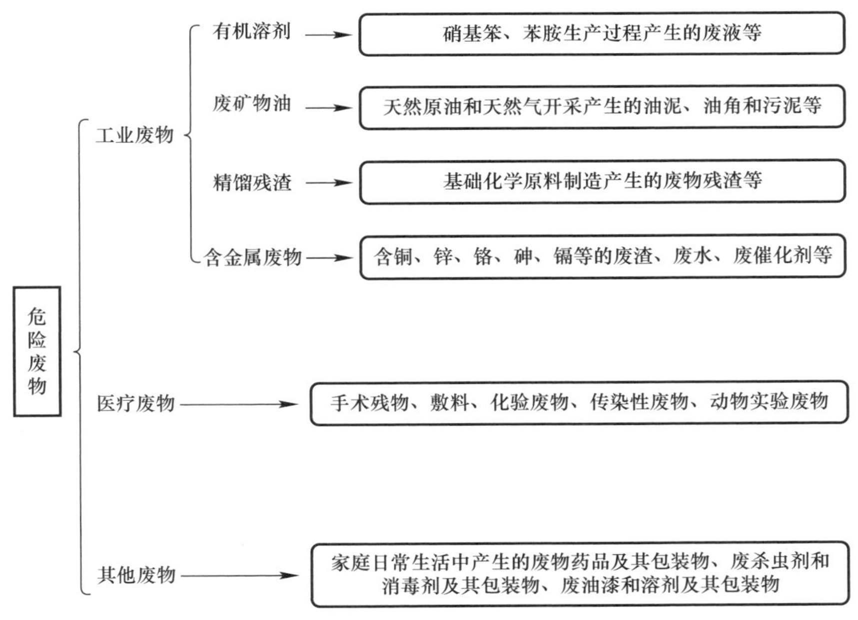

图 8-1　危险废物类别

《“十三五”生态环境保护规划》指出：随着工业的发展，工业生产过程排放的危险废物日益增多。据统计，我国危险废物产量逐年递增，产量从 2012 年的 3470 万吨增至 2016 年的 5350 万吨，年复合增长率为 16.75%。因高昂的处理成本和丰厚的利润空间，近年来我国危险废物市场也不断扩大，但随之而来的环境与管理问题也日益凸显[177]。如何合理地对危险废物进行处理处置，已成为我国亟待解决的问题之一。随着《“十三五”全国危险废物规范化管理督查考核工作方案》的出台，我国投入大量资金支持危废领域的发展，也为危废行业的发展带来了前所未有的严峻挑战和重大机遇[178]。

如今，随着环保宣传力度的不断增强，人们的环保意识不断提高，公众对危险废物的关注度也逐年增加。危险废物相关政策的制定以及国家资金的支持，无疑在一定程度上促进了危险废物产业的发展。深圳市作为中国改革开放的先行者，更应不断深化对危险废物的管理模式，探索创新可持续的治理新路径[179]。

本课题希望通过对危险废物的综合调研和全面分析，归纳总结当前深圳市危险废物行业的现状和前景，以及所面临的普遍性和特殊性问题，进而提出针对性的建议，从而可以积极推动危险废物产业的良性、有序、健康发展。

8.1.2 主要内容

本课题聚焦于当前深圳市危险废物行业现状，主要针对法律法规、处理处置技术、典型案例等进行全面综合调研分析，主要内容包括：

（1）人群关注度分析：通过百度指数分析不同区域、不同人群对于危险废物的关注度特点，深度挖掘人群关注度在时间上的分布规律，为危险废物的宣传方式、宣传时间的选择提供借鉴。

（2）法律法规与政策：将危险废物相关的法律法规和管理政策归纳为全过程管理、应急体系和经营许可三个部分，并将其与危险废物处理过程结合，以直观表现危险废物从生产到处置过程中的法律作用。

（3）产生与处理处置技术：对深圳市危险废物的来源进行调研，归纳主要来源行业与主要处理处置技术，对比国内其他城市现状，分析当前深圳市危险废物行业现状及发展前景。

（4）VENSIM 模型模拟：在基础调研基础上识别出深圳市危险废物处理处置的关键因素，通过 VENSIM 系统动力学模型模拟预测深圳市危险废物行业发展前景，并构建企业技术创新风险控制策略模型，揭示企业技术创新风险竞争情报预警特征和机制。

8.2 课题研究方法

8.2.1 人群关注度分析

鉴于环境问题与生活密切相关，人们的关注度在一定程度上反映了该行业的发展热度。百度搜索指数是以网民在百度搜索引擎上的搜索量为数据基础，以关键词为统计对象，科学分析并计算出各个关键词的综合评价指数，反映了特定时间段中人们对于某特定事物的关注程度[180]。

由于危险废物是固体废物之一，对固体废物的关注也反映了人们对危险废物的关注程度。因此，本课题对危险废物和固体废物的百度指数分别进行统计分析，以更全面了解危险废物的关注现状。通过研究“危险废物”和“固体废物”的关注趋势，分析不同区域、不同特征人群对于危险废物的关注程度，并从中发掘人们对于危险废物的需求变化、分析媒体舆论的趋势变化以及危废市场的结构特征等。

8.2.2　资料调研

多渠道收集调查危险废物相关资料，包括专业书籍、论文文献、网页信息、新闻报道等，分为全国、广东省、深圳市三个层面系统整理和全面分析危险废物行业的状况，包括法律法规与政策、产生与处理状况和处理处置技术等，并评估分析当前危险废物行业存在的主要问题。

8.2.3　企业访谈

根据调查资料，整理统计深圳市主要危险废物处理处置企业，设法联系相关企业管理人员和技术专家进行访谈，进一步了解企业的内部状况和技术特点。通过与企业的交流与访谈，更全面地了解我国危险废物市场现状和最新处理处置技术动向，从而判断深圳市危险废物行业未来发展趋势。

8.2.4　VENSIM 模型模拟

VENSIM 模型是基于环境经济学原理的系统动力学模型[181]。它具有出色的分析能力，尤其适用于具有不连续时间的系统、历史数据对未来数据具有周期性影响的情况[182]。本课题基于前期调研结果，识别影响危险危废处理能力的关键因素，利用 VENSIM 模型对深圳市危险废物的产出和处置情况进行预测，判断今后深圳市危险废物行业市场需求，并对危险废物企业进行技术创新的风险进行评估预警，为企业进行技术创新提供决策依据。

8.3　结果与讨论

8.3.1　危险废物人群关注度分析

在人群关注方面，选择百度搜索指数作为研究工具。百度搜索指数根据百度搜索引擎上的搜索量为数据基础，科学分析并计算出特定关键词的综合评价指数，可以反映特定时间段中人们对于特定事物的关注程度。本课题以“固体废物”和“危险危废”为关键词，以 2011～2018 年为统计时间段进行搜索指数分析。搜索指数结果如图 8-2 所示。

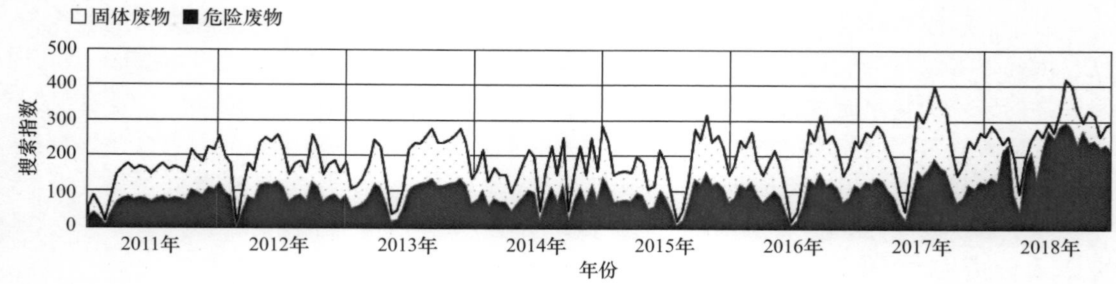

图 8-2　百度固体废物及危险废物搜索指数

从图 8-2 可以看出，代表固体废物的蓝色曲线和代表危险废物的绿色曲线波动趋势高度协同，当人们对于固体废物关注度增加或减少时，对于危险废物的关注度同样增加或减少，说明人们对于固体废物和危险废物的关注行为高度一致。从波动规律可以看出，人们对于固体废物和危险危废的关注度呈年度周期变化，且 2011～2018 年期间关注度逐年稳步增加，说明人们对于危险废物的关注日益增强，侧面反映出我国的环保宣传力度取得一定成效。

为进一步分析危险废物人群关注度数据的内在逻辑，将 2011～2018 年期间全国范围内以“危险废物”为关键词的日搜索量统计作图，如图 8-3 所示。可以看出数量分布相对集中，且总体上搜索量呈上升趋势。

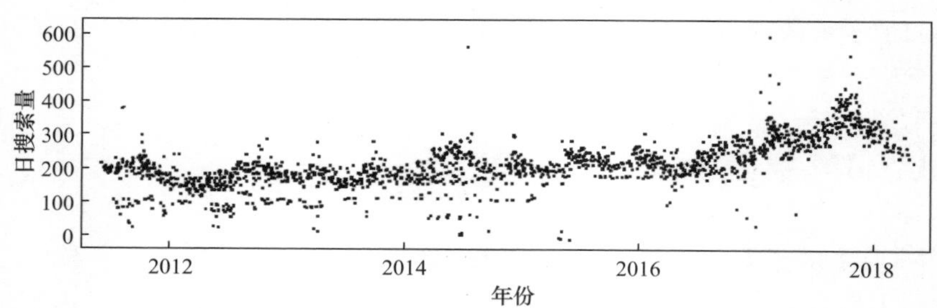

图 8-3　2011～2018 年间全国范围危险废物搜索量统计散点图

提取搜索量数据后，采用自回归积分滑动平均模型（Autoregressive Integrated Moving Average Model，简记 ARIMA 模型）对数据进行拟合分析，同时找出数据异常点，对异常数据进行进一步分析[183]。拟合结果如图 8-4 所示，其中细实线代表真实值，粗实线代表拟合值，可以看出拟合度相对较高，人群关注度存在以年为周期的周期性波动。后续还可利用 ARIMA 模型对关注度趋势进行预测[184]。

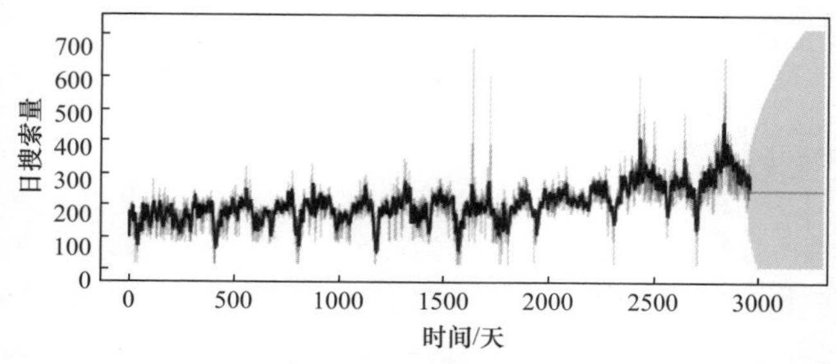

图 8-4　应用 ARIMA 模型拟合危险废物关注度变化

1. 时间分布分析

危险废物的关注度在时间尺度上存在明显的周期性波动，且异常值明显。高峰异常时间段、低峰异常时间段均依据时间序列分析导出，即图 8-4 中最明显的波动点，或许还有其他时间段的关注也很高，但是每年选取两段作为代表性高峰异常值分析。通过相关的信息收集，分析峰值和谷值异常值的驱动因子，分析结果见表 8-1。

危险废物历年关注度最高/低时间段及原因分析　　表 8-1

年份	关注度最低点时间段	原因分析	关注度最高点时间段	原因分析
2018	02.11～02.17	春节	05.06～05.12	第一轮中央环境保护督察整改情况“回头看”即将开始
2017	01.29～02.04	春节	10.08～10.14	十九大召开
2016	01.31～02.06	春节	06.19～06.25	“土十条”的发布
2015	02.15～02.21	春节	05.10～05.16	环保部向国务院提交“土十条”
2014	02.02～02.08	春节	10.19～10.25	全国环保督察行动
2013	02.10～02.16	春节	01.06～01.12	全国环境保护工作会议即将召开
2012	01.22～01.28	春节	01.06～01.12	国务院发布环境保护“十二五”规划
2011	01.30～02.05	春节	11.27～12.03	第七次全国环保大会召开

从表 8-1 可以看出，每年人们对于危险废物的关注度最低点时间段均为春节期间。想必在全国各地的节日庆祝活动中，政府也不会发布新的环保法规。反观每年的关注度最高点，无一不是新的环保法律法规或者条例发布的时间段，或者是环保督察、污染事故发生等重大环境领域时间导致的。一来说明当前人们紧跟时事步伐，关注政策，对环保的关注度也越来越高。二来也侧面反映出当前环保热点的政策导向性，在日常生活中人们对于危险废物的关注有待加强，政府对于环境保护的宣传力度仍需不断提高。

2. 地域分布分析

从地理位置的角度来分析人们对于危险废物的关注度，搜索指数排名前十的省份见表 8-2。从表 8-2 可以看出，全国范围而言广东省对于危险废物的关注程度最高，其次是江苏省和浙江省。分析原因，可能与广东省、江苏省和浙江省较高的危险废物产量、较成熟的危险废物处理市场以及较健全的危险废物法律法规体系等因素有关，导致当地人们对于危险废物的关注程度高于全国平均水平[19]。同时，当地政府政策宣传、媒体新闻报道、群众认知水平等也会在一定程度上影响该区域人们对于危险废物的关注程度。

危险废物搜索指数省份排名　　表 8-2

排名	省份	搜索指数	排名	省份	搜索指数
1	广东	145	6	河北	45
2	江苏	82	7	河南	41
3	浙江	72	8	安徽	31
4	山东	70	9	北京	31
5	新疆	62	10	陕西	31

3. 关注人群年龄与性别分析

对关注人群的年龄与性别进行统计分析，结果如图 8-5 所示。从图中可以看出，年龄段在 30 岁～39 岁和 40 岁～49 岁的人群对于固体废物和危险废物最为关注，均占了人群数量的 80%以上。从性别因素分析，可以看出男性相比于女性而言更为关注危险废物，可能与危险废物行业的男女比例特性有关。

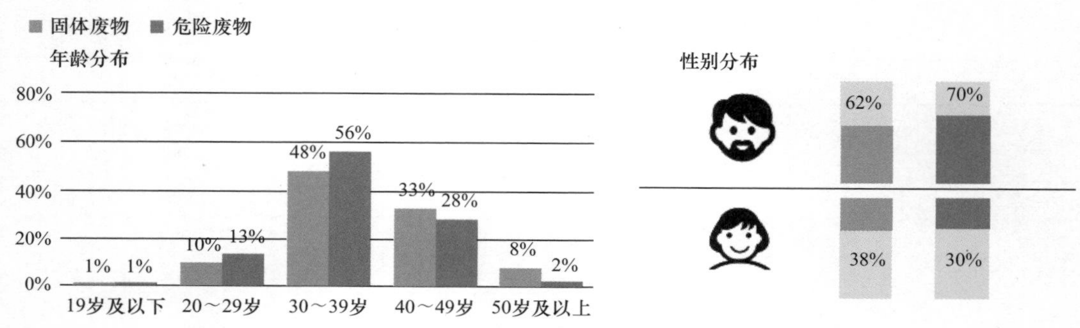

图 8-5 百度固体废物及危险废物搜索指数人群画像

8.3.2 危废的法律法规与政策

课题通过资料收集，整理出了目前中国危险废物的管理体系，总共统计出危险废物的行政法规、部门规章以及公告等 16 项，危废管理相关的环境标准有 26 项（医疗废物的环境标准除外），其中以“GB”或“GB/T”代号发布的国家标准 14 项，以“HJ”或“HJ/T”代号发布的环境保护行业标准 12 项。

上述的国家行政法规、部门规章和环境标准中，《中华人民共和国环境保护法》《中华人民共和国固体废物污染环境防治法》等从国家法律层面规范了危险废物的责任主体、防控原则、从业者责任与义务等[185]。《危险废物污染防治技术政策》等 4 个法规性文件则对危险废物收集、运输、贮存、处置等全过程环节都进行了规定，可视为全过程管理性文件。其中，《危险废物污染防治技术政策》不但适用于危险废物全过程污染防治的技术选择，也可指导相应设施的规划、立项、选址、设计、施工、运营和管理，引导相关产业发展[186]。2012 年，环境保护部、发展和改革委员会、工业和信息化部及卫生部联合发布的《“十二五”危险废物污染防治规划》是“十二五”期间指导各地开展危险废物污染防治工作的重要依据。“十三五”期间各地市相继发布了地方“十三五”危险废物污染防治规划，为地方危险废物的污染防治工作制定指导依据[187-190]。

我国危险废物管理体系如图 8-6 所示。

2016 年深圳发布了《深圳市固体废物污染防治行动计划（2016～2020 年）》，要求按照生态环境部《危险废物规范化管理指标体系》相关工作任务，加强危险废物产生单位和经营单位的规范化管理工作，全面提升危险废物产生单位和经营单位的管理水平。并提出推进危险废物（医疗废物）处理设施提升改造、大力推行危险废物源头减量等工作内容。到 2018 年底前，要求危险废物产生单位的抽查合格率达到 90%以上，危险废物经营单位的抽查合格率达到 95%以上。

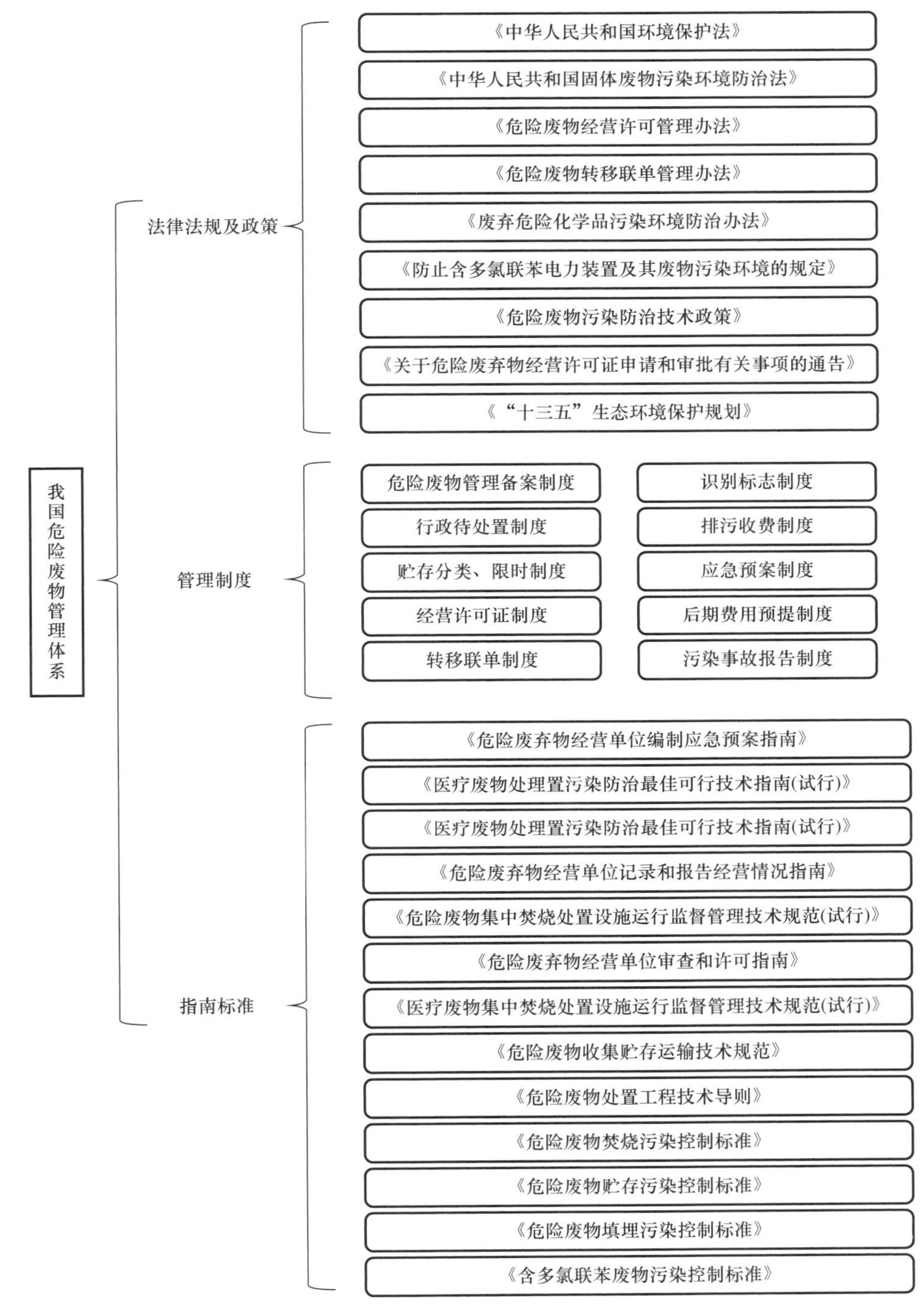

图 8-6　我国危险废物管理体系

在调研过程中，还查阅到了深圳市一些非法危险废物处置新闻。如 2018 年 4 月的固体废物违法专项行动中，发现深圳市某贵金属处置企业，存在危险废物未分类存放和标识、危险废物未交由资质单位处理和未按要求编制环境应急预案的违法行为。2018 年 5

月的“利剑行动”中发现龙岗街道龙西社区某金属回收有限公司在打包场内非法收集、储存和处置废铅酸电池，并且将铅酸电池废液倾倒直排，严重违反相关规定。在发现非法行为后环保部门立即对上述违法行为予以立案处理，现场管理问题责令企业立即做出整改。

总体而言，我国危险废物管理体系相对完善。但结合深圳市的危险废物相关法规和新闻报道，我们可以看到，在深圳市这种经济发达地区仍有许多不法商家因利益驱使铤而走险，相关法律法规形同白纸。分析原因，一方面是因为违法成本过于低廉，公众的法律意识有待提高[192]。另一方面是管理者的执法水平仍有待提高[193]，不法分子往往抱着侥幸心理知法犯法，希望瞒天过海。如何完善我国的立法执法体系，增强公众守法意识，仍是摆在管理者面前的一道难题。

8.3.3 危险废物的产生状况

1. 我国危险废物产生情况

根据《中国环境统计年鉴》统计数据显示，我国的危险废物产量正在逐年增加，如图 8-7 所示。在 2011 年以前，企业申报的危险废物下限为 10kg，而 2011 年以后申报下限改为了 1kg，因此危险废物产生量在 2011 年出现了大幅增长。2011～2014 年期间危险废物产生量稳定，2013 年甚至出现了一定的下滑，这可能与那一时期下游需求放缓、产能过剩而导致行业景气度下降有关。而从 2014 年开始我国危险废物产量出现了大幅增长，与我国供给侧改革取得的成效以及危废入刑政策导致核准量上升有一定关联。总体趋势而言，我国危险废物产量呈逐年增长态势，这也表明了我国危险废物处理所面临的严峻形势[194]。

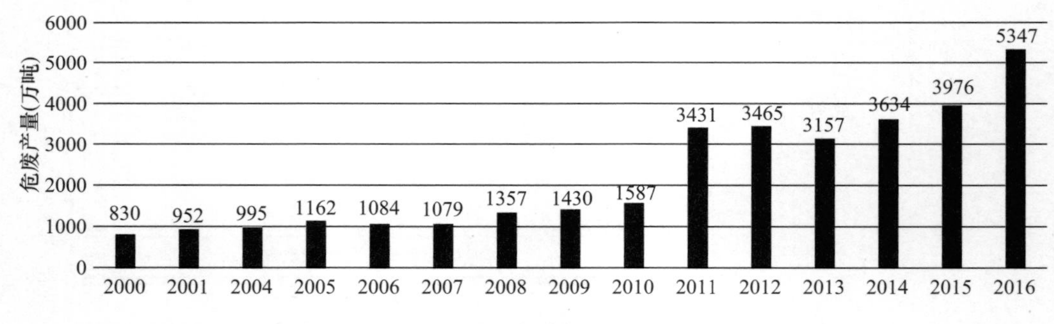

图 8-7 中国危险废物生产量统计

从行业分布来看，我国危险废物主要来自化学原料和化学制品制造业、有色金属冶炼及加工业、非金属矿采选业、造纸及纸制品业这几类行业，占比均超过了 10%[195]。我国各行业危险废物生产量占比如图 8-8 所示。

从地区分布的角度看，2016 年山东省、江苏省、湖南省、新疆以及青海的危险废物产量远超其他省份，年产量均超过了 300 万吨。而广东省的危险废物产量在全国处于中上游水平，年产量为 200 万～300 万吨之间。

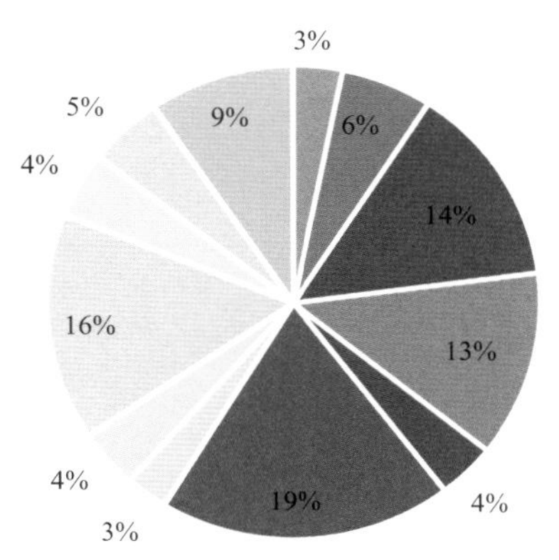

图 8-8　中国各行业危险废物生产量占比

2. 华南地区危险废物产生情况

华南地区各城市产生危险废物种类均有差异，其代表产业也有所不同。表 8-3 列举了部分典型城市的主要危险废物种类、代表产业及典型企业。依据危险废物产生集中度将之分为均衡型、偏好型及主导型。危险废物产生集中度是对整个危险废物行业的产出结构集中程度进行评价的测量指标，其数值为危险废物行业的相关市场中前几家最大的企业所占产生份额的总和。若总和小于 30％称为均衡型市场，总和在 30％～50％之间称为偏好型市场，总和大于 50％则称为主导型市场。集中度越高，说明大型企业的市场支配能力越强，则企业间的竞争程度就越低；反之，则竞争越激烈。

华南地区城市危险废物市场类型、典型产业和代表企业　　表 8-3

类型	城市	主要危险废物种类	代表产业	代表公司
均衡型（＜30％）	广州	表面处理废物（HW17）、含铜废物（HW22）、含铬废物（HW21）	电子、石化、钢铁、造纸	鞍钢联众（广州）不锈钢、中石化、广州造纸
	海口	废酸、医药废物	多晶硅、制药、汽车	海南英利新能源、海南亚洲制药、一汽海马汽车
偏好型（30％～50％）	中山	HW22 含铜废物、HW17 表面处理废物	电子	皆利士多层线路板（中山）、广东依顿电子
	深圳	HW22 含铜废物、HW17 表面处理废物	电路板、电子	深圳市华星光电、深南电路、富泰华工业（深圳）
	珠海	含铜废物、表面处理废物、有机树脂类废物	电子	长兴特殊材料（珠海）、方正科技高密电子
	湛江	焚烧处置残渣、废矿物油	垃圾焚烧、石化	湛江市粤丰环保、中国石化湛江东兴石化、中海石油湛江分公司
	江门	HW22 含铜废物、HW39 含酚废物	电子、陶瓷	江门崇达电器、开平依利安达电子、恩平市全圣套瓷、广东百强陶瓷

续表

类型	城市	主要危险废物种类	代表产业	代表公司
偏好型（30%～50%）	惠州	精（蒸）馏残渣、金属污泥	石化、电子	中海壳牌石化、华通电脑（惠州）、惠州比亚迪电子
	东莞	HW17 表面处理废物、HW18 焚烧处置残渣	电路板、垃圾焚烧	东莞科维环保、东莞美维电路、科伟环保电力、粤丰环保电力
	汕头	含铜废物、含铅锥玻璃、废线路板	电路板、电子拆解	汕头市 TCL 德庆保、德庆废弃机电产品拆解、汕头超声印制板
主导型（>50%）	佛山	HW39 含酚废物、HW11 精馏残渣	陶瓷	佛山市阳光陶瓷、三水新明珠建陶、高明贝斯特
	肇庆	精（蒸）馏残渣、表面处理废物	陶瓷	肇庆市璟盛陶瓷、富强陶瓷、广东永圣陶瓷
	茂名	焚烧处置残渣		
	阳江	废水处理污泥	环保	阳江市科成环境科技、阳西海滨电力
	南宁	焚烧处置残渣	垃圾焚烧	南宁市三峰能源
	贵港	飞灰	垃圾焚烧	广西贵港北控水务
	贺州	废酸	钛白粉、电子	中国有色集团（广西）平桂飞碟股份有限公司钛白粉厂、贺州市桂东电子科技
	防城港	有色金属冶炼废物	有色金属冶炼	广西盛隆冶金、广西金川有色
	百色	废酸	钛白粉	广西蓝星大华化工
	河池	有色金属冶炼废物（HW48）	铅锌冶炼	南丹县南方有色金属
	来宾	有色金属冶炼废物（HW48）	锡冶炼	来宾华锡冶炼有限公司
	三亚	飞灰	垃圾焚烧	三亚市生活垃圾焚烧发电厂

资料来源：各城市《固体废物污染环境防治信息》。

从表 8-3 可以看出，广东省大部分城市属于均衡性和偏好性市场，危险废物种类主要为电子废弃物、垃圾焚烧产物、石化和陶瓷加工业等。其中，深圳市属于偏好型市场，表示深圳市危险废物处理企业之间的竞争处于中等水平。

3. 深圳的危险废物产生情况

根据深圳市生态环境局官网（http://www.sz.gov.cn/szsrjhjw）公布的数据，在 2008～2016 年期间，虽然全国危险废物产量呈现明显的上升趋势，但深圳市的危险废物产量总体而言较为稳定，多年维持在 30 万吨左右。全国危险废物产生量及深圳危险废物产量对比如图 8-9 所示。

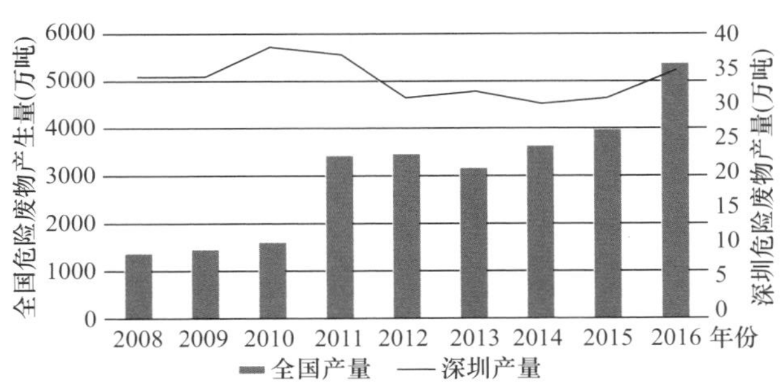

图 8-9　全国危险废物产生量及深圳危险废物产量对比图

深圳市危险废物产量与各主要危险废物生产企业的联系十分密切，主要企业的危险废物生产量基本可以代表深圳危险废物生产情况。2017 年深圳市年产废大于 1 万吨的企业情况如图 8-10 所示。

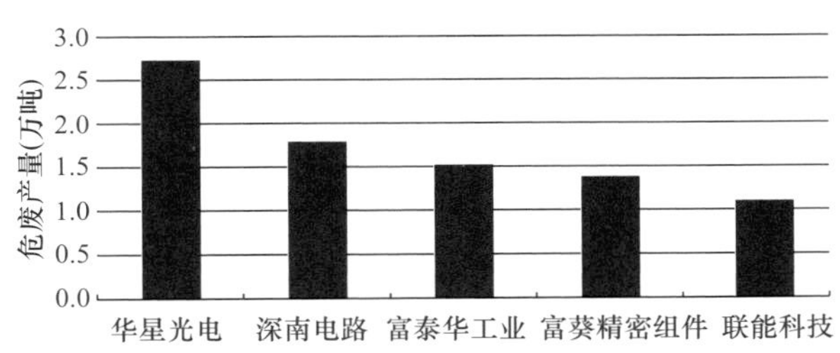

图 8-10　2017 年深圳市主要企业危险废物产量

从图 8-10 可以看出，深圳生产危险废物的企业主要与电子行业有关，这与深圳的情况是一致的。在国内危险废物产量持续增长的情况下，深圳危险废物的生产相对稳定，呈现出明显的行业相关性，这也要求深圳的危险废物处理企业需要有足够的处理能力。

8.3.4　危险废物的处理处置情况

本节分别从发达国家、我国、华南地区和深圳市四个层次分析危险废物的处理与处置情况。从全球角度而言，填埋为危险废物最主要的处理处置手段，但近年来特别是在发达国家处置技术逐渐向焚烧转变[196,197]。中国目前尚无法将每年所产危险废物全部处理，但综合利用量和处置量逐年增加；华南地区各城市综合利用率和处置率相差较大；深圳市处置率和综合利用率比较均衡，处理处置率也一直保持在 100%。

1. 发达国家危险废物处理处置情况

发达国家关于危险废物的处理目前有两大方向，其一为转“填埋”为“焚烧”。发达国家目前所采用的无害化处理处置方法中应用最多的是填埋法[198]。智研咨询集团发布的《2016～2022 年中国危废处理行业市场行情动态及投资战略咨询报告》指出，危险废物填埋量占其产生总量的比例，美国为 75%，英国为 60%，德国为 72%，比利时为 62%，荷兰和法国为 50%，日本为 3%。由于填埋需占用大量土地资源，因此在土地资源极为宝贵的日本，填埋较之其他发达国家显得非常之低。因填埋处理处置方法对地下水环境存在潜在污染威胁，同时由于发达国家不断强化危险废物法规限制，加之土地资源的有限，使得发达国家危险废物处置逐渐从“填埋”转向“焚烧”，焚烧所占比例逐渐增多。截至 2016 年，美国已有 1500 台焚烧设备，主要有机危险废物焚烧率可达 99.99%[199]。北欧一些国家已实现危险废物焚烧处理的工厂化、集团化，并正朝着大规模、区域性的方向发展[200]。

焚烧相对于填埋可以节约更多土地资源，同时处理效率更高、处理更彻底，只是焚烧相对填埋可能对空气的污染会更严重。但是随着技术的发展，这必将成为未来危险废物处理的趋势。

2. 我国危险废物处理处置情况

随着国内危险废物产量的增加，危险废物的综合利用和处置量持续增加，其中综合利用比例较大，但每年仍有一定的贮存量[201]。就我国目前技术和处理能力而言，暂时无法处理所有危险废物。我国今年危险废物去向统计如图 8-11 所示。

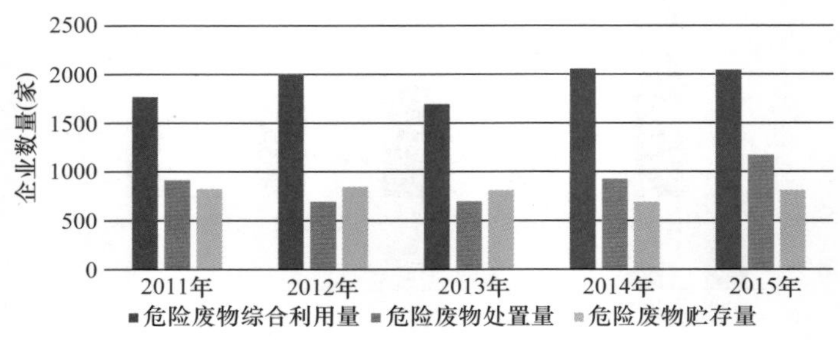

图 8-11　我国危险废物去向图

与此同时，我国对于危险废物相关资格审查变得更加严格。2016 年，我国持有危险废物营业执照的企业数量为 2149 家，2016 年净增加量仅为 115 家。每家平均处理能力不到 3 万吨，呈现出明显的分散特征，但加工规模单个企业从 2014 年的 22000 吨/年增加到 2016 年的 3 万吨/年。审查的难度将增加，弱势和技术薄弱的小企业将被淘汰出市场，龙头扩张，规模单一企业将继续扩大。全国危险废物经营许可企业数量变化如图 8-12 所示。

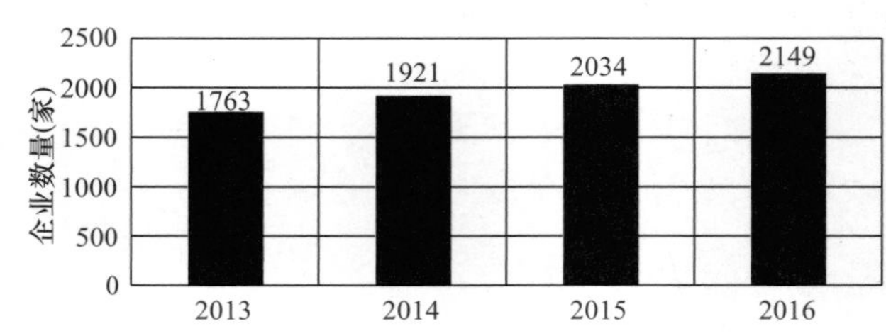

图 8-12　全国危险废物经营许可企业数量变化图

从各省危险废物的综合利用和处置来看，山东是危险废物处理处置量最大的省份。广东省处理的危险废物数量不突出，与各省产生的危险废物数量一致；其余各省危险废物的处理以综合利用为主，而广东省则以处置为主（中国环境统计年鉴，2017）。

虽然近年广东省成立了不少危废处理企业，危废处理处置能力有了很大提高，但仍难以满足全省危废处理处置需求，处理设施地区分布不均，主要集中于珠三角，粤东、粤西地区尤其不足，绝大部分的危险废物需转移到珠三角地区进行处理处置。

据 2018 年 4 月广东省环境保护厅发布的《广东省环境保护厅关于印发固体废物污染防治三年行动计划（2018～2020 年）的通知》（粤环发〔2018〕5 号）文件：到 2020 年，全省工业危险废物安全处置率、医疗废物安全处置率均达到 99%以上。计划还提及需要加快危险废物处理处置设施建设。广州、深圳、韶关、东莞等废物产生量较大的城市要加快建设处理处置设施或依托现有设施改扩建成综合性处置设施。加快推进粤东、粤西、粤北危险废物处置中心建设，扩建广州、惠州危险废物安全填埋设施，到 2020 年力争全省年填埋处置能力增加 10 万吨。

3. 深圳危险废物处理处置情况

从图 8-13 中可以看出，深圳市工业危险废物处置量在 2008～2016 年间基本趋于平稳，无显著波动。在 2010～2011 年间有些许上升但之后又回落。

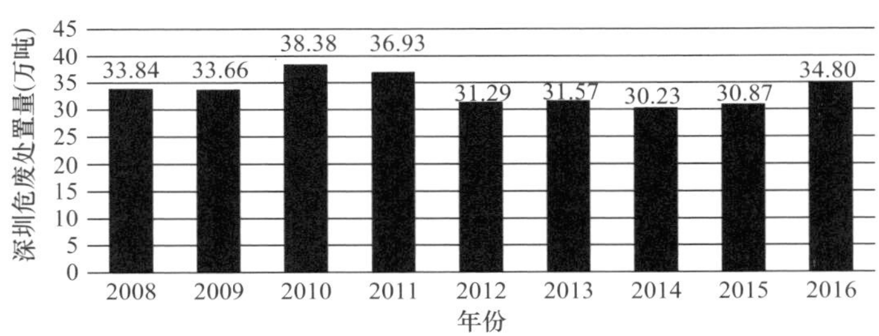

图 8-13　深圳工业危险废物处置量

表 8-4 列出了深圳市持有危险废物经营许可证的企业及相应的经营范围和规模。可以看出，深圳的经营规模远远大于危险废物的生产规模，经营范围主要是表面处理废物和有机溶剂，这也与深圳的主要危险废物类别一致。

深圳市危险废物经营许可证信息表　　表 8-4

序号	法人名称	许可证编号	核准经营规模	核准经营范围
1	龙善环保股份有限公司宝安环保固废处理厂	440306170123	12900 吨/年+200 万支/年	【收集、贮存、处置（物化处理）】废矿物油与含矿物油废物 2900 吨/年，【收集、贮存、处置（焚烧）】废有机溶剂与含有机溶剂废物等共计 10000 吨/年，【收集、贮存、处置】含汞废物（仅限废日光灯管、高压汞灯、节能灯管等含汞废灯管）200 万支/年
2	深圳市宝安东江环保技术有限公司	440306050101	200000 吨/年	【利用】废有机溶剂与含有机溶剂废物等共计 124350 吨/年，【物化处理】废矿物油与含矿物油废物等等共计 74850 吨/年，【清洗】其他废物 800 吨/年

续表

序号	法人名称	许可证编号	核准经营规模	核准经营范围
3	深圳市宝安湾环境科技发展有限公司	440306140910	14970 吨/年	【收集、贮存、处置（物化处理）】感光材料废物、表面处理废物、含铬废物等共计 14970 吨/年
4	深圳市金骏玮资源综合开发有限公司	440306050117	800 吨/年	【收集、贮存、利用】表面处理废物、有机树脂类废物、无机氰化物废物、其他废物共计 800 吨/年
5	深圳市龙岗区东江工业废物处置有限公司	440307120812	23900 吨/年	【收集、贮存、处置（填埋)】表面处理废物等共计 21600 吨/年，【收集、贮存、处置（物化处理)】无机氰化物废物等共计 2300 吨/年
6	深圳市绿绿达环保有限公司	440307050101	2000 吨/年	【收集、贮存、利用】废有机溶剂与含有机溶剂废物 1600 吨/年，废矿物油与含矿物油废物 400 吨/年
7	深圳市深投环保科技有限公司	440304050101	262500 吨/年	【收集、贮存、利用】表面处理废物等共计 33100 吨/年，【收集、贮存、处置（物化处理)】废有机溶剂与含有机溶剂废物等共计 205400 吨/年，【收集、贮存、处置（填埋)】农药废物等 20000 吨/年，【收集、贮存、清洗】其他废物 4000 吨/年
8	深圳市深投环保科技有限公司	440307140311	9000 吨/年	【收集、贮存、处置（焚烧)】医药废物，废药物、药品，农药废物，木材防腐剂废物，废有机溶剂与含有机溶剂废物等共 9000 吨/年
9	深圳市深投环保科技有限公司	440306160715	80000 吨/年	【收集、贮存、利用】含铜废物 80000 吨/年
10	深圳玥鑫科技有限公司	440306170825	10000 吨/年	【收集、贮存、利用】其他废物 10000 吨/年

数据来源：广东省生态环境厅。

深圳官方数据显示 2011～2016 年深圳市危险废物处置利用率一直保持在 100%，即深圳市内所产生的危险废物全部在深圳市内消化处理，这在全国也是十分少见的。后续章节将运用 VENSIM 模型对深圳市的实际处理处置利用率进行分析。

8.3.5 危废处理处置技术

1. 主流技术及对比

危险废物的基本处理技术路线为：首先对危险废物进行资源利用分类，然后进行适当的预处理，最后根据需要选择不同的无害化处理方法。

表 8-5 总结了当前危险废物处理主流技术及其优缺点[202-205]。

危险废物处理主流技术及优缺点　　表 8-5

处理技术		技术描述	优点	缺点
资源化处理		将具有资源化再利用价值的废物通过电解，萃取等方法制成产品回收利用	循环利用物质	收集、出售资源品的价格受周期影响较大；技术粗放，利润率低
无害化处理	焚烧	焚烧法是高温分解和深度氧化的综合过程，使可燃性的危险废物氧化分解，达到减少容积，去除毒性的效果	大幅减量，提供热能，减少土地占用	投资额大，回收周期长，运营费用高；尾气中二噁英、飞灰仍需后续处置；选址困难
	填埋	对经过前处理（如脱水、中和、堆肥、固化和稳定化）的危险废物进行控制，达到减少和消除危险废物危害的效果	危废最终处理方式，工艺简单，处理成本低，处理量大且能超负荷运营	占用大量土地，垃圾渗滤液污染环境
	物化	使用物理、化学方法将危险废物固定或包封在密实的惰性固体基材中，使其稳定	工艺，设备相对简单，材料与运行费用较低	使用种类少，还需进行二次处置
	水泥窑协同处置	将危险废物投入水泥窑，在进行水泥熟料生产的同时实现危险废物的无害化处置	燃烧过程充分，可以减少二噁英等污染物的排放；在已建水泥窑的基础上进行改造，投资规模，处理成本低	门槛高，需要满足水泥生产要求，选址要求，环保要求

2. 新兴危废处理技术

尽管多年以来我国危废行业技术没有出现很大变革，但仍有一些技术通过验证在国内外投入使用，如在我国对水泥窑协同处理处置颁布了相关规定后，也有省份计划大力发展该技术；而在日本国内也有较多处理厂运用熔融技术处理危险废物。

（1）水泥窑协同处置

概念：水泥窑废物的协同处置是指通过高温焚烧及水泥熟料矿物化高温烧结过程实现固体废物毒害特性分解、降解、消除、惰性化和稳定化等目的的废物处置技术手段[206]。

优点：比起填埋和焚烧来说，水泥窑协同处置具有更好的经济效益和环境效益。一方面，水泥窑协同处置燃烧得比较充分，减少了二噁英等污染物的排放；可以固化污染物中的重金属离子，大幅减少飞灰的产生。另一方面，水泥窑的改建投资规模不大，同时处理处置的成本显著低于焚烧。综合来看，水泥窑协同处置，作为一种新型的循环经济形态，具备了较高的推广价值。

难点：对种类繁多、成分复杂、稳定性差的危险废物需要进行分类预处理，并选择合适的投加位置及方式。废弃物焚烧残渣可按照与传统原料一样的喂料方式被喂入窑系统中，例如通过正常的原料喂料系统。但含有可在低温时挥发的成分（例如烃）或二噁英等剧毒有机物的废弃物必须喂入窑系统的高温区。

（2）等离子技术

概念：危险废物技术的等离子体处理是利用等离子体火炬产生的高温和高热等离子体来快速分解和破坏危险废物。将有机物热解成易燃的小分子物质，使无机物在高温下熔融，形成玻璃状残渣[207,208]。

（3）其他技术

另外，高温蒸汽灭菌、超临界、热解焚烧、湿空气氧化、碱金属脱氯、离心分离和电解氧化处理技术也是近年新兴的危废处理技术[209-211]。

3. 新兴危废处理行业技术专利

近年来，危废处理行业涌现一系列新型专利，其中大多为对焚烧设备进行改良的实用新型专利，部分统计结果见表 8-6。

部分危险废物处理技术专利统计 **表 8-6**

专利名称	专利类型	公开时间	作用	备注
等离子体垃圾焚烧废气净化机	实用新型	2018/8/17	持续净化率高，不产生二次污染	
一种垃圾焚烧后的渗滤液沉淀回收装置	实用新型	2018/8/18	可以有效地提高渗滤液回收装置的使用范围以及便捷性	
一种危险废物的熔融处置方法	发明专利	2018/8/10	可以同时处理固态有机危险废物、液态有机危险废物、固态无机危险废物	
危险废物熔炼装置及系统	实用新型	2018/8/7	提高炉体内温度，使得物料充分燃烧避免浪费，并减少有毒气体的释放	加加热装置，供氧
一种危险废物回转窑二段焚烧炉	实用新型	2018/8/7	废物燃烧更加充分同时出风口不易被堵塞	旋风形成装置
一种具有保护装置的危险废物焚烧炉	发明专利	2018/8/3	可以削弱外侧撞击，保护炉体安全	加挡板，弹簧
一种危险废物前期预处理装置	实用新型	2018/2/16	热风烘干危废，提高燃烧值，降低能耗	加风机，烘干筒
一种危险废物预处理装置	实用新型	2018/2/17	压实垃圾，方便切割	加滑板，压板，伸缩气缸
移动式等离子体危险废物处理装置	实用新型	2013/3/27	可移动，实现就地处置，避免危废转移	整个系统在汽车内
基于物联网技术的危废管理系统及其管理方法	实用新型	2017/11/21	具有克服了应用单一技术造成的局限性，大大减少了仓库管理员与危险化学品接触的几率，降低了安全隐患的优点	基于物联网的新型技术

续表

专利名称	专利类型	公开时间	作用	备注
动物类危险固体废物灭菌脱水反应装置的新型搅拌装置	实用新型	2016/11/23	可以提高含菌类危险废物的处置效率	深圳朗坤环保
危险废物焚烧厂废水和飞灰中重金属协同处置方法	实用新型	2015/12/30	实现飞灰中重金属的稳定化，使得重金属渗滤浓度大为降低，低于相关标准值符合综合利用和填埋处理的要求	

4. 深圳市主要危险废物处理处置企业概况

深圳企业对比其他区域而言，在危险废物处理行业起步相对较早，更注重技术创新，处理类型更偏重于电子生产相关产业，同时在海洋染的控制以及应急处理方面有丰厚的经验，表8-7统计了深圳主要的危废企业概况。

深圳市主要危险废物处理处置企业概况　　表8-7

企业名称	主营业务	企业优势
深圳玥鑫科技有限公司	电子固废的无害化回收加工处理和综合利用	自动化水平和回收率达到国际水平
龙善环保股份有限公司	工业危险废物焚烧处置、含汞废日光灯管处置、船舶油污水生化处理和突发环境污染事故（海上溢油应急）处置	业务综合性高，在环境突发事故应急方面有丰富经验
东江环保股份有限公司	工业和市政废物的资源化利用与无害化处理	注重技术创新，年处理量大，提供一站式环保服务
深圳市深投环保科技有限公司	危险废物处理处置、环境突发事件应急处理和环境检测、环境咨询及体系认证等	起步较早，可处理危废种类多，处理量大
深圳市格林美高新技术股份有限公司	报废汽车回收处理、废旧电池回收利用、危险废物处理等	规模宏大，循环产业链完整，各类资源回收利用量巨大
深圳危险废物处理站有限公司	工业危险废物收集、运输、综合利用、安全处置；承接工业“三废”治理项目的技术咨询、工程服务及环保设施运营服务	危废处理专业度高，兼顾环保设施运营服务

鉴于深圳的地理位置及经济发展程度，深圳的危废企业相比其他地区起步较早，主要从事电子行业危废处理。各企业均与政府有着紧密合作关系，规模均发展较大，同时也形成了一条完整的产业链，市场模式已趋近成熟。

8.3.6　VENSIM模型模拟

基于已有的调研结果发现，深圳市危险废物行业数据不连续且存在一定偏差，需要进一步对数据进行分析从而更好对深圳市危险废物行业的前景进行预测。VENSIM模型，是基于环境经济学原理的系统动力学模型，对于时间不连续数据具有优异的分析能力。因此，本课题基于已有调查数据进行 VENSIM 建模，并利用模型对危废行业前景进行综合分析和预测[212]。

本课题将通过 VENSIM 模型进行两方面的模拟分析，一是用于预测深圳危险废物的产出和处置情况；二是模拟危险废物企业的技术创新风险，为企业的技术创新行为提供理论依据。

1. 深圳市危险废物产出与处理处置预测模型

(1) 模型概述

深圳市危险废物产出和处理处置预测模型，主要目的是评估深圳市危险废物产量和危险废物处理能力，并分析模拟数据与实际处理处置情况的差别，以及衡量和预测企业的综合利用能力。根据深圳市生态环境局公布数据，深圳市危险废物类型主要是医疗危险废物和工业危险废物，因此本模型针对此两种领域危险废物进行研究。模型预测了 2030 年前深圳的医疗危险废物和工业危险废物处置情况，同时得出在危废处置企业数量变化时深圳危废处理情况的变化。

(2) 深圳市危废产出与处理处置预测模型变量（表 8-8）

深圳市危废产出与处理处置预测模型变量　　表 8-8

变量类型	名称
存量（状态变量）	人口数（Population）
	国内生产总值（GDP）
	危废处理处置企业量（Number of the enterprise（with license））
变量（辅助变量）	人口增长率（Population growth rate）
	医疗危废（Medical hazardous waste）
	GDP 增长率（GDP growth rate）
	第二产业危废（Secondary industries hazardous wastes production）
	第二产业 GDP 占比（The second industry GDP ratio）
	总危废产量（Total hazardous waters production）
	危废处理缺口（UNtreated hazardous waters）
	危废处理处置总量（Total disposal and treatment capacity）
	危废处置能力（Disposal capasity）
	危废利用能力（Comprehensive utilized capacity）
	综合利用量（Comprehensive utilized volume）
流量（速率变量）	人口净增量（Net population growth）
	企业净增长数（Net enterprise increase number）
	GDP 净增长量（GDP increment）
常量（参量）	单位 GDP 增量导致的危废增量（Hazardous wastes production for unit GDP（Secondary industry））
	企业平均可处置量（Average dispose capacity of enterprise）
	企业平均可利用量（Average utilized capacity of enterprise）

续表

变量类型	名称
初始值（2016）	GDP 初始值
	人口初始值
	企业初始数量
表函数	人口增长率表函数（Population growth rate uplook）
	单位第二产业 GDP 产生危废量表函数（Unit GDP generates hazardous waste（Secondary industry）lookup）
	人均医疗危废产生量表函数（Medical waste per capita uplook）

（3）深圳市危废产出与处理处置预测模型结构（图 8-14）

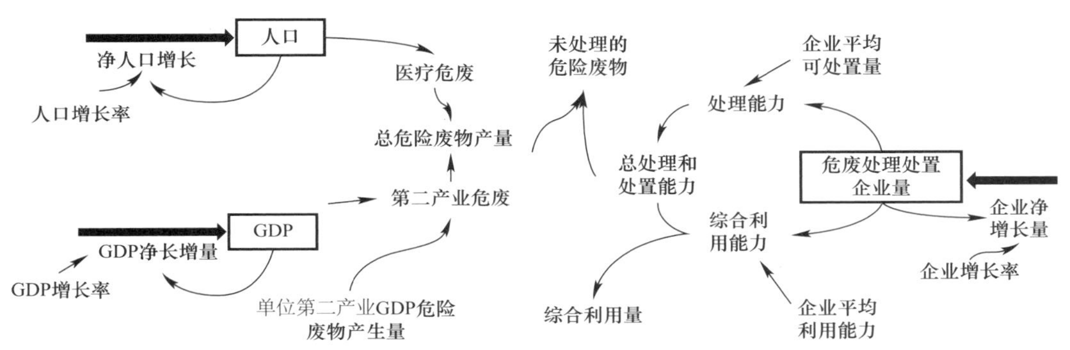

图 8-14　深圳市危废产出与处理处置预测模型结构

利用医疗危废与人口数据、危废与 GDP 数据、深圳市危废经营许可证数量变化数据、危废生产单位危废产量数据和危险废物经营单位处理规模统计数据对危废处理容量进行计算和预测。

（4）模型拟合及预测结果

根据深圳市危险废物企业数量和危险废物处理许可情况，预测危险废物处理能力。深圳市危险废物经营许可证批准规模为深圳市危险废物处理能力最大值，假设按照现有的 9 家危废处理企业进行模拟，模型运作的结果如图 8-15～图 8-17 所示。

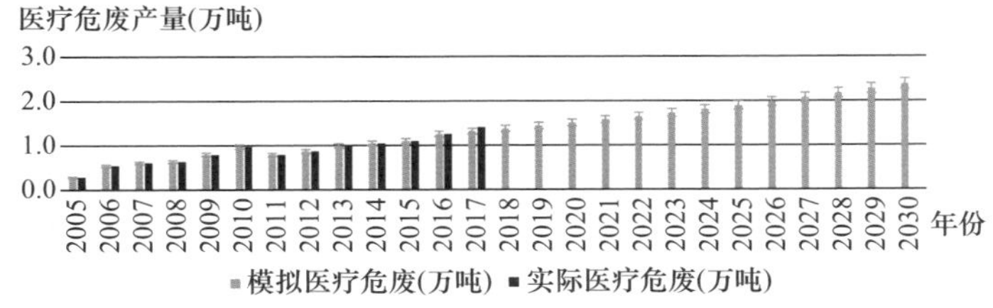

图 8-15　模拟结果与实际医疗危废产量对比图

图 8-15 为医疗危废的模拟结果，图 8-16 为工业危废的模拟结果，图 8-17 为危险废物总产量的模拟结果。选择 99%的模拟置信区间，从仿真结果可以看出与实际数据基本一致，仿真结果较为准确。

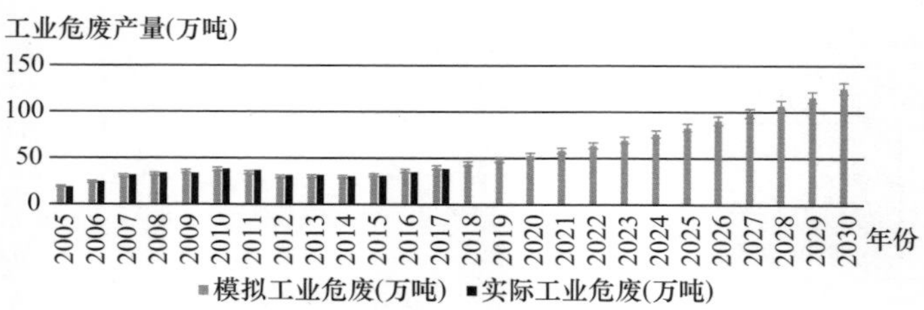

图 8-16　模拟结果与实际工业危废产量对比图

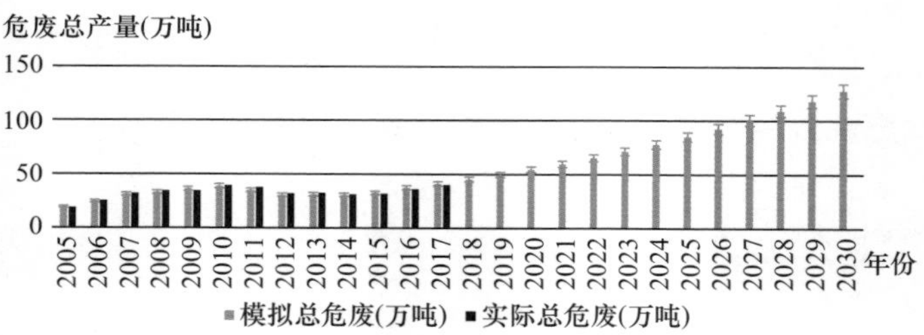

图 8-17　模拟结果与实际危废总产量对比图

模型预测 2016～2030 年未处理危险废物总量情况如图 8-18 所示。根据模型预测结果，未来 10 年，深圳危险废物总产量将逐年增加。近年来，深圳市危险废物企业数量和批准的经营规模几乎没有变化，即深圳市危险废物处理能力最大值几乎没有变化。若保持这种情况，随着危险废物总量逐年增加，模型预测深圳将在 2022 年出现危废无法完全处理的缺口，并且缺口将逐年增大，到 2030 年达到近 645000 吨。

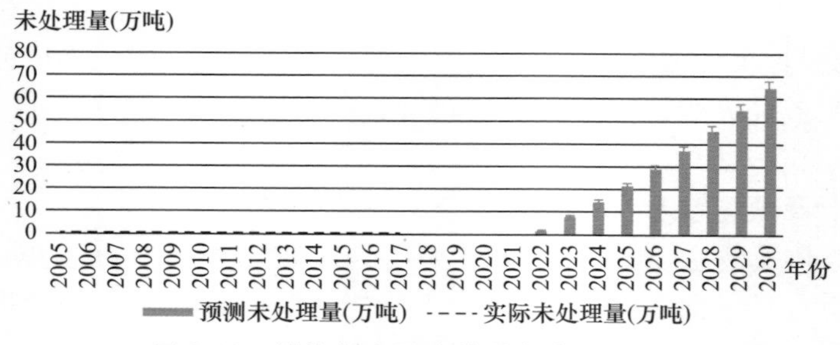

图 8-18　模拟与实际未处理危废量对比图

若增加危险废物处理企业数量，深圳危险废物的处理缺口将推迟到来。通过模型模拟处理企业每年以 1％、2％和 3％速度增长的情况，如图 8-19 所示。从模拟结果可知，当企业增长率达到 3％时，深圳在 2030 年前处理危险废物均不会出现缺口。

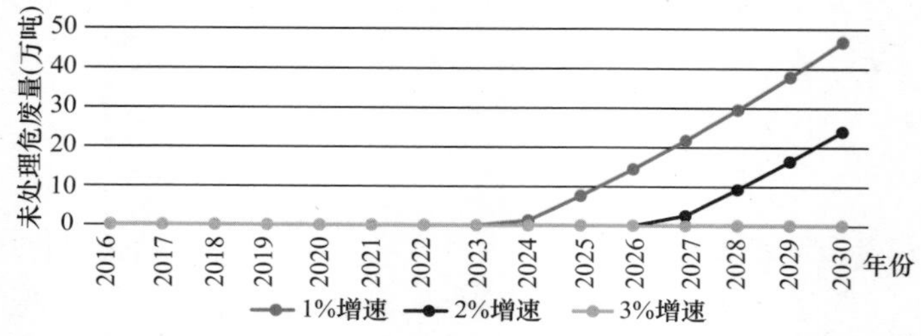

图 8-19　不同危废经营企业增速情况下深圳未处理危废量模拟结果

根据深圳市危险废物管理企业现状，近年来深圳市危险废物处理企业数量基本保持不变，企业实际危险废物处理能力也受到处理设施和处理工艺的限制，深圳危废处理能力不足的时间可能提前到来。因此，现阶段是进入危险废物处理行业的最佳时机。

2. 深圳危险废物企业技术创新风险预警模型

(1) 模型描述

通过深圳市危险废物产生处理和处置预测模型结果与实际数据的比较，可以看出深圳市危险废物产业仍有很大的提升空间，特别是危废综合利用能力方面。而综合利用率的提高离不开企业危险废物处理和处置过程的创新。深圳市危险废物企业技术创新风险预警模型是基于环境经济学和系统动力学原理，揭示企业技术创新风险竞争情报预警特征和机制，进而为企业进行技术创新提供决策依据[213]。

企业技术创新是一项高风险活动。因此，如何预防和控制技术创新风险已成为管理者最重要的问题之一。该模型在分析企业技术创新风险竞争情报预警过程的基础上，运用系统动力学方法分析企业技术创新风险竞争情报预警的因果关系和演化特征，构建企业技术创新风险动态模型及竞争情报预警模型，并进行模拟分析。

模型的基本假设：技术创新风险的危机程度主要表现为企业绩效的损失。公司业绩下降的原因有很多，本模型主要考虑技术创新对企业造成的损失，忽略其他影响因素。

(2) 模型变量（表8-9）

深圳危险废物企业技术创新风险预警动力学模型变量 表8-9

变量类型	名称
存量（状态变量）	危险废物活跃熵值（WH Active entropy）
	危险废物企业绩效（WH Enterprise performance）
变量（辅助变量）	危险废物企业外部环境熵增量（HW Externalities entropy production）
	企业内部熵增量（WH Internalities entropy production）
	危险废物行业竞争对手熵增量（WH Competitor entropy production）
	危险废物企业风险投入（WH Risk investment）
	危险废物企业信息化水平（WH Informative level）
	危险废物企业敏感度（WH The sensitiveness of risk）
	企业调控力度（Enterprise adjustment efforts）
	熵减影响系数（WH Entropy reduction effect coefficient）
	风险阈值（WH Risk threshold）
	在危险废物行业企业收到的风险危害程度（WH Danger degree of the risk）
	绩效损失系数（Performance loss impact factor）
流量（速率变量）	熵增量（Entropy production）
	熵减量（Entropy reduction）
	绩效损失（Performance loss）
初始值（2016）	企业绩效初始值
	危险废物行业初始活跃熵值
表函数	企业调控对熵减影响的表函数（WH Control influence tabel function）
	危险废物风险程度表函数（WH Danger degree table function）

(3) 模型结构（图8-20）

深圳市危险废物企业技术创新风险预警模型主要由两部分组成：危险废物企业活动熵值的测量和技术创新风险对企业绩效的影响。

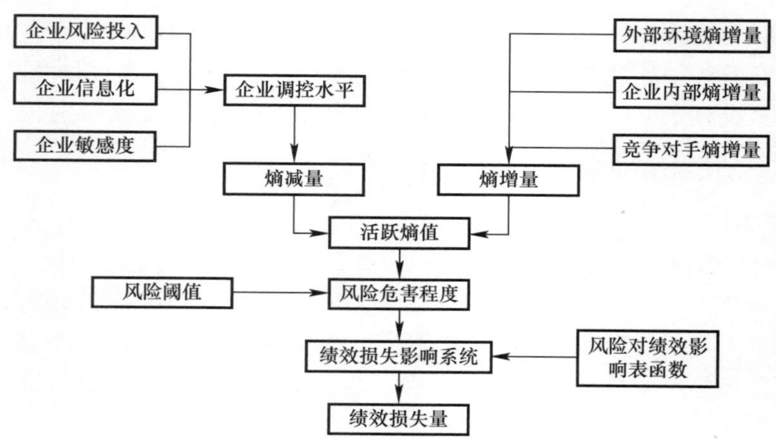

图 8-20　深圳危险废物企业技术创新风险预警模型结构图

（4）危废企业技术创新风险演化仿真及分析

模型模拟运行的目的是验证模型获得的信息和行为是否反映了实际系统的特征和变化规律。当企业处于熵增状态时，关闭企业控制反馈循环，通过仿真模拟技术创新风险演化规律。系统参数设置见表 8-10。

调控反馈关闭时系统参数值　　**表 8-10**

参数	外部环境熵增量	企业内部熵增量	竞争对手熵增量	风险阈值	风险投入	企业信息化	企业敏感度
数值	30	30	20	2000	10	10	10

模拟结果如图 8-21 所示。当企业调控反馈回路关闭时，系统熵变量曲线保持水平形式，并在 100 个月内保持在 27 不变；由于调控回路关闭且系统熵变量保持不变，活跃熵值曲线则呈直线上升形式；在 75 个月之前，系统活动熵值小于 2000 的风险阈值。在企业的风险等级内，不会对企业构成威胁，企业绩效也不会发生损失。75 个月后，公司的活跃熵超过 2000 的风险阈值，企业面临危机，表现为企业绩效的下降。

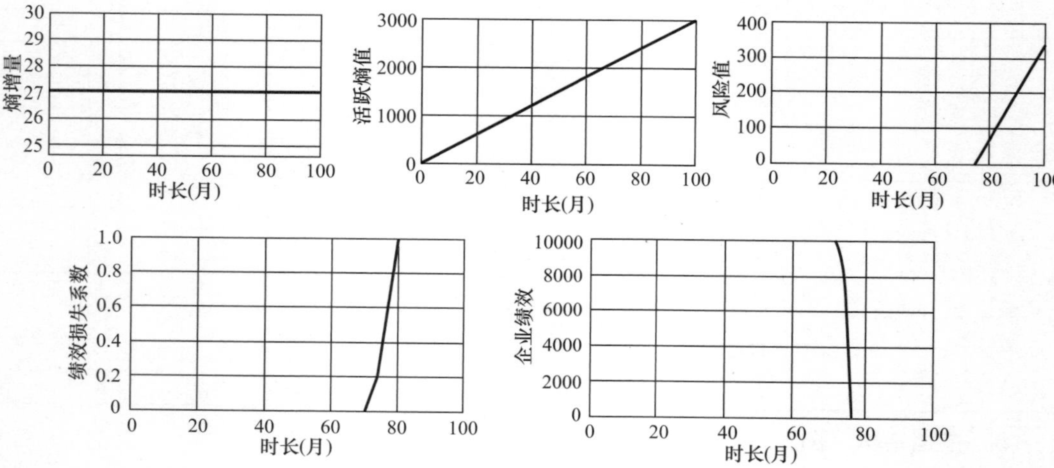

图 8-21　调控反馈关闭时系统各参数值变化

确认系统运行良好后，打开系统控制反馈回路，使系统处于熵增条件。参数设置见表 8-11。系统仿真结果如图 8-22 所示。

调控反馈打开时系统参数值　　**表 8-11**

参数	外部环境熵增量	企业内部熵增量	竞争对手熵增量	风险阈值	风险投入	企业信息化	企业敏感度
数值	30	30	20	2000	10	10	10

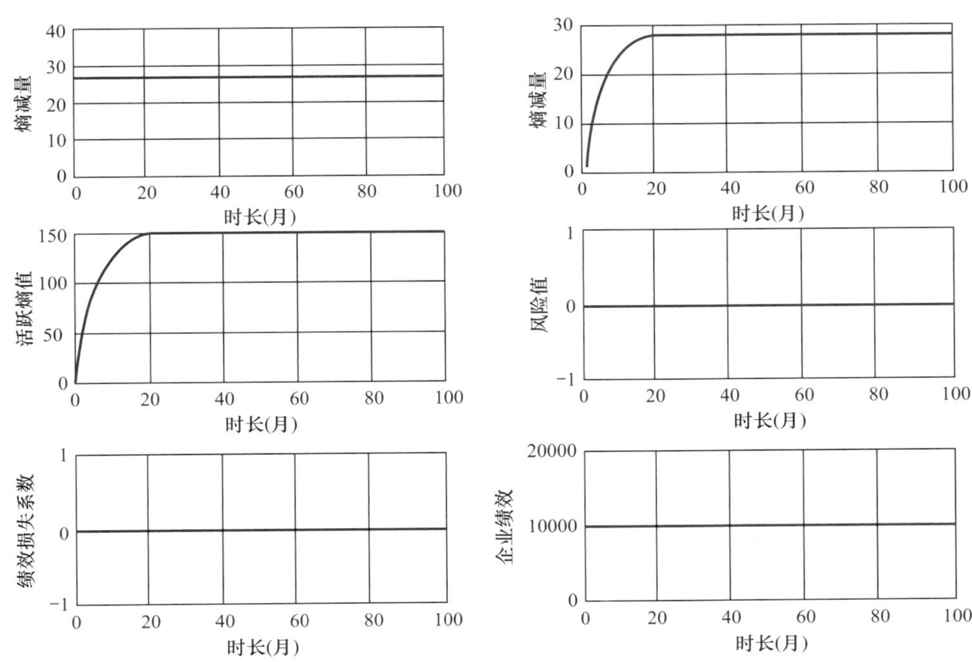

图 8-22　调控反馈打开时系统各参数值变化

从图 8-22 可知，活跃熵值在 30 个月之前呈曲线上升趋势，并且在 30 个月之后保持不变。由于企业反馈机制的开放，调控的作用逐步加强。企业采取风险控制措施后，企业的主动熵值将保持稳定，风险危机程度保持在 0 不变。因为主动熵值不超过企业的风险阈值，在企业技术创新的风险承受能力范围内不会对企业造成损失。因此，性能损失影响系数为 0，企业绩效保持不变。可以看出，企业监管对风险控制有较大影响。

为确定模型中各参数对企业技术创新风险竞争情报预警的影响程度，改变模型的运行参数值，比较模型输出结果，对相关参数的灵敏度分析进行比较。

系统基本运行完成后，系统调整反馈回路，使系统处于熵增状态，通过设置企业技术创新的不同风险敏感度来观察系统响应。更改风险输入变量并观察多程序操作结果的差异，变量的值见表 8-12。企业调控力和主动熵模拟的仿真曲线如图 8-23 所示。

风险投入值调整设定　　**表 8-12**

方案类型	外部环境熵增量	企业内部熵增量	竞争对手熵增量	风险阈值	风险投入	企业信息化	企业敏感度
方案 1	30	30	20	2000	5	10	10
方案 2	30	30	20	2000	10	10	10

续表

方案类型	外部环境熵增量	企业内部熵增量	竞争对手熵增量	风险阈值	风险投入	企业信息化	企业敏感度
方案 3	30	30	20	2000	15	10	10
方案 4	30	30	20	2000	20	10	10

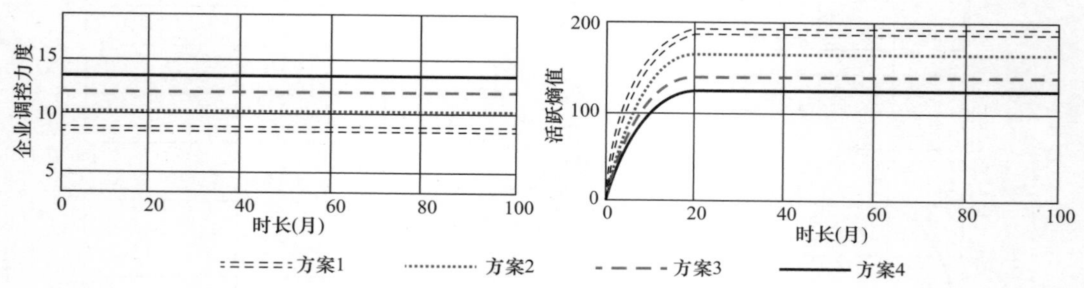

图 8-23　风险投入变化时企业调控力度和活跃熵值变化

从图 8-23 可以看出，当其他变量保持不变时，企业控制的大小与风险输入成正相关。风险投资越多，企业控制越大。活动熵和风险投入是负相关关系，风险投入越多，企业的活跃熵值越小。企业增加风险投资，增强企业调控力度，系统的主动熵受到控制，增加的幅度较小。

改变企业信息化变量，观察系统多程序运行结果的差异。变量的值见表 8-13。企业调控力和活跃熵模拟的仿真曲线如图 8-24 所示。

企业信息化值调整设定　　**表 8-13**

方案类型	外部环境熵增量	企业内部熵增量	竞争对手熵增量	风险阈值	风险投入	企业信息化	企业敏感度
方案 1	30	30	20	2000	10	5	10
方案 2	30	30	20	2000	10	10	10
方案 3	30	30	20	2000	10	15	10
方案 4	30	30	20	2000	10	20	10

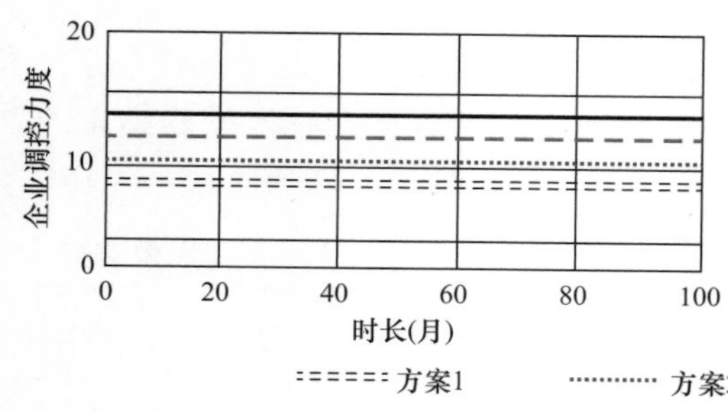

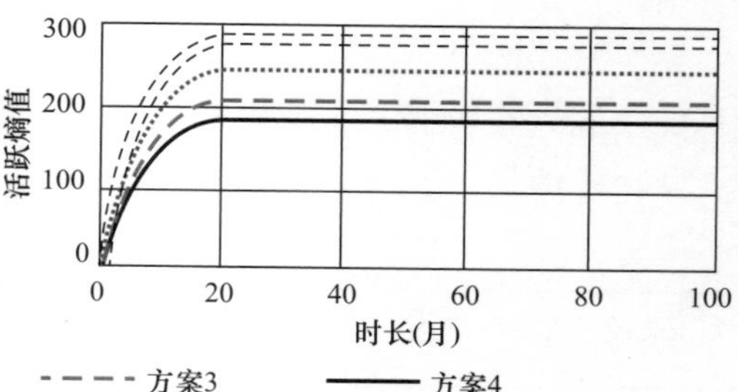

方案1　方案2　方案3　方案4

图 8-24　企业信息化变化时企业调控力度和活跃熵值变化

改变企业敏感度，观测系统多方案运行所得的结果差异。变量值见表 8-14。企业调控力度和活跃熵值仿真运行曲线如图 8-25 所示。

企业敏感度值调整设定　　表 8-14

方案类型	外部环境熵增量	企业内部熵增量	竞争对手熵增量	风险阈值	风险投入	企业信息化	企业敏感度
方案 1	30	30	20	2000	10	10	5
方案 2	30	30	20	2000	10	10	10
方案 3	30	30	20	2000	10	10	15
方案 4	30	30	20	2000	10	10	20

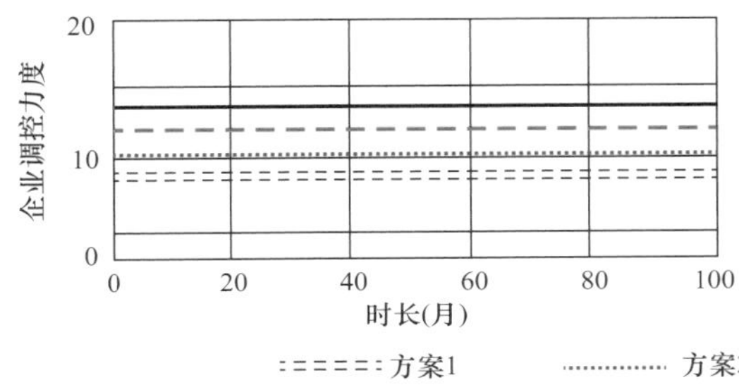

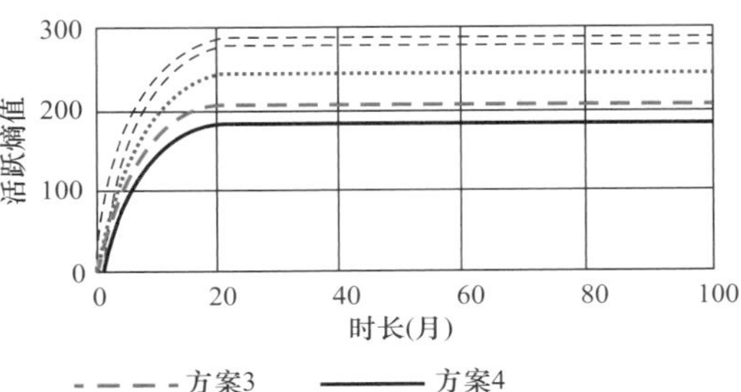

方案1　方案2　方案3　方案4

图 8-25　企业敏感度变化时企业调控力度和活跃熵值变化

根据模型公式，如果其他变量保持不变，企业控制强度也与企业信息化程度或敏感度正相关。企业控制规模的变化和主动熵的变化与图 8-23 中的变化相似。因此，企业要想在危险废物处理和处置方面进行技术创新，必须提高自身的信息化水平和企业敏感度，并增加风险投入。

8.3.7　总结与建议

我国危废处理市场的形成，既不是资本的培育也不是市场的自然行为，而是由于国家政策的介入而促成的，这对危废行业的发展也带来了一定的政策风险和技术风险。而随着国家环保政策的完善以及危废管控体系和付费体制的规范，危废处理行业将进入井喷式增长的阶段。过去隐藏的危废将会逐步进入监管，相关法律的完善和政策的颁布让企业有法可依，也让危废市场更加规范、有序。在国家对环境问题越发重视的大背景下，深圳市危废的管理与处置将会越来越严格和规范，这也给新兴技术的研究和发展提供了驱动力。但是不可否认，当前我国危险废物行业仍然存在不少问题，例如区域危险废物产量与处置能力不匹配，产业的地区差异导致产能利用率低下。同时违法成本较低导致一些排污企业抱着侥幸心态，通过偷排或瞒报减少危险废物处理处置的成本，对周边生态环境造成严重破坏。另一方面，虽然法律法规体系逐渐健全，但执法力度仍相对较弱，管理者仍着重于末端处理，没有从源头制定法案。危废领域从业人员专业能力有待加强，很多地区缺少危废处理的专业机构，专业人才也严重不足，导致管理效率低下、管理程序混乱。但随着市场的健全和法律的完善，可以预见危废行业将会释放更大的市场空间，吸引越来越多的企业争相入场。而对于深圳危废市场的预测以及对于企业自身创新投资风险的评估，也将让企业进入市场更有底气，可以促进市场的良性发展，不断创新，逐渐解决危险废物行业存在的问题。

8.4 导师点评

对危险废物的调研是很有意义的一个课题方向，对于当前企业的发展、市场的走向有很好的借鉴意义。本调研报告不论在整体还是细节处，都做得很到位，达到了较饱满的工作量。报告主题突出、结构完整、格式规范、层次清楚、逻辑性强，在大量的数据支撑下总结了当前危险废物行业的现状及存在问题。同时课题也进行了一些创新性的研究方法，如加入人群关注度的分析、反应动力学模型的分析等，令我们眼前一亮。

当然，本调研报告仍存在一些需要补充和完善的地方，例如在模型分析方面虽然处理得不错，但是需要明白模型仍存在较大误差，模型考虑的因素也较为简单，在实际情况当中这是一个比较复杂的系统。在模拟过程中要考虑到各因素随时间推移可能产生的变化，并不是再过 10 年、20 年的危险废弃物的情况仍与模拟初期情况一致。若想进一步得到更精确的预测模型，需要更为多样和详细的信息作为引入数据，对模型进行修正，再根据后续企业的投资、市场变动等情况考虑分析，从而得到更好的模拟效果。同时因为本报告中建立模型所使用的数据不能够确保其完整性和真实性，因而导致模拟结果出现偏差，与实际情况有所出入。而真实全面的数据通常需要通过原单制度获取，通过原单制度可以对企业生产或处理的每一吨、每一平方米的危险废物的产生源头、处理流程、结束状态等进行追踪确认，从而保障数据的真实和完整性，但因为涉密问题可能收集时存在一定难度。

总体而言，本调研报告是一份较为出色的行业报告范例，较为准确概况了我国以及深圳市当前危险废物的市场和技术现状，对于读者有一定的启发意义。

8.5 学生感悟

在课题的实施过程中，我们小组遇到了各种各样的困难，但庆幸通过不断的探索和努力，最终相对圆满完成任务。在课题前期阶段，成员对于课题的研究背景、研究思路、产出成果等均没有清晰的认识，对于课题的理解也存在一定分歧。在这种情况下，我们决定先行对国内外危险废物行业的基本情况做初步的了解，在对课题背景有一定认识后再讨论往后的研究思路和最终的成果形式。因此，我们除了查找大量文献之外，也主动去了解了深圳市主要危废处理处置公司，听取了业内众科学家和工程师的观点，并收集了深圳市及更广范围内的危废行业有关的书面材料。最终我们确定了以调研报告为主的成果形式，并加入模型分析章节，希望更立体全面地反映出深圳市危险废物行业的现状及发展前景。

另外，数据的准确性和权威性也是困扰我们的重要问题。部分数据可能因来源不同相互矛盾，企业公布的数据也可能因涉及商业机密与实际情况存在较大偏差。在时间和资料来源有限的情况下，我们也多渠道、多角度核对查实数据，尽可能保证数据的真实性和准确性。

通过积极讨论、模型分析、报告编写，我们对深圳市危险废物行业的背景、法律法规、产出及处理处置情况进行系统深入的调研，并在这一过程中学会了如何科学地分析问题，例如：基于调研数据及问题，结合环境经济学及系统动力学的研究方法，通过利用模拟软件 VENSIM，建立模型对深圳市危废行业进行前景分析及预测，从而对国内危废尤其是深圳市危废行业的情况有了较深的了解。当然，本次调研的结果仍存在较多不足，还有众多未讨论的问题有待我们今后继续分析解决。

第 9 章　朗坤环境餐厨垃圾处理系统运行数据的 App 开发

9.1　课题背景

近年来，随着我国社会信息化建设程度的不断加深，移动互联网、物联网、大数据、云计算等新技术的快速发展为环保信息化应用提供了无限可能，环保信息化建设明显加快。2010 年 1 月 5 日，第一次全国环境信息化工作会议在北京召开，指出要深入推进环境信息化建设，实现环境信息采集、传输和管理的数字化、智能化、网络化，使环境管理决策体现时代性、把握规律性、富于创造性，提高环境管理决策的水平和能力，推动各类环境问题的有效解决。随后，生态环境部陆续颁布多个相关技术标准[214-222]，规范环境保护应用软件开发管理过程，推进环境信息化工作进程。

随着智慧型手机的普及和 4G 网络的大规模应用，移动信息化成为人们在工作、生活中的普遍需求。手机 App、微信小程序等填满了人们生活工作的方方面面。新一代环境专业的大学生除了专注于环境专业知识的学习，对于如何将环保行业与信息化结合也充满了兴趣。因此，本次课程借由与深圳市朗坤环境集团股份有限公司（以下简称“朗坤环境”）的合作，探索移动信息化在专业环保领域的应用。

9.1.1　合作企业现状

深圳市朗坤环境集团股份有限公司成立于 2001 年，是一家位于大湾区的领先环保服务供应商，专注于提供有机废弃物处理及环境工程综合解决方案的建设及营运服务。根据全球知名行业顾问公司弗若斯特沙利文的资料，公司在中国动物固体废弃物处理市场排名第一，在大湾区的餐厨垃圾处理市场排名第一。作为一家肩负社会责任的公司，朗坤环境凭借对有机废弃物处理的能力，防止上述废弃物再次流入至食品行业或自然环境，致力为中国食品安全及环境保护做出贡献。

自成立以来，朗坤环境凭借深厚的技术积累和丰富的运营经验，先后获《2017 年度中国固废行业有机废弃物领域领先企业》、《“十二五”广东省环境保护产业骨干企业》、《有机废弃物领域资源化利用年度标杆企业》等荣誉。公司现为“中国高新技术企业”，拥有研发雇员约 40 名，大部分来自环境工程、工程及化学背景。研发团队已发明多项专利核心技术，并应用于项目中，包括 LCJ 超级厌氧微生物降解及沼气生产系统、灭菌脱水反应釜及自动超高压垃圾压榨装置。其中，LCJ 超级厌氧微生物降解及沼气生产系统可令餐厨垃圾的发酵效率较业内厌氧过程所用的传统微生物提高三倍。

深圳市龙岗区餐厨垃圾收运处理项目（以下简称“龙岗项目”）由朗坤环境集团采用 BOO 模式投资、建设并运营。龙岗项目于 2016 年 1 月 12 日投产运营。该项目目前已成为国内餐厨垃圾处理标杆项目，并先后荣获国家发改委下属的循环经济协会授予的“最具投资价值园区奖”及中国环联授予的“2018 餐厨垃圾处理成功示范案例”等称号。

龙岗项目处理对象为深圳市龙岗区范围内的餐饮废弃物、厨余废弃物、地沟油、果蔬废弃物等城市有机垃圾，签约处理能力可达 430 吨/日，是深圳市处理量最大、工艺最优的餐厨垃圾处理设施。龙岗项目 2016 年、2017 年全年累计收运处理龙岗区的餐厨垃圾约占全市餐厨垃圾（含废弃食用油脂）收运处理量 1/3 强，餐厨垃圾处理量居全市第一，果蔬垃圾处理量居全市第一[223]（来源于深圳商报报道）。

图 9-1　龙岗区餐厨垃圾收运处理项目全貌

本项目的餐厨处理系统包括预处理系统、厌氧系统、沼渣车间、生物柴油车间、废水处理等系统，其工艺流程如图 9-2 所示[224]。

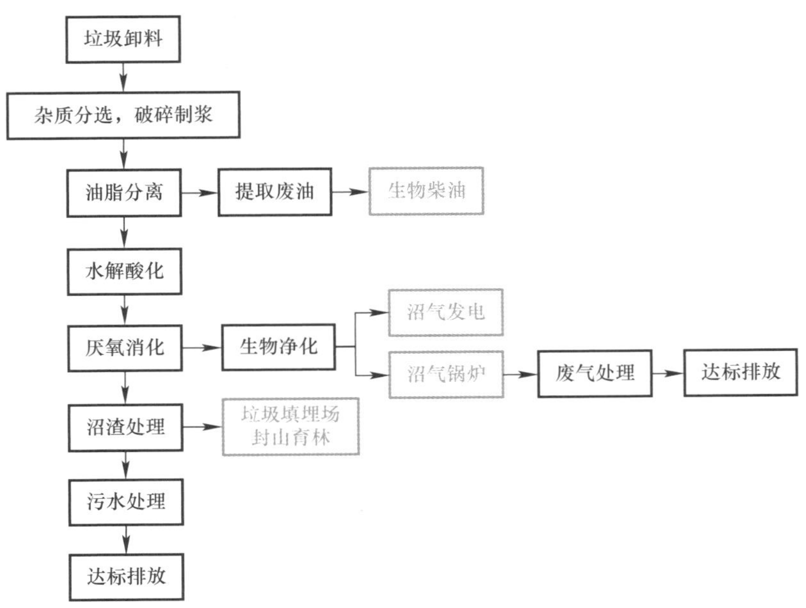

图 9-2　龙岗项目餐饮垃圾处理工艺流程图

餐厨垃圾卸料进入处理系统后首先会用破碎分选机、离心机、除砂机等进行杂质分选并破碎制浆，然后再经过油脂分离，将废油送入生物柴油车间处理，从而回收利用，而浆料会进入厌氧系统处理。厌氧系统中，浆料会先在水解酸化罐进行水解酸化处理，再送入厌氧反应罐进一步反应。厌氧反应罐产生的沼气会和废水处理过程产生的沼气一同经过生物脱硫塔后，送入双膜气柜储存。这些沼气一部分会在增压后送到蒸汽锅炉导热油炉进行回收利用，大部分沼气会输送到园区的内燃发电机系统，电能除掉自用部分，其他均并入南方电网。厌氧反应罐产生的废水会被送入废水处理系统，处理过的废水一部分经过回用水处理系统处理后输送至回用水池，一部分则经过排放监测池后排入市政管网[225]。

龙岗项目在环保信息化建设方面也走在前列。在项目高效、安全运转背后，有一个全面、先进的数据实时监测系统和控制系统在提供支持。该系统功能包括：数据采集、数据处理、控制和监视、数据通信、画面显示、存储和打印、事故及故障报警、保护功能以及自诊断功能。项目的网络结构如图 9-3 所示[226,227]。

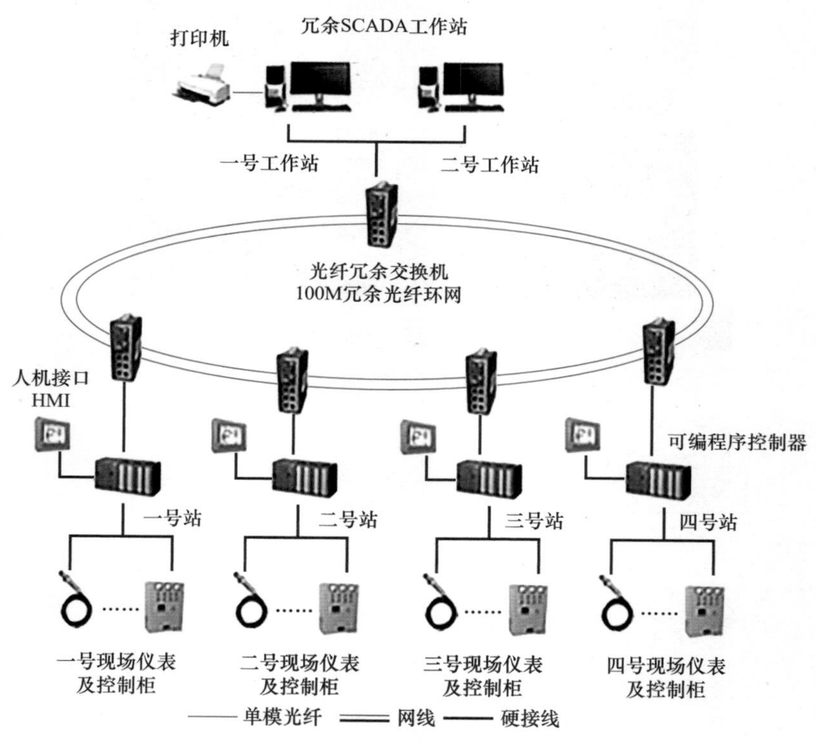

图 9-3　龙岗项目中控室网络结构图

龙岗项目的系统监测和运行数据通过场内网络线路，全部汇总到中央控制室（中控室）。目前每当工作人员需要远程了解系统实时运行信息时，须通过中控室的值班人员从软件上截图再通过微信传送才能获取，这种方式不利于信息的快速传递、工作人员的高效沟通，并延迟了问题处理时间。

鉴于此，公司提出，请项目组的同学尝试开发一款手机 App 软件实现检测数据与手机客户端的数据连接，便于相关人员（如企业领导/行业专家/专业工程师）随时随地了解系统最新数据和故障信息情况，远程协助指导现场工作人员，对项目进行实时监控管理、提供指导意见、帮助解决问题。

9.1.2 企业需求

项目组同学接到任务后，立即前往龙岗项目现场，对项目工艺实地参观了解，并同企业相关负责人进行讨论，确定项目工作内容（图 9-4）。

图 9-4　学生同企业相关负责人讨论对接（上图）并参观工艺流程和中控室（下图）

经过前期调研讨论，基于企业的需求，项目组同学对该 App 总结出以下功能需求：

（1）监测数据通过中控室实时上传到 App，如水解罐液位/pH 值、厌氧罐进料量/沼气产量/液位/温度等；

（2）测量参数输入端，授权人员便捷输入并上传到 App，如水解罐和厌氧罐的挥发性脂肪酸（VFA）/碱度/总固体量（TS）/挥发性固体量（VS）等数据；

（3）App 上制作动态流程图和罐体模型图，参数数值变动通过动态画面展示，直观浏览；

（4）App 上建立历史数据库，可查询最近 30 天的日数据，及月均数据、年均数据；

（5）故障报警通过手机短信息或屏幕上报警灯闪烁提醒。

在开发软件过程中，项目组成员考虑到，虽然龙岗项目包含六个系统：预处理系统、生物柴油车间、厌氧系统、沼气利用系统、废水处理系统、沼渣车间，然而预处理系统和生物柴油车间由于各自原因不适合纳入软件开发，因此本次开发过程中只包含了厌氧系统、沼气利用系统、废水处理系统、沼渣车间这四个系统。具体原因分析如下：

预处理系统主要负责将运来的垃圾杂质分选和破碎制浆，并且进行油脂分离。该系统运行状态平稳，系统涉及的相关参数较多，且大部分参数为敏感参数，企业不建议做入程序，综合考虑后决定取消该部分的制作。

生物柴油车间将运来的垃圾油脂分离后，提取废油进行处理，生产生物柴油。该界面只有各个泵机的开关，并且没有任何数据展示，是一个相对独立的过程，在与企业进一步沟通后，共同决定取消该部分的制作。

厌氧系统主要包含水解酸化罐和厌氧消化罐，负责将油脂分离后的餐厨垃圾进行厌氧处理。

沼气利用系统主要包含双膜气柜，负责将厌氧系统中获得的沼气进行处理储存并且输送至各处进行利用。

废水处理系统主要包含厌氧罐、MBR 反应池，负责将废水处理合格后排放至市政管网。

沼渣车间主要包含调配池、消化液储池以及相关配套污泥处理装置，负责将整个厂区产生的沼渣进行处理。

9.1.3 项目完成情况概述

项目组根据企业需求，最初将项目名称确定为“朗坤环境厌氧系统运行数据的 App 开发”。后在项目实施过程中，根据项目内容变化，通过与企业协商，将项目名称更改为“朗坤环境餐厨垃圾处理系统运行数据的 App 开发。”在近四个月的工作周期中，项目组通过学习软件开发知识，进行软件设计开发，于结题时的实际完成情况如下：

(1) 实现系统运行数据实时上传到云端数据库，软件通过数据库获取并显示相关数据，数据刷新频率为每 10s 一次。

(2) 完成数据的手动录入功能。该功能仅对数据录入人员开放，通过微信后台可以实现权限设置。

(3) 完成罐体模型图的制作，参数数值实时更新，每 10s 刷新一次。为方便替代企业给出的流程图相关信息，项目组采用了与中控室一样的 jpg 格式的流程图。至于动态效果所能实现的对运行状况的提醒功能，则采用更清晰直观的方式进行展示。

(4) 完成历史数据库设置，可进行相关数据的查询，并能以图表形式进行显示。

(5) 故障信息可以通过短信形式发送给相关工程师。

接下来，我们将从软件设计、开发、整体实现过程等方面对项目组的工作进行一个完整的回顾。

9.2 课题研究方法

本项目的技术路线图如图 9-5 所示：

9.2.1 软件设计理念

在整个软件设计过程中，项目组为了保证最终产品的质量，一直坚持四项原则进行设计：实用性原则、通用性原则、UI 设计一致性原则、开发模块简单化原则。通过执行这四项原则，项目组在探讨设计方案、决定并开始设计的过程中方向都十分明确，进行得比较顺利。以下对这四项原则进行详述，并分析由这些原则得到的设计方案。

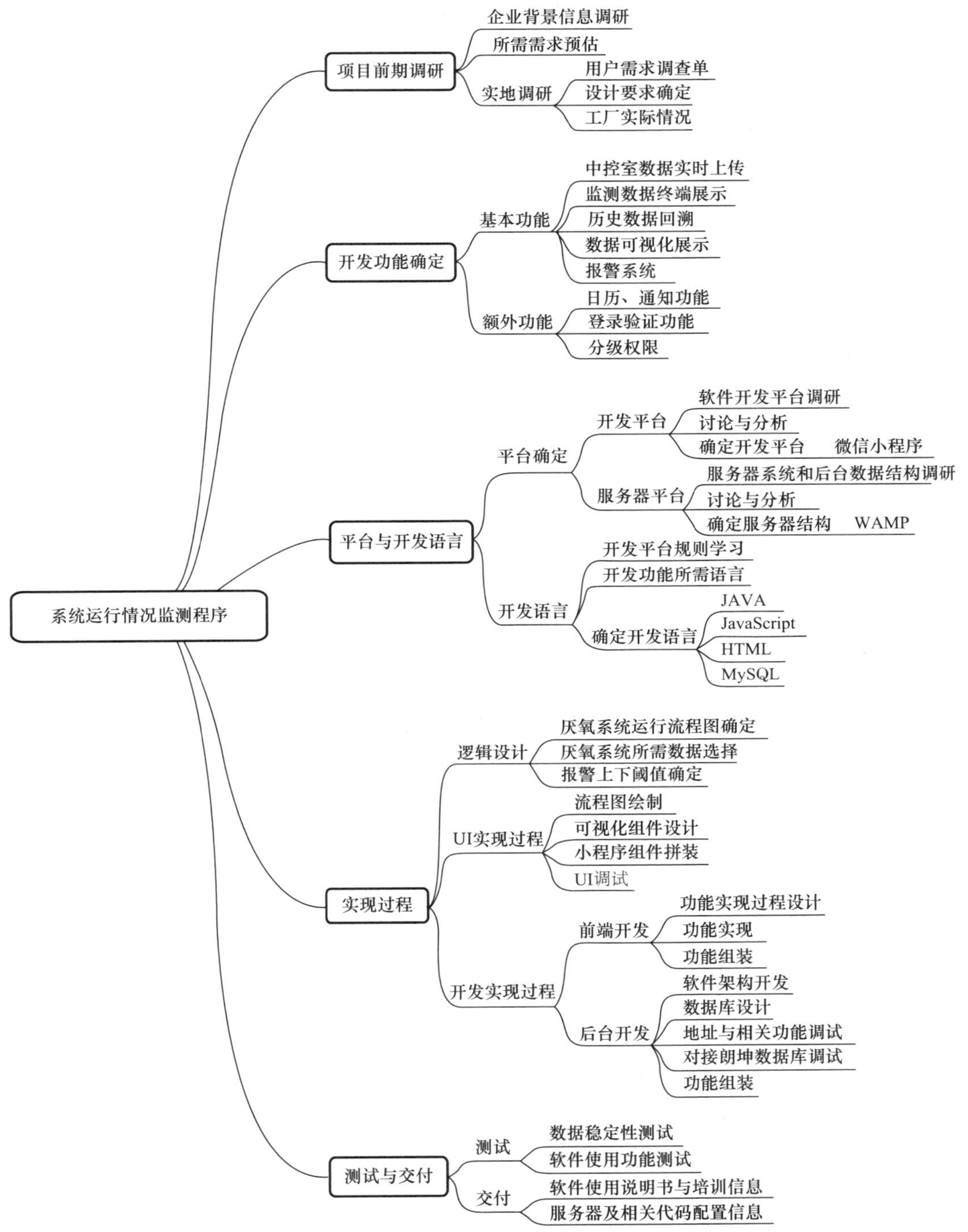

图 9-5　朗坤环境餐厨垃圾处理系统运行数据的 App 开发项目技术路线图

1. 实用性原则

本项目所服务对象，主要为公司高层领导、行业专家、工程师和操作人员及其他相关工作人员。以上人员均对龙岗项目的工艺系统有所了解，对 App 的主要需求是查看系统的实时数据。

考虑到上述人员均能接触到中控室的数据监控展示图，且已对相关数据在中控室软件上的工艺流程图中的位置有了基本印象，因此本 App UI 界面设计的首要原则即是与中控室实际数据展示方式一致，从而帮助用户尽快学习熟悉该软件，提升软件的可操作性。

本软件在设计时，考虑到未来的受众可能还有非相关业务工程师和社会群众，甚至软件未来可能还会应用于企业展示墙，项目组决定对界面进行美化，做到既能保存现有的工艺流程又能够满足社会群众的审美需求。虽然美化的罐体图与中控室的图呈现不同的风格，但对数据的查看没有影响。这样的设计，不但能够提升用户使用软件的体验，也可以作为未来企业形象展示的一部分以及环保数据信息化的一个展示平台。

同时，为了方便今后用户的使用，项目组还增加了日程、公告和任务功能，公司可以使用该软件作为办公平台，有效的发布相关信息，提升工作效率。

此外，为了减少注册的不便和后台管理的不安全性，项目组采用关联微信的方法进行身份验证，通过微信后台进行分组，设置相关管理员。微信后台是由腾讯作为第三方制作的平台，其在项目安全性和可操作性均较成员自行开发的 App 更为严格。因此项目组采用了微信后台进行管理，公司工作人员仅仅需要通过微信后台进行登录，便可以实现对 App 进行管理，实现不同人群的分组与其他功能的使用。

2. 通用性原则

项目组考虑到该软件的使用会涉及不同的手机系统，故前期对此进行了调研，从兼容情况、开发难度、占用空间、用户偏好程度、功能实现程度、开发周期和开发的安全性等方面进行考虑，总结见表 9-1。

软件开发平台对比　　表 9-1

	微信小程序	App	HTML5
iOS 兼容	可实现	可实现	可实现
Android 兼容	可实现	可实现	可实现
开发难度	简单	难	简单
占用空间	少	大	少，但需重复加载
用户偏好程度	大	大	小
功能实现程度	可实现	可实现	可实现
开发周期	短	长	短
安全性 *	高	一般	一般
开发语言	JS 等多种	JS	JS HTML5

* 指项目组成员可开发程度的安全性。

其中，如何同时与 iOS 和安卓系统兼容是项目组在开发过程中面临的首要问题。项目组考虑到未来使用群体的多样化，与当前所有 App 开发一样，若项目组仅单独开发安卓版本，则会放弃 iOS 用户；若单独开发 iOS 版本，不仅会放弃安卓用户，而且会面临 Apple Store 一系列的软件认证，认证周期较长，并且需要很多资质，满足很多规则。这样不仅会增加开发难度，还可能会面临软件在本课程项目结束时未能投入使用的情况。结合上述多方面限制，项目组经过调研后决定采用当前互联网通用的开发平台，即 HTML5 开发或者微信小程序开发。上述两个平台均可以做到兼容 iOS 和安卓系统，并且开发难度较小，更适合本项目。

而对这两种平台的选取上，考虑到几乎每个人的手机上均装有微信，也默认安装了浏览器，两者似乎并无优劣之分。但从用户体验的角度上思考，用户往往更期待展示类 App 直接嵌入微信，从而更方便打开和使用；同时，从数据的存储角度上讲，微信小程序仅仅加载一次，即可将相关程序组件存储到微信缓存中，而 HTML 每次打开都需重新下载组件，考虑到未来该系统的使用频率，将 App 嵌入到微信小程序中，不仅减少流量浪费，节约网络资源，还能提高传输速度。此外，在后台安全性方面，项目若采用 HTML5 进行编辑，另需专门制作相关后台，而后台的安全性以当前项目组成员能力暂时无法保证，而微信小程序采用微信内接后台并提供一些操作后台的方法，功能完善、操作较简单并且对安全性有保证。

综上所述，考虑到通用性、用户体验、传输效率与安全性等方面，项目组最终选择了性价比最高的微信小程序作为开发平台。

3. UI 设计一致性原则

为帮助用户更快、更舒适的识别和使用 App，提供有效合理的信息反馈规则，减轻短时间的记忆负担等，项目组采用了统一的 UI 设计。

一致性原则包括界面一致性和操作一致性。界面一致性包括图标、色彩布局、字体等一致性。本系统采用的主要设计颜色为朗坤环境商标的蓝色，通过 icon 图的形式进行引导；同时 App 的罐体也均由项目组成员统一绘图，大小和管道均与中控室布局保持一致；整体风格也以简约为原则，使用户的使用体验更佳。此外，在关键位置通过改变颜色或增大字体来体现差异化；同时也会增加引导文字，使用户可以轻松地了解整个工艺过程。

同时，软件也遵循操作一致性的原则，点击、拖动等均符合当前主流 App 的使用体验，用户可以快速上手。对此，项目组在设计时进行了充分的测试，对于用户的每一个动作，系统都会有反馈。

4. 开发模块简单化原则

iOS 应用程序

iOS 应用程序是专用于 iPhone 手机上的应用程序，在 Apple Store 进行下载使用，数量庞大。对于开发者而言，其开发必须用到 iOS 软件开发套件（SDK）以及苹果公司的集成式开发环境（IDE）XCode。iOS 平台是一个封闭的环境，这样可以使得对于应用软件的质量能有很好的可控性，而且具有现成的良好的开发框架及方便的应用推广平台，还具有相对的公平性，并具备遥遥领先的用户数量基础。另外，发布应用程序需加入 iOS 开发者计划（收费），并提交到 Apple Store 审核通过后方能上架。

Android 应用程序

Android 应用程序是 Android 系统智能手机的主要构成部分，实现了智能手机的多样性、多功能性，结合了办公功能、娱乐功能、生活实用功能等，广受人们的喜爱。对于开发者而言，Android系统是一个对第三方软件完全开放的平台，开发者在为其开发程序时拥有更大的自由度，突破了iPhone等只能添加为数不多的固定软件的枷锁；同时Android操作系统免费向开发人员提供，可节省近三成成本。

微信小程序

微信小程序是一种不需要下载安装即可使用的应用，它实现了应用“触手可及”的梦想，用户扫一扫或者搜一下即可打开应用。也体现了“用完即走”的理念，用户不用关心是否安装太多应用的问题。应用将无处不在，随时可用，但又无需安装卸载。对于开发者而言，小程序开发门槛相对较低，难度不及App，能够满足简单的基础应用，适合生活服务类线下商铺以及非刚需低频应用的转换。小程序能够实现消息通知、线下扫码、公众号关联等七大功能。

HTML5 网页

HTML5（H5）是一系列制作网页互动效果的技术集合，即H5就是移动端的web页面。H5提供免插件的视频，图像动画，本地存储等重要功能，并且让这些应用标准化和开放化，为下一代互联网提供了全新的框架和平台，从而使互联网也能够轻松实现类似桌面的应用体验。并且，H5还有一个非常大的优势，就在于它的跨平台性，可以同时兼容PC端与移动端、Windows与Linux、安卓与iOS，它可以轻易地移植到各种不同的开放平台、应用平台上，打破各自为政的局面。这种强大的兼容性可以显著地降低开发与运营成本。H5的本地存储优势也是非常明显的，其启动时间更短，联网速度更快，而且无需下载占用存储空间，特别适合手机等移动媒体。而H5让开发者无需依赖第三方浏览器插件即可创建高级图形、版式、动画以及过渡效果，这也使得用户用较少的流量就可以欣赏到炫酷的视觉听觉效果。

9.2.2 软件开发方案

本项目的小程序开发工作，主要分为前端应用程序开发和后台服务器开发两方面。前端主要选择微信开发者平台作为开发工具。后端根据数据实际传输总量情况，最终选择WAMP框架的平台进行后续开发[228,229]。软件开发架构如图9-6所示。

1. 微信小程序前端

鉴于微信小程序具有跨平台、用户体验度高等特点，项目组以微信小程序作为本App的前端展示载体。其中UI框架界面采用步骤如下：

（1）采用第三方平台的开源小程序模块对系统进行初始的页面设计，制作小程序demo。

（2）封装demo，下载导入微信小程序开发者工具进行代码解析，修改具体代码，确定系统的架构。并在此期间完成小程序V1.0版本的开发。

（3）对代码进行UI优化，导入设计好的UI图片，同时对用户操作手段进行模拟，确定使用流程，编写具体操作。并在此期间完成小程序V2.0、V3.0版本的开发。

（4）与服务器实现数据接入，完成App最终调试。暨为小程序最终版本。

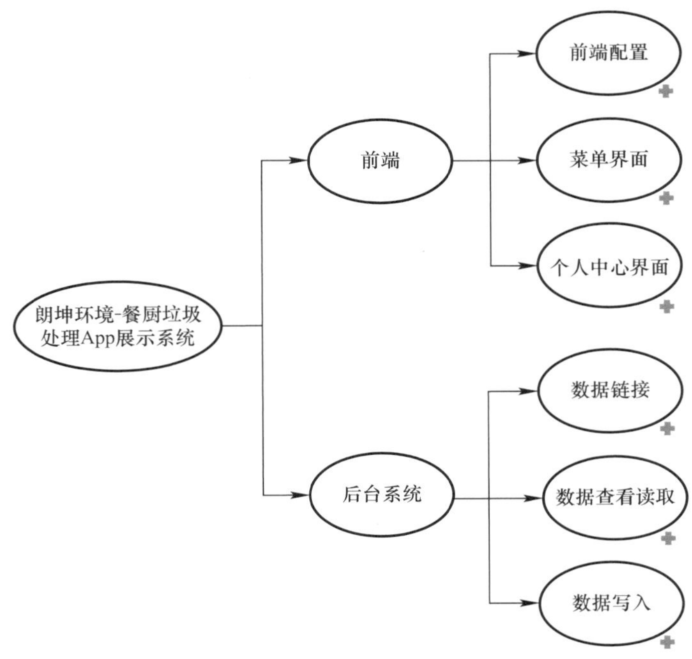

图 9-6　软件开发架构

2. 服务器 WAMP 框架

经过前期学习调研，本项目开发选择 WAMP 作为服务器的环境构造方法。WAMP 是一个在 Windows 上集成 Apache、MySQL、PHP 的服务器软件。通过组合 WAMP，用户仅需要通过鼠标的开关，便可以控制服务器相关数据，无需亲自去修改配置相关文件环境。WAMP 是当前主流的快速配置 Web 服务器的方法，具有易用、易操作、界面友好的特点，非常适合用于开发功能相对简单的软件，同时也大量节省了项目组成员的时间。其中服务器与前端关联的步骤如下：

（1）根据设计的软件框架，设计出一一对应的 MySQL 数据表格。

（2）将 MySQL 数据表格生成，同时调节相关参数，导出链接参数信息。

（3）关联前端与服务器 MySQL 数据，实现数据与 App 一一对应关系。

（4）通过组态王将数据写入 MySQL 中，实现每 10s 更新一次数据的要求。

（5）通过微信小程序实现存储 OpenID 与 PHP 通信，实现反向数据录入。

（6）App 进行细节调试，开发完成。

（7）通过修改关键地址，转移至企业服务器中。

WAMP

Windows 下的 Apache＋MySQL/MariaDB＋Perl/PHP/Python 是一组常用来搭建动态网站或者服务器的开源软件，其本身都是各自独立的程序，但因常被放在一起使用，拥有了越来越高的兼容度，共同组成了一个强大的 Web 应用程序平台。名字来源于每个程序的第一个字母。每个程序在所有权里都符合开放源代码标准：Linux是开放系统；

Apache 是目前最为通用的网络服务器；MySQL 是带有基于网络管理附加工具的关系数据库；PHP 是流行的对象脚本语言，包含多数其他语言的优秀特征使其网络开放更为有效。开发者在 Windows 操作系统下使用这些 Linux 环境中的工具称为使用 WAMP。

9.3 软件实现过程

如上文所述，软件的实现过程主要分为前端开发和后端开发。前端主要是根据满足用户实际需求对设计功能的实现开发，后端主要完成数据存储、数据传输的功能。结合各自的设计规范，其过程如下文所述。

9.3.1 前端实现过程

(1) 了解背景情况，调查用户需求，根据《环境保护应用软件开发管理技术规范》HJ 622—2011[1]要求，完成《用户需求调查单》和《用户需求说明书》，主要为 App 设计的界面要求和开发环境要求，详见图 9-7。

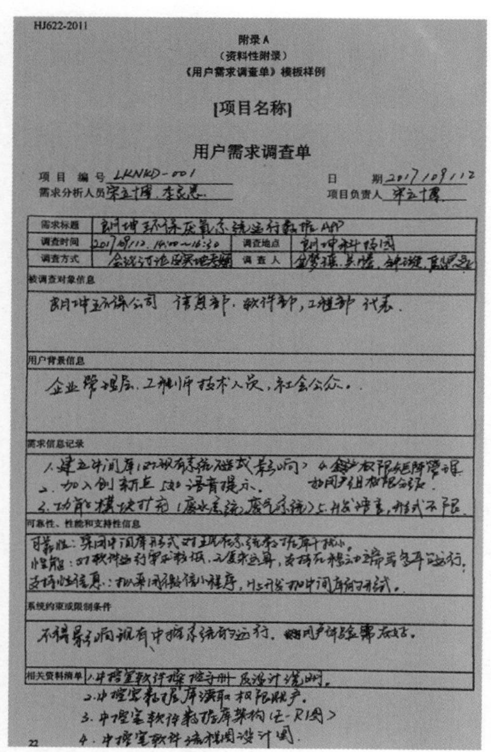

HJ622-2011

附录 A

（资料性附录）

《用户需求调查单》模板样例

[项目名称]

用户需求调查单

项 目 编 号 LKNKD-001　　日　　期 2017/09/12

需求分析人员 [illegible]　　项目负责人 [illegible]

需求标题	[illegible] APP		
调查时间	2017/09/12, 14:00～16:30	调查地点	[illegible]
调查方式	[illegible]	调 查 人	[illegible]

被调查对象信息

[illegible]

用户背景信息

企业管理层、工程师技术人员，社会公众。

需求信息记录

[illegible]

可靠性、性能和支持性信息

[illegible]

系统约束或限制条件

[illegible]

相关资料清单 [illegible]

22

《用户需求说明书》

B1 引言

B1.1 目的

a)用户开发本软件的目的。

开发此微信小程序是为了将中控室监测数据实时传输到智能手机用户上，让领导/专家/工程师随时随地都可以用智能手机来了解厌氧系统最新数据和故障信息状况，远程协助工作人员对项目进行实时监控管理，从而为现场人员提供指导意见，帮助解决问题。同时本软件也配置开放性接口，后期可以随用户需求做出针对性的改变，从而进一步提高应用开发的灵活性。

b)编写本用户说明书的目的。

编写本用户说明书的目的是进一步定制微信小程序开发的细节问题，希望能使本微信小程序的开发工作更具体。是为使用户、软件开发者及分析人员对该微信小程序的初始规定有一个共同的理解，它说明了本产品的各项功能需求、性能需求和数据要求，明确标识各功能的实现过程，阐述实用背景及范围，提供客户解决问题或达到目标所需的条件或权能，提供一个度量和遵循的基准。是本程序设计与开发的重要参考依据，软件维护的参考资料，也是项目验收标准之一。

c)本用户说明书的预期读者。

本说明书的阅读、使用者包括：

--项目管理人员：代表公司全过程管理项目（含监理）的核心人员，主要对公司项目开发中质量、工期、环境和安全管理的执行情况进行全程管控，并及时处理项目经理提出的安全、质量、费用、进度以及技术和管理方面的重大事项，以确保项目任务安全、高效的完成。

--软件设计人员：从软件需求规格说明书出发，根据用户需求分析阶段确定的功能设计软件系统的整体结构、划分功能模块、确定每个模块的实现算法以及编写具体的代码，形成软件的具体设计方案的人员。

--编程人员：根据软件设计人员设计的具体设计方案，把方案变换成特定语言真正可运行的代码。

--软件测试人员：在规定的条件下对程序进行操作，以发现程序错误，衡量软件质量，并对其是否能满足设计要求进行评估的过程。

图 9-7　用户需求调查单（左）和《用户需求说明书》(右)

《用户需求调查单》主要内容包括：被调查对象名称、调查时间、地点、用户背景信息、需求信息记录、可靠性及支持信息、现有环境保护应用软件使用情况等。《用户需求说明书》主要内容应包括：业务现状描述（组织结构与职能、岗位定义、业务流程、表单与报表、存在问题等），软件功能需求（可分为若干模块进行说明），软件非功能需求（用户界面、接口需求、性能需求及其他需求）。

（2）学习工艺系统内容，设计相关业务流程和功能，完成《概要设计说明书》。

《概要设计说明书》的主要内容应包括：软件总体概述、影响设计的约束因素、设计策略、软件总体结构、模块功能、系统接口、环境数据库设计规划、运行所需的软硬件环境等。

（3）对软件界面进行设计整合，对具体工作流程进行细化整理，对编程进行架构设计，完成《详细设计说明书》，对 App 具体功能和 Web 服务器进行设计。

《详细设计说明书》的主要内容应包括：软件体系结构概述、数据库设计说明、模块设计说明、界面设计说明、算法说明等。该详细设计的核心思想是采用通用模块，将重合性较大的系统进行统一的归类，做一个兼容性比较高的模块。之后如果有需求，仅仅需要改变参数便可以增加功能，无须重复性编程。这样做一来减少系统空间，二来增加系统的灵活性；但代码可读性会降低，开发难度会增加。

（4）对图纸进行修改，优化设计流程，对展示图的方式进行修改等，确定最终设计方案，采用横屏摆放，数据实时刷新，效果图如图 9-8 所示。

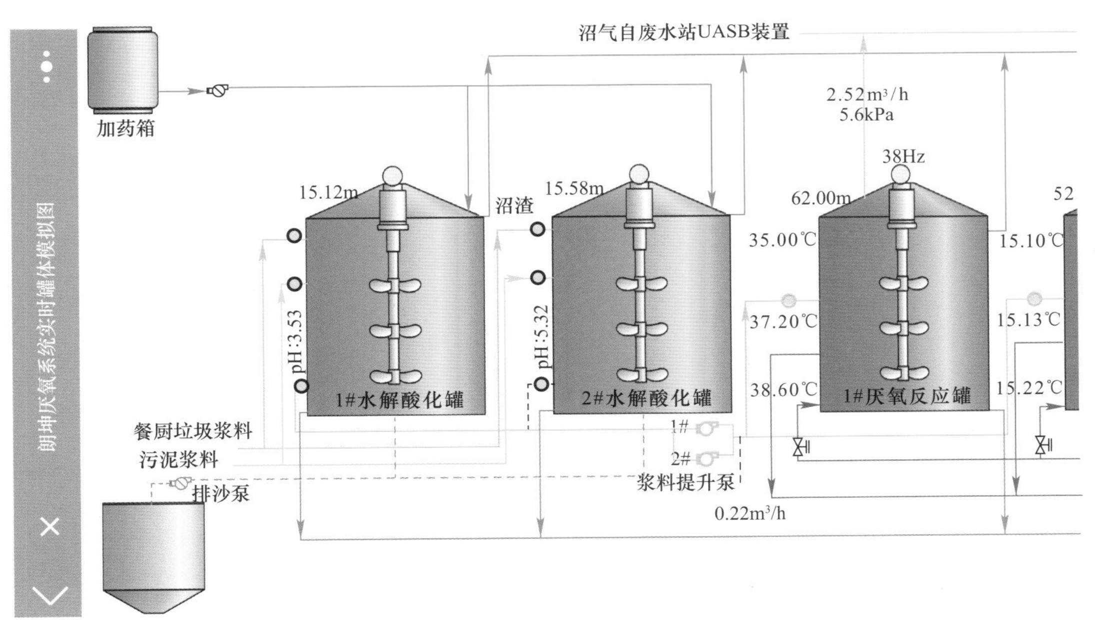

图 9-8　厌氧系统数据展示效果图

（5）实现前端与 Web 服务器的通信，部分工作代码如图 9-9 所示。

（6）逐步调试展示参数具体信息，实现界面美观性。

```
var yyxtData = function () {
  wx.request({
    url: 'https://www.shenzhensustech.cn/search/getdatainyyxt.php?yyxt=' + varList[0][0],
    method: 'GET',
    success: function (res) {
      wx.setStorageSync(sysList[0][0] + varList[0][0], res.data);
      console.log(sysList[0][0] + varList[0][0], res.data);
    }
  });
  wx.request({
    url: 'https://www.shenzhensustech.cn/search/getdatainyyxt.php?yyxt=' + varList[0][1],
    method: 'GET',
    success: function (res) {
      wx.setStorageSync(sysList[0][0] + varList[0][1], res.data);
      console.log(sysList[0][0] + varList[0][1], res.data);
    }
```

图 9-9　数据调用过程部分代码

9.3.2　网络服务器建立过程

（1）根据详细设计内容，完善和设计数据结构对应 E-R 图（图 9-10）。

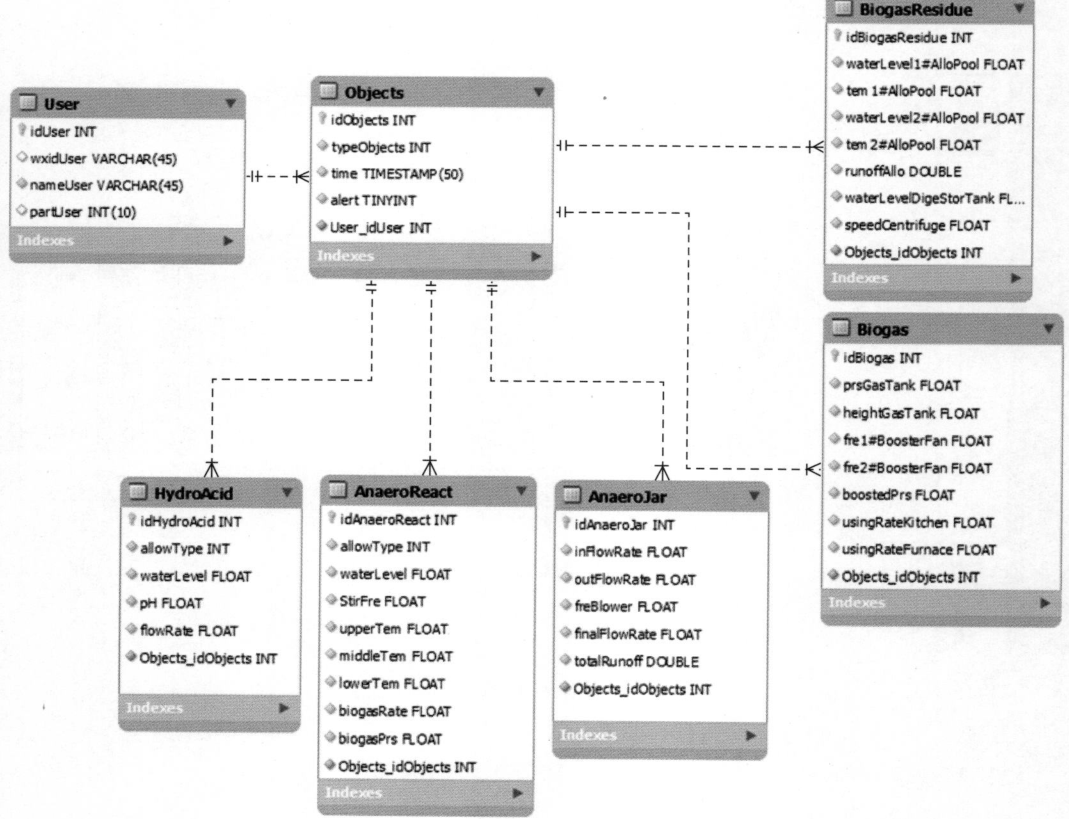

图 9-10　系统可视化小程序数据库 E-R 图

E-R 图

E-R 图也称实体-联系图（Entity Relationship Diagram），用来表示实体类型、属性和联系。它是描述现实世界概念结构模型的有效方法，是表示概念模型的一种方式，用矩形表示实体型，矩形框内写明实体名；用椭圆表示实体的属性，并用无向边将其与相应的实体型连接起来；用菱形表示实体型之间的联系，在菱形框内写明联系名，并用无向边分别与有关实体型连接起来，同时在无向边旁标上联系的类型（1∶1，1∶n 或 m∶n）[16]。

图 9-10 左上为进入小程序的“入口”——User 表。每一位进入小程序进行操作的用户都应当拥有 ID 及 PW（password，密码）。同时，为了配合微信的一些功能，微信账号 wxidUser 也作为每位用户的一个键。nameUser 即用户名。partUser 是用户所在部门的数字编号，目前暂定 0 为默认，1 为总裁办，向下依次排列各部门数字，可 null 但将无任何数据读取权限。InfoUser 是用户个人信息，可 null。

上部中间为各流程的总“父表”——Object 表。其同样具有 ID 属性，且所有流程共用此 ID 序列。

Type 为流程类型，暂定序列表为：默认 0，水解酸化部分 1，厌氧反应部分 2，厌氧罐部分 3，沼气部分 4，沼渣部分 5。AllowType 即允许的部门，目前计划每个流程允许该流程员工所在部门和总裁办查看，为了便于开发，单独增加此类型用于权限设置。Time 为该流程当前数据更新时间。Alert 是该流程目前是否有警报，TINYINT 作为 Boolean 数据类型使用。最后的外部键代表 User 表，可以访问到此表。

同理，下方和右方五张表与 Object 表之间的线代表 Object 表可以访问到它们。

左下为水解酸化流程之表——HydroAcid。目前项目中共有两罐，可分别占据两个 ID 位置。液面高度即 waterLevel，单位为 m。pH 即 pH。出水流量为 flowRate，单位为 m^3/h。

逆时针向右为厌氧反应部分之表——AnaeroReact。目前项目中亦有两罐，占据两个 ID 位置。液面高度即 waterLevel，单位为 m；搅拌频率即 stirFre，单位为 Hz；上部温度为 upperTem，单位为℃；中部温度为 midTem，单位为℃；下部温度为 lowerTem，单位为℃；沼气产量为 biogasRate，单位为 m^3/h；沼气气压为 biogasPrs，单位为 kPa。

下一个为厌氧罐部分——AnaeroJar。该流程部分值在两个厌氧罐上不同，如 ID、进水流量（inFlowRate，m^3/h）、出水流量（outFlowRate，m^3/h）、鼓风机频率（freBlowerRate，Hz）。如实录入上述数据即可。而对于共用的一些值，如出水流量（finalFlowRate，m^3/h）、出水总量（totalRunoff，m^3），这里采用与之前录入数据合并的方式，以达到数据表整洁的目的。

右下为沼气利用系统之表——Biogas。该流程因键值复杂，只占用一个 ID 位。双膜气柜气压为 prsGasTank(kPa)，双膜气柜高度为 heightGasTank(m)，1＃沼气增压风机频率为 fre1＃BoosterFan(Hz)，当然 2＃沼气增压风机频率为 fre2＃BoosterFan(Hz)。增压后沼气气压为 boostedPrs(kPa)，厨房炉灶沼气用量为 usingRateKitchen(m^3/h)，蒸汽锅炉导热油炉沼气用量为 usingRateFurnace(m^3/h)。

右上为最后沼渣车间之表——BiogasResidue。该流程同样只占一个 ID 位。1＃调配池的水面高度与温度分别为 waterLevel1＃AlloPool(m) 和 tem1＃AlloPool(℃)。同理，2＃调配池的水面高度与温度分别为 waterLevel2＃AlloPool(m) 和 tem2＃AlloPool(℃)。调配池出水量为 runoffAllo(m^3)，消化液储池水面高度为 waterLevelDigeStorTank(m)。1＃离心机与 2＃离心机的转速则分别为 speed1＃Cetrifuge(r/m) 与 speed2＃Cetrifuge(r/m)。

(2) 购买云空间环境，建设 WAMP 的 Web 服务器环境。

(3) 将数据库管理端关联服务器 MySQL 中。

(4) 实现软件与 MySQL 的数据连接，与前端设计第⑤所对应，部分工作代码如图 9-11 所示。

```
var yyxtData = function () {
  wx.request({
    url: 'https://www.shenzhensustech.cn/search/getdatainyyxt.php?yyxt=' + varList[0][0],
    method: 'GET',
    success: function (res) {
      wx.setStorageSync(sysList[0][0] + varList[0][0], res.data);
      console.log(sysList[0][0] + varList[0][0], res.data);
    }
  });
  wx.request({
    url: 'https://www.shenzhensustech.cn/search/getdatainyyxt.php?yyxt=' + varList[0][1],
    method: 'GET',
    success: function (res) {
      wx.setStorageSync(sysList[0][0] + varList[0][1], res.data);
      console.log(sysList[0][0] + varList[0][1], res.data);
    }
```

图 9-11　后台到前端数据连接时部分工作代码展示

(5) 赴公司实地关联数据库。

(6) 通过微信小程序实现存储 openid 与 PHP 通信，实现反向数据录入。

(7) App 进行细节调试，开发完成，与前端设计步骤⑥所对应。

9.3.3　软件功能展示

1. 软件安装

朗坤环境系统 test 体验版

朗坤环境系统监控微信小程序可以通过微信扫描右方的二维码获取。所有支持微信小程序的手机均可通过微信公众号搜索并关注公众号“朗坤环境系统 test”，公众号将会推送小程序链接，点击链接即可进入，无需安装。

2. 软件使用

用户在获取小程序后，可以通过打开微信，通过“微信-发现-小程序”即可进入小程序界面，点开“朗坤环境系统 test”，即可进入系统。

如图 9-12 所示，首页有五个按钮，分别为屏幕下方的“菜单”和“个人中心”，以及屏幕上方的“在线数据查询”“实体罐体模拟图”“历史数据查询”。点击“菜单”按钮即进入此页面。

（1）在线数据查询

在“菜单”界面中，点击“在线数据查询”按钮，即可查询实时系统数据（图 9-13）。这些数据与中控室同步。除常规检测数据外，对于一些重点监控指标，项目组结合工厂的技术要求，对设备正常运行的数据区间进行调研，在程序内部加入判断，根据实际情况使用红、黄、绿三种颜色区分数据“高于阈值”“低于阈值”和“状态正常”。

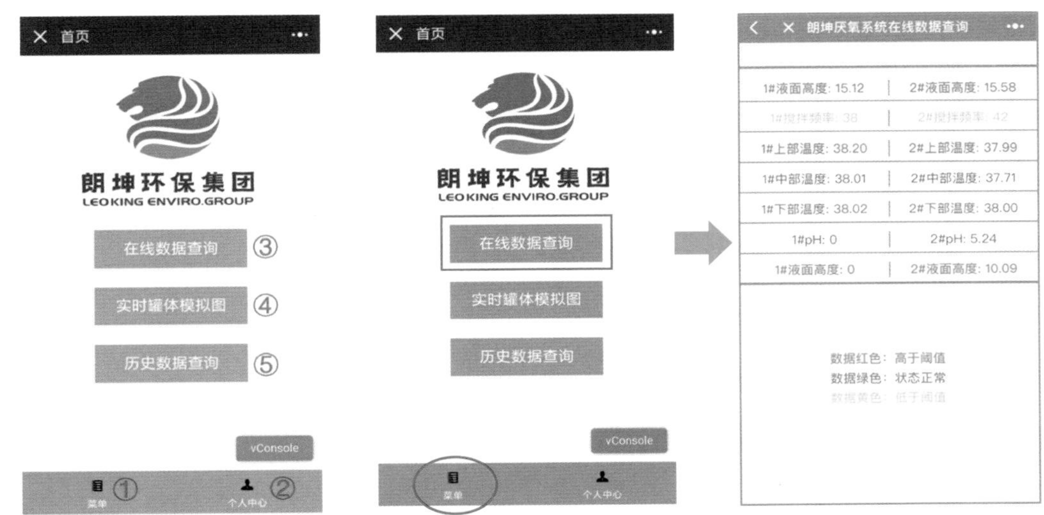

图 9-12　软件主界面　　　　图 9-13　“在线数据查询”界面

（2）实时罐体模拟图

点击“实时罐体模拟图”，即可进入系统选择界面，在该界面可以选择点击相应系统按钮（厌氧系统、沼渣车间、废水处理、沼气利用）查看具体的系统罐体模拟流程图以及相应的实时数据（图 9-14）。

a　厌氧系统

该模块分别使用罐体模拟流程图（图 9-15）和数据表格（表 9-2）展示了厌氧系统实时监测数据。罐体模拟流程图相应位置会显示表格中相应的实时数据，表格中各数据含义并且与图中对应数据编号如表 9-2 中斜体字表示，这些数据均与中控室同步。

b　废水处理系统

该模块分别使用罐体模拟流程图（图 9-16）和数据表格（表 9-3）展示了废水处理系统实时监测数据。罐体模拟流程图相应位置会显示表格中相应的实时数据，表格中各数据含义并且与图中对应数据编号如表 9-3 中斜体字表示，这些数据均与中控室同步。

c　沼渣处理系统

该模块分别使用罐体模拟流程图（图 9-17）和数据表格（表 9-4）展示了沼渣车间实时监测数据。罐体模拟流程图相应位置会显示表格中相应的实时数据，表格中各数据含义并且与图中对应数据编号如表 9-4 中斜体字表示，这些数据均与中控室同步。

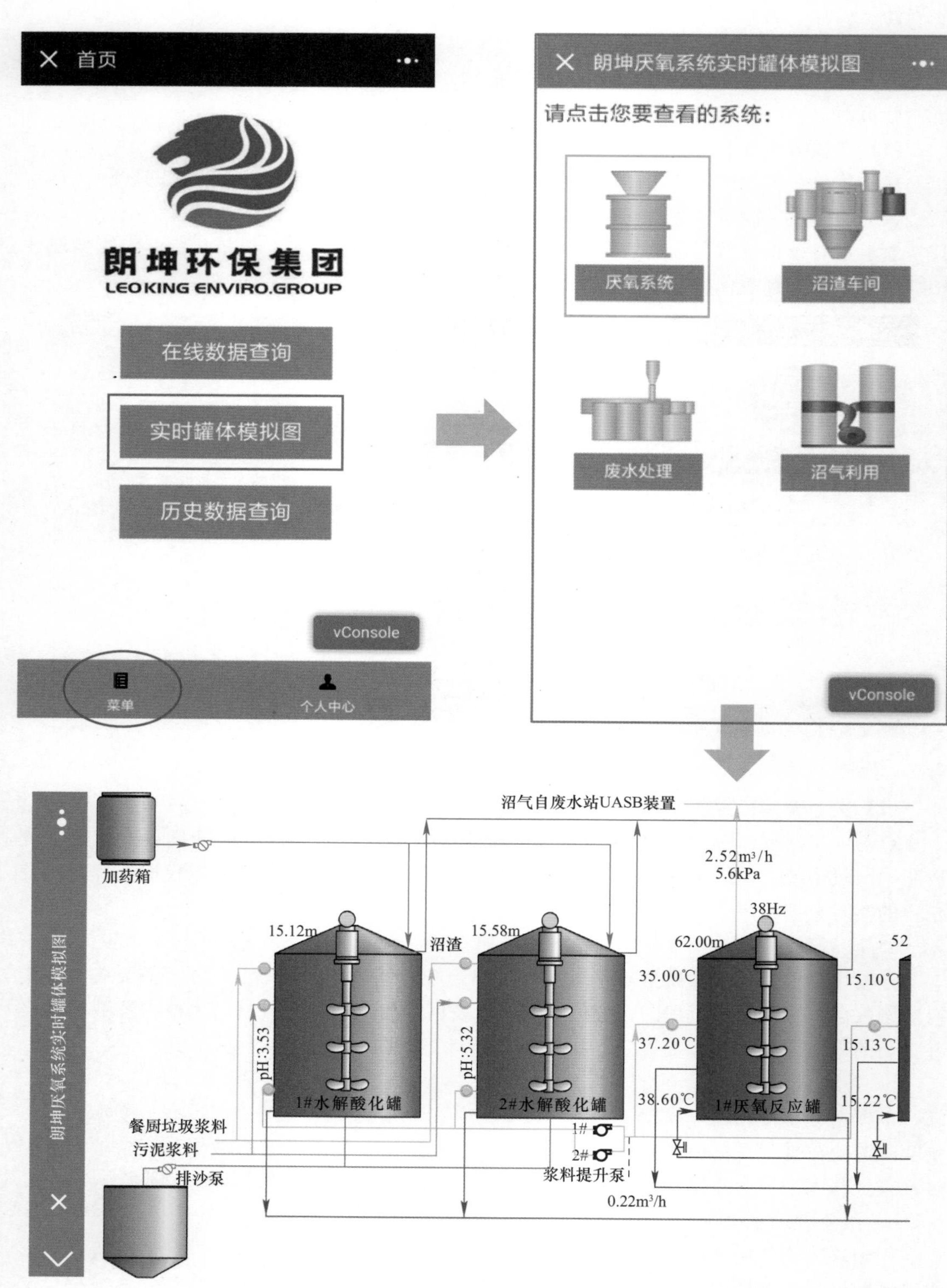

图 9-14 “实时罐体模拟图”界面

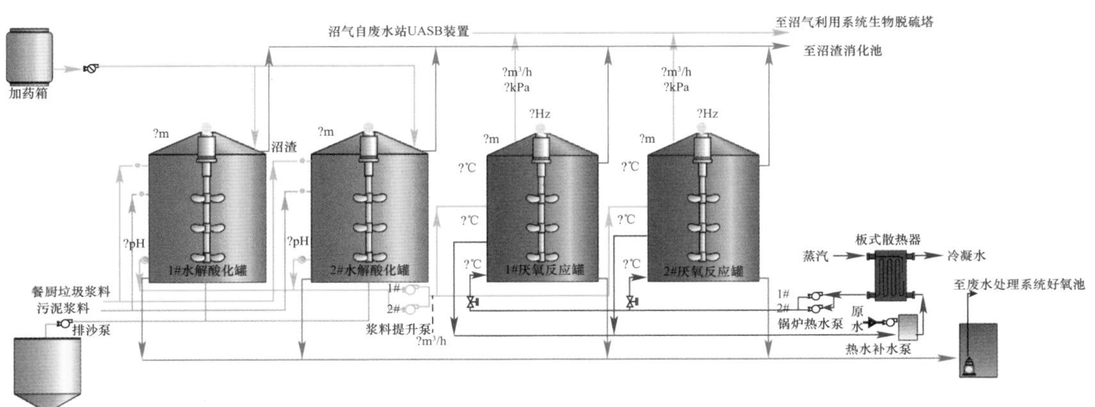

图 9-15　厌氧处理系统流程图

厌氧系统实时显示的数据　　表 9-2

		1#	2#
水解酸化罐	液面高度（m）	1＃水解酸化罐液面的监测高度 （1）	1＃水解酸化罐液面的监测高度 （2）
	pH	1＃水解酸化罐中液体的监测 pH 数值 （3）	1＃水解酸化罐中液体的监测 pH 数值 （4）
	出水流量（m^3/h）	1＃与 2＃水解酸化罐的出水监测所得总的流量 （5）	
厌氧反应罐	水位（m）	1＃厌氧反应罐液面的监测高度 （6）	2＃厌氧反应罐液面的监测高度 （7）
	搅拌频率（Hz）	1＃厌氧反应罐搅拌器的搅拌频率 （8）	2＃厌氧反应罐搅拌器的搅拌频率 （9）
	上部温度（℃）	1＃厌氧反应罐罐体上部的监测温度 （10）	2＃厌氧反应罐罐体上部的监测温度 （11）
	中部温度（℃）	1＃厌氧反应罐罐体中部的监测温度 （12）	2＃厌氧反应罐罐体中部的监测温度 （13）
	下部温度（℃）	1＃厌氧反应罐罐体下部的监测温度 （14）	2＃厌氧反应罐罐体下部的监测温度 （15）
	沼气产量（m^3/h）	1＃厌氧反应罐中气体排出流量 （16）	2＃厌氧反应罐中气体排出流量 （17）
	沼气气压（kPa）	1＃厌氧反应罐中排出气体气压 （18）	2＃厌氧反应罐中排出气体气压 （19）

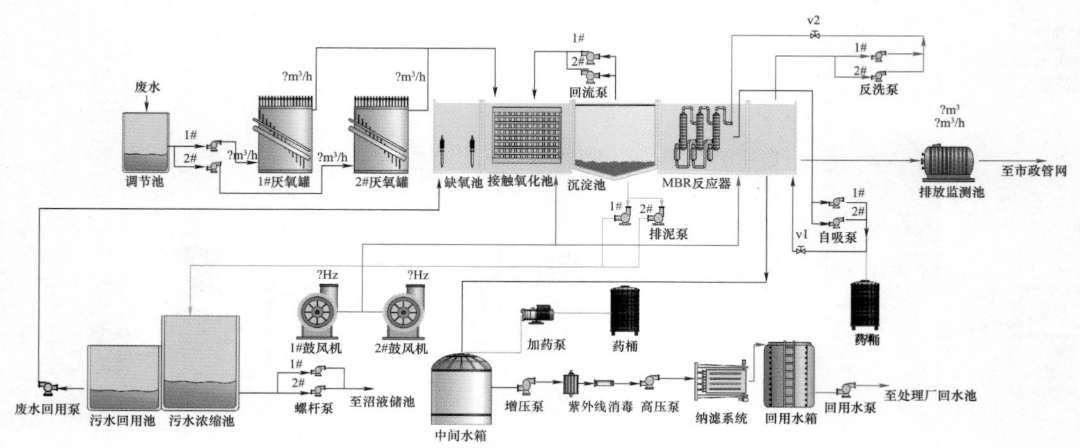

图 9-16　废水处理系统流程图

废水处理系统实时显示的数据 **表 9-3**

	1#	2#
厌氧罐进水流量（m^3/h）	1#厌氧罐实时监测进水流量数据 (1)	2#厌氧罐实时监测进水流量数据 (3)
厌氧罐出水流量（m^3/h）	1#厌氧罐实时监测出水流量数据 (2)	2#厌氧罐实时监测出水流量数据 (4)
鼓风机频率（Hz）	1#鼓风机实时频率 (5)	2#鼓风机实时频率 (6)
出水流量（m^3/h）	废水处理系统流入市政管网的水流量 (7)	
出水总量（m^3）	废水处理系统流入市政管网的水总量 (8)	

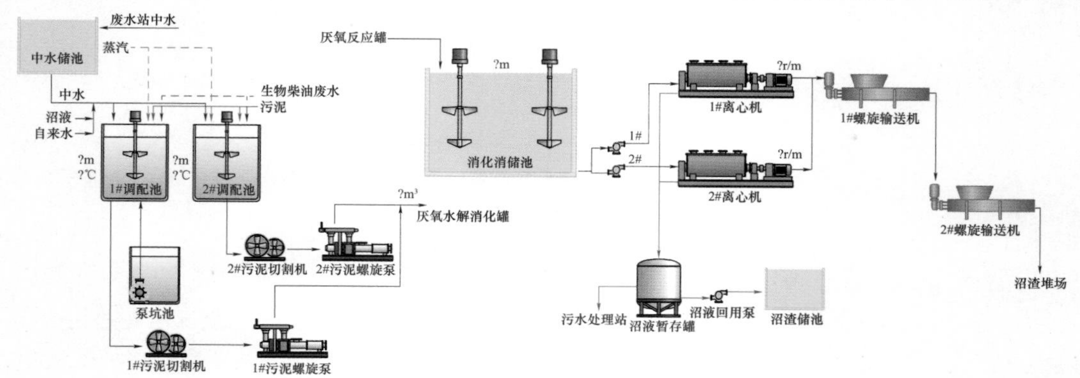

图 9-17　沼渣处理系统流程图

沼渣车间实时显示的数据 **表 9-4**

	1#	2#
调配池水面高度（m）	1#调配池中实时监测液体高度 (1)	2#调配池中实时监测液体高度 (3)
调配池温度（℃）	1#调配池中实时监测液体温度 (2)	2#调配池中实时监测液体温度 (4)

续表

	1#	2#
调配池出水量（m^3）	调配池总出水管道水表显示水量 (5)	
消化液储池水面高度（m）	消化液储池实时监测液面高度 (6)	
离心机转速（r/m）	1#离心机实时转速 (7)	2#离心机实时转速 (8)

(3) 沼气利用系统

该模块分别使用罐体模拟流程图（图 9-18）和数据表格（表 9-5）展示了沼气利用系统实时监测数据。罐体模拟流程图相应位置会显示表 9-5 中相应的实时数据，表格中各数据含义并且与图中对应数据编号如表 9-5 中斜体字表示，这些数据均与中控室同步。

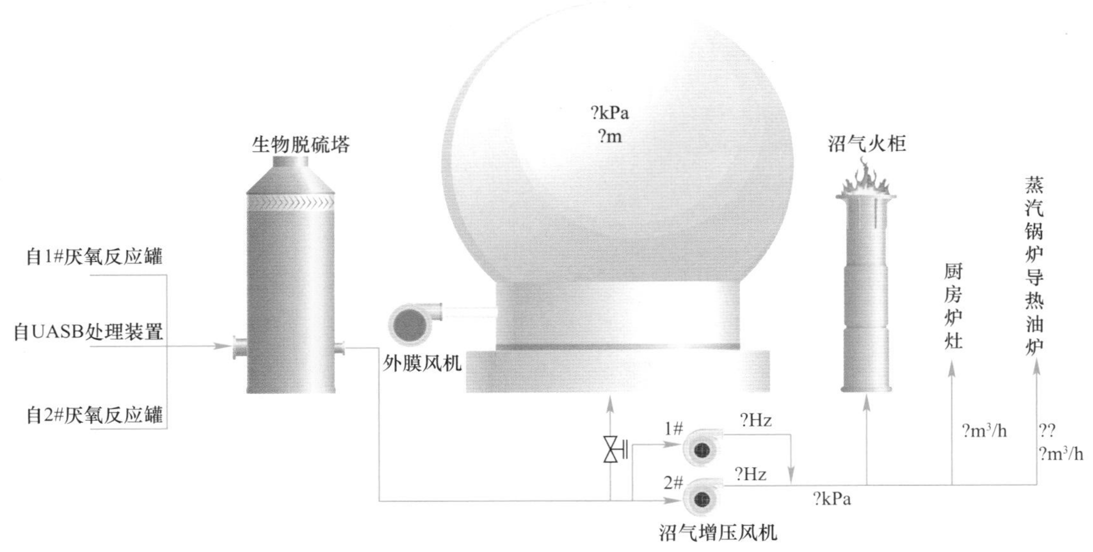

图 9-18　沼气处理系统流程图

沼气利用系统实时显示数据　　表 9-5

沼气利用系统	1#	2#
双膜气柜气压（kPa）	双膜气柜中储存沼气气压 (1)	
双膜气柜高度（m）	双膜气柜中沼气高度 (2)	
沼气增压风机频率（Hz）	1#沼气增压风机实时频率 (3)	2#沼气增压风机实时频率 (4)

续表

增压后沼气气压（kPa）	经过沼气增压风机增压后的沼气实时气压 （5）
厨房炉灶沼气用量（m^3/h）	通往厨房炉灶的管道中沼气流量 （6）
蒸汽锅炉导热油炉沼气用量（m^3/h）	通往锅炉导热油炉中沼气用量 （7）

（4）历史数据查询

点击“历史数据查询”，即可进入历史数据查询界面，该界面可选择想要查询的相应条目，然后点击“获取数据”按钮即可生成相应的折线图（图 9-19）。

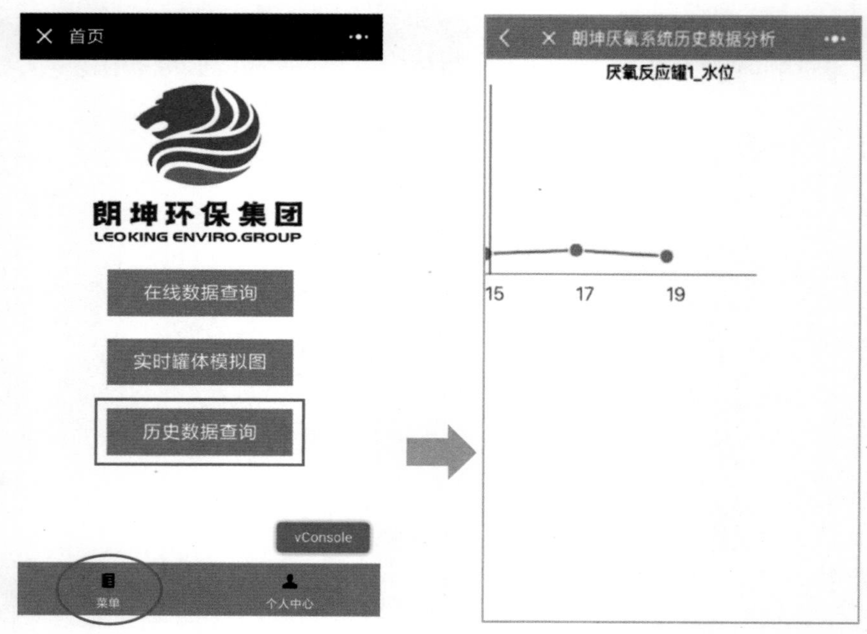

图 9-19 “历史数据查询”界面

（5）个人中心

首次点击“个人中心”按钮，将会进入如图 9-20 界面。在该界面中点击“获取用户数据”按钮，即可登录。登录后无需重复登录。登录后将会显示微信头像、昵称，以及“公告”“任务”“日历”“数据”按钮。点击“公告”按钮普通用户可以查看已发布公告，管理员除了查看公告还可以选择发布公告。普通用户点击“任务”按钮将会查看个人任务，并且可以点击“完成”按钮表明任务完成，管理员用户可以在任务界面选择给指定人或者群组发布特定任务。点击“日历”按钮即可查看日历。普通用户点击“数据”按钮将会出现抱歉界面，工作人员点击“数据”按钮即可进入数据上传界面。

3. 用户注册

该微信小程序无法通过个人注册，只能通过打开小程序后进入管理员审批名单，然后管理员审批分配权限后完成注册。

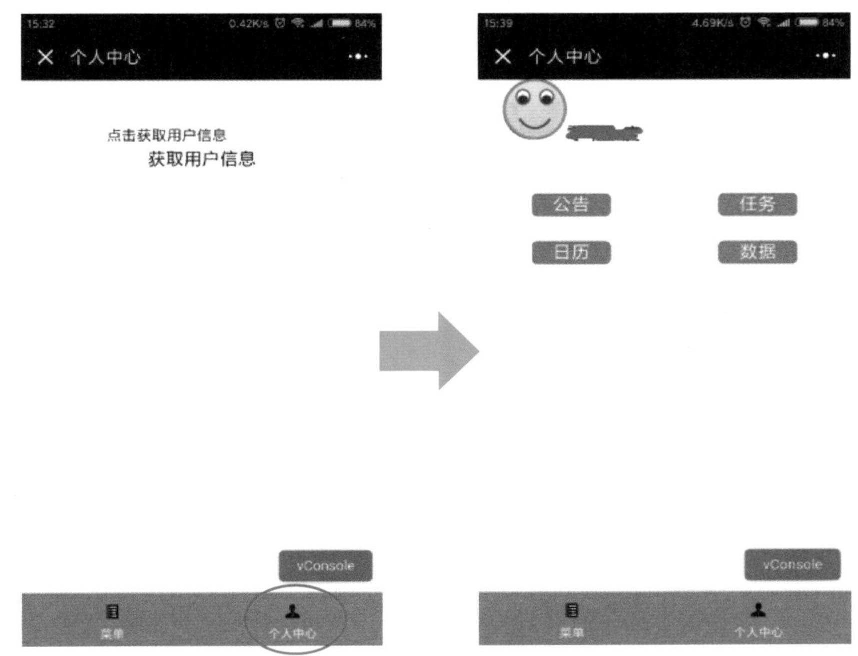

图 9-20　个人中心界面

4. 创新点

（1）微信小程序

项目初始，项目组在与企业的对接会议上，探讨了监测系统移动端的表现形式。相比惯性思维中的开发手机 App，在仔细斟酌安全性、实用性、开发周期、开发难度等方面的因素后，项目组最终决定采用微信小程序的模式进行开发。

微信小程序具有以下优势：

1）不用安装，即开即用，用完就可以关闭，节省流量，并且不占用桌面空间。

2）开发简单，推广容易。

3）模块化开发，方便后期增添功能模块。

4）不受手机终端系统限制，兼容性较好。

（2）通用模块化编写

本项目详细设计的核心思想是采用通用模块，将重合性较大的系统进行统一的归类，做一个兼容性比较高的模块。之后如果有需求，仅仅需要改变参数便可以增加功能，无须重复性编程。这样做一来减少系统空间，二来增加系统的灵活性；但代码可读性会降低，开发难度会增加。

（3）短信通知故障

朗坤环境的厌氧处理系统在中控室设置有报警功能。当系统内的罐体水位超出上限值或低于下限值；或系统运行出现问题如某部分组件出现故障时，中控室的报警铃声都会响起。且中控室的监控屏幕上会出现具体的故障位置。然而，这些报警功能只有中控室和中控室附近的值班人员才能知道。在办公楼的公司高层等相关人员并不能及时了解系统运行情况。因此项目组除了进行微信小程序内的提醒外，还增加了短信故障通知功能，让用户更方便更及时的获得运行系统的故障情况[230]（图 9-21）。

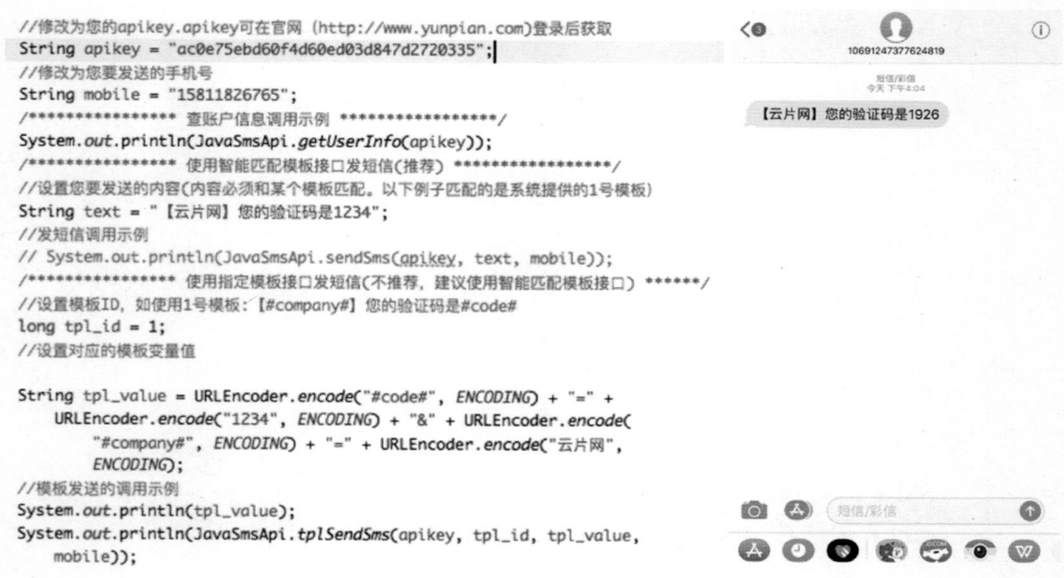

图 9-21　实现短信发送的相关代码（左）和短信发送成功显示（右）

（4）PLC 数据获取方法

PLC（Programmable Logic Controller），也称可编程逻辑控制器，是种专门为在工业环境下应用而设计的数字运算操作电子系统。它采用一种可编程的存储器，在其内部存储执行逻辑运算、顺序控制、定时、计数和算术运算等操作的指令，通过数字式或模拟式的输入输出来控制各种类型的机械设备或生产过程。因朗坤环境采用的 PLC 的组件所选平台为组态王，因此本项目主要对接的平台为组态王软件。

组　态　王

组态王是亚控科技生产专门实现 PLC 数据与中控室管理界面管理的设计调用软件，支持与 ODBC 接口的数据库进行数据传输，例如：ACCESS，SQL 等。在组态王的开发环境中，提供了 SQL 访问管理器配置项，来完成组态王和数据库之间的具体配置。SQL 访问管理器的记录体建立数据库表格字段和组态王变量之间的联系，允许组态王通过 SQL 函数对数据库表的记录进行插入、修改。删除、查询等操作，也可对数据库中的表进行建表、删表等操作[18]。

基于本次实践成果，本项目组员专门编写了一篇组态王链接 SQL 数据库教程博客文章在网络上分享，得到上千次浏览并有网友主动咨询交流[232]。

（5）多图层覆盖

项目因为需要实时更新数据，因此在设计时，需要考虑数据实时更新的问题。

呈现方法 1 与传统 JFrame 开发所采用 GUI 方式一样，将数据层与底图进行贴合，每次刷新一次系统更新相关数据，重新制图，然后展示。这样的好处是可以实现数据瞬间呈现，但是若用户一直打开，则会不断生成图片，下载多余数据，会大量占用手机的存储空间，造成手机变卡，既不环保又不实用。

呈现方法 2 是采用分离图层的方法，将罐体图片直接写入手机中（第一次打开 App 时下载），后续操作，仅需修改覆盖图层代码即可，通信数据代码流量消耗极低，更节能环保。项目组结合实际需求和考虑到实际的用户使用情况，决定采用多图层覆盖的方法进行编程。在原有底图的基础上，覆盖数据层，在原有数据的基础上，覆盖报错层，同时因为图层的覆盖，不同图层会有不同的代码，更有利调用通用模块，更有条理性（图 9-22）。

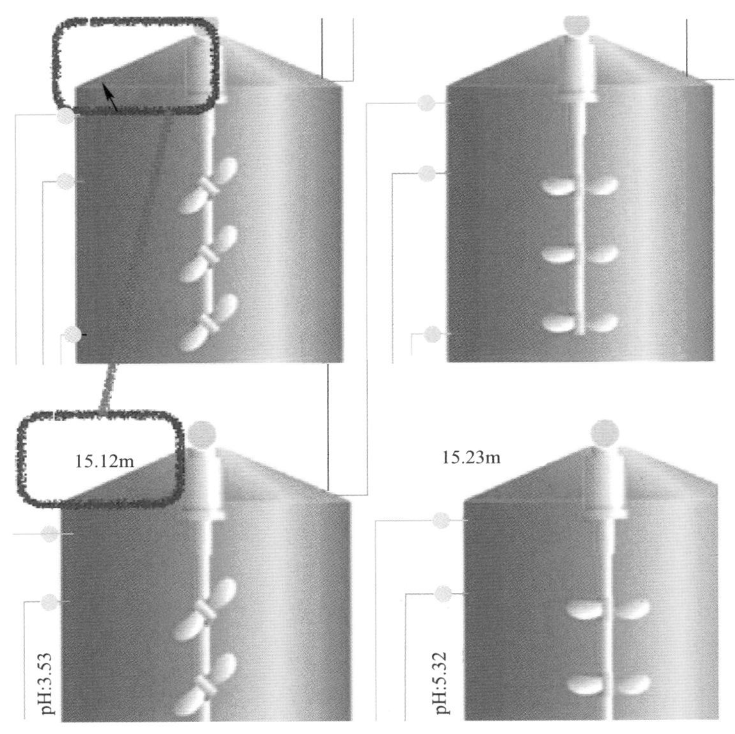

图 9-22　图层覆盖效果图

（6）小程序后台与分级报警

小程序后台是本次开发的最核心的地方，通过小程序后台，可以实现不同权限用户对 App 的使用，也同时是附加功能的具体体现。其中报警功能是在同企业沟通后，发现其在实际生产过程中，经常存在系统不正常的情况，一般出现这类情况，工程师会迅速地解决，项目组成员最初设想是一旦原有数据超标，便通过后台，实时的发送短信给相关工程师，但在实际情况中，某些数据并不稳定，一天可能出现超标几十次，若均发送短信会对工作人员产生困扰。故项目组成员讨论后，采用对朗坤环境用户分级的机制（表 9-6），进行短信的发送[228]。

分级设置　　**表 9-6**

第一级	领导高管	2h 内未修复问题
第二级	高级工程师、部门主管	1.5h 内未修复问题
第三级	工程师	1h 内未修复问题
第四级	中控室班长	30min 内未修复问题

上述设定，是项目组结合实际思考出来的另一个创新点，因为本方法涉及前端与后台的 PHP 通信，系统实时刷新数据的判断等一系列复杂代码，开发难度较高，但通过项目组成员的钻研，最终还是实现了上述功能。

如果说，数据展示软件是信息化的过程，用小程序后台进行分级通知才是最能帮助管理人员解决实际问题的具体方法，通过简单的统计和后台的处理，本 App 可以实现智能化管理，同时确定了此调节机制，管理人员可以更有效地去发现问题，从而可以更高效地使用该软件。同时也会对普通员工起到侧面监督作用，24 小时的机制，可以让系统运行地更加稳定，遇到问题也可以及时解决。

从长远角度思考，本项目作为朗坤环境环保信息化的一种探索，可为公司其他项目的信息化建设与推广提供参考，从而为企业管理和未来发展提供助力。

9.4 导师点评

本项目设计出的餐厨垃圾处理系统实时监测系统，不仅完成了公司预期设计的任务，而且创新性地解决了当前困扰很多人的中控室系统信息化过程中易出现的问题，并且该组将系统解决方案进行了整理，分享到中国专业 IT 社区 CSDN（Chinese Software Developer Network）上去帮助更多人解惑[232]。

正如一位组员所说，这个项目让学生们跳出了“做环境即是做污染物处理”的狭隘认知，发现环保行业的更多可能性。希望未来他们可以继续在多学科团队中发挥关键作用，为社会各领域提供绿色可持续的创新解决方案。

9.5 学生感悟

项目结束后，项目组同学总结了每位同学对项目的贡献、各自的技能收获和成长感悟。

1. 成员贡献（表 9-7）

成员贡献 **表 9-7**

同学 A	规划小组目标，协调组员与公司的关系，分配任务，主要负责数据链接工作，部分编程开发和相关文档的撰写等工作
同学 B	主要承担功能开发，Web 服务器运维等工作
同学 C	负责会议的记录，与公司进行联系，App 功能的设计，制作工艺图等
同学 D	活动摄影，App 功能设计，工艺图优化，UI 调整，App 调试等
同学 E	承担周报月报的撰写，业务说明文件的撰写，参与部分开发调试等工作
同学 F	负责项目的财务，购买物品，市场调研，视频制作等

2. 成员技能收获（表 9-8）

成员技能收获　　　　表 9-8

同学 A	熟练掌握了云办公系统，亿图软件，在程序开发方面：MySQL 编程，PHP 开发和微信小程序进行了学习，在其他方面学写了图片优化，厌氧系统业务流程，与其他工程师交流和团队管理能力，通过该项目对团队管理和提高工作效率有了更深的理解
同学 B	微信小程序开发工具；微信小程序开发；JavaScript；PHP；Apache 服务器配置；IIS Express 服务器配置；Windows 电脑上 C＋＋运行环境的配置；MySQL 环境配置及语句；WAMP 环境配置；腾讯云服务器的使用；域名的申请与使用；微信公众平台上微信小程序的管理；咫尺网络平台使用拖拽式开发快速生成小程序模板；团队协作开发程序
同学 C	本学期的在软件设计方面我更多是负责 UI 前端的设计美化，在设计过程中熟练掌握亿图图示软件的使用，也基本完成了“朗坤环境在线查询系统”的整体 UI 设计。同时在 UI 设计中，对于朗坤环境公司的工艺流程也使我学习到了作为国内成熟的环保公司，应该具备的环保净化处理能力，作为一个环境学院的学生，也学到了很多具体工艺中的特点。最后在汇报准备的过程中，通过对 AviUtl 软件的学习对视频的编辑整理过程也有了全面的了解
同学 D	熟练掌握亿图图示软件的使用，学会 Adobe Animate CC 2018 和 Adobe Photoshop CC 2018 基本操作，了解 App 开发基本流程
同学 E	掌握亿图图示软件的使用，熟悉餐厨处理的工艺流程，熟悉业务文件的撰写，熟练美工、排版等
同学 F	大大提高了财务统计水平，了解市场调研流程，熟悉了学校财务报销流程。熟练掌握 Adobe Photoshop 和 Adobe Premiere 的软件操作，能独立剪辑视频。掌握了 javascript 编程的简单语句和开发规范

3. 部分成员感悟

同学一（队长）：这是这门课带给我们的不仅仅是每个人的眼界和技能的提升，更是给我们每个人参与团队，形成一个 team 共同去做一个工程项目的结果，每个人都在课程上根据兴趣不同而独自学习，又因为一个项目团结在一起，共同进步。同样的，相信在未来，环境学院的同学们，等到每个人也有自己的专长后，可以发挥自己的专长，一起去解决复杂的环境问题。

同学二：这次创新创业课程，很荣幸分到了跟自己所长相关的实时监控平台开发，不过最后组内讨论决定的开发小程序，是一款自己从未接触过的，但又具有巨大发展潜力的轻应用。在开发过程中，自己由轻视开发难度，到接触了一些开始畏难，再到生成模板后从修改模板出发逐渐学习小程序开发的要素，最终完成本次课程的绝大部分要求要素。这将帮我在将来接触到新的语言时减少心理的压力。同时，在许多任务的开发中，其他组员分担了许多工作，他们的成果说明团队协作是可以大大提高生产力的。这也将帮助我在以后的团队开发活动中更好地进行团队协作。

同学三：总结来看这门课程让我学到了很多东西，除了个人在课程中学到的许多课外技能以外，我觉得最重要的是对于时间能够按节点合理安排，针对问题能够高效，分段的解决。其次最大的进步是我们小组的成长，一学期的合作让我明白一个人的能力是有限的，但一个安排井然有序、工作有条不紊的团队的力量是无限的。很感谢这学期的创新设计课程这门课，让我在大学的最后一年学会了很多技能和道理，让我知道只要你有一颗坚定的心、一群志同道合的朋友、一个分工明确井然有序的团队，这世上就没有什么事是做不到的。

同学四：非常感谢《创新设计课程》为我们对接到产业第一线，也打开了未来环保世界的大门，让我们跳出“做环境即是做污染物处理”的狭隘认知，发现环保行业的更多可能性。

参考文献

[1] 央广网. 习近平的创新观［EB/OL］http：// news. cnr. cn/native/gd/20180810/t20180810_524328587. shtml.

[2] 新京报网. 习近平：创新是引领发展的第一动力［EB/OL］http：// www. bjnews. com. cn/news/2018/09/18/505891. html.

[3] Wikipedia. Innovation［EB/OL］https：// en. wikipedia. org/wiki/Innovation.

[4] Mortensen Peter Stendahl，Bloch Carter Walter. Oslo Manual-Guidelines for Collecting and Interpreting Innovation Data：Proposed Guidelines for Collecting and Interpreting Innovation Data［M］. Paris：Organisation for Economic Cooperation and Development，OECD，2005.

[5] National Academies of Sciences Engineering，Medicine. Advancing Concepts and Models for Measuring Innovation：Proceedings of a Workshop［M］. Washington，D. C.：The National Academies Press，2017.

[6] National Academy of Engineering. Educate to Innovate：Factors That Influence Innovation：Based on Input from Innovators and Stakeholders［M］. Washington，D. C.：The National Academies Press，2015.

[7] Book in Brief［N］. London：Times，September 18，2017.

[8] 王如松，马世骏. 边缘效应及其在经济生态学中的应用［J］. 沈阳：生态学杂志，1985，(02)：38-42.

[9] Davila Tony，Epstein Marc J，Shelton Robert D. Making innovation work：how to manage it，measure it，and profit from it［J］. Arlington：Research-Technology Management，2005，50 (5)：69-70.

[10] The lure of speed［N］. London：The Economist，January 14-20，2017.

[11] Kumar Vijay，Sundarraj R. P. Global Innovation and Economic Value［M］. New Delhi：Springer India，2018.

[12] Zahra Shaker，Ireland R.，Hitt Michael. International expansion by new venture firms：International diversity，mode of market entry，technological learning，and performance［J］. New York：Academy of Management Journal，2000，43 (5)：925-950.

[13] Darroch Jenny，Miles Morgan P. Sources of Innovation［M］. Hoboken：Wiley Encyclopedia of Management，2015.

[14] Neowin. CompuServe forums shutting down on December 15［M］.

[15] Cronin Mary J. Top Down Innovation［M］. Cham：Springer International Publishing，2014.

[16] DeMaria Anthony N. Innovation［J］. Washington，D. C.：Journal of the American College of Cardiology，2013，62 (3)：253-254.

[17] Costello T.，Prohaska B. Innovation［J］. New York：IT Professional，2013，15 (3)：64-64.

[18] Altman W. Are you leading the way in innovation? -［management innovation］［J］. Engineering & Technology，2008，3 (19)：72-75.

[19] National Academy of Engineering. A Vision for the Future of Center-Based Multidisciplinary Engineering Research：Proceedings of a Symposium［M］. Washington，D. C.：The National Academies Press，2016.

[20] Dewey John. Democracy and education：An introduction to the philosophy of education［M］. London：Macmillan，1923.

[21] Arthur Jeffrey，Airman-Smith Lynda. Gainsharing and organizational learning：An analysis of employee suggestions over time [J]. New York：Academy of Management Journal，2001，44 (4)：737-754.

[22] Wikipedia. Design [EB/OL] https://en.wikipedia.org/wiki/Design.

[23] Keinonen Turkka. Introduction to Concept Design [M] // Product Concept Design. London：Springer London，2006.

[24] National Academy of Engineering. Making Value：Integrating Manufacturing，Design，and Innovation to Thrive in the Changing Global Economy：Summary of a Workshop [M]. Washington，D. C.：The National Academies Press，2012.

[25] Olson Steve. Engineering Societies and Undergraduate Engineering Education：Proceedings of a Workshop [M]. Washington，D. C.：National Academies Press，2018.

[26] National Academy of Engineering. Understanding the Educational and Career Pathways of Engineers [M]. Washington，D. C.：The National Academies Press，2018.

[27] Sladovich Hedy E. Engineering as a social enterprise [M]. Washington，D. C.：National Academies Press，1991.

[28] Phase II. Educating the engineer of 2020：Adapting engineering education to the new century [M]. Washington，D. C.：National Academies Press，2005.

[29] Group Taylor Research. Student and academic research study：Final quantitative study [J]. New York，NY：American Institute of Public Accountants，2000.

[30] 朱高峰. 中国工程教育的现状和展望 [J]. 北京：清华大学教育研究，2015，(1)：1-4.

[31] 林健. 工程师的分类与工程人才培养 [J]. 北京：清华大学教育研究，2010，31 (01)：51-60.

[32] 核心素养研究课题组. 中国学生发展核心素养 [J]. 北京：中国教育学刊，2016，(10)：1-3.

[33] 顾学雍. 联结理论与实践的 CDIO——清华大学创新性工程教育的探索 [J]. 武汉：高等工程教育研究，2009，(01)：11-23.

[34] 李培根，许晓东，陈国松. 我国本科工程教育实践教学问题与原因探析 [J]. 武汉：高等工程教育研究，2012，(03)：1-6.

[35] 陈国松. 我国重点大学本科工程教育实践教学改革研究 [D]. 武汉：华中科技大学，2012.

[36] National Research Council. Improving Undergraduate Instruction in Science，Technology，Engineering，and Mathematics：Report of a Workshop [M]. Washington，D. C.：The National Academies Press，2003.

[37] National Academies of Sciences Engineering，Medicine. Integrating Discovery-Based Research into the Undergraduate Curriculum：Report of a Convocation [M]. Washington，D. C.：The National Academies Press，2015.

[38] National Research Council. Engineering Education：Designing an Adaptive System [M]. Washington，D. C.：The National Academies Press，1995.

[39] National Academies of Sciences Engineering，Medicine. How People Learn II：Learners，Contexts，and Cultures [M]. Washington，D. C.：The National Academies Press，2018.

[40] National Academy of Engineering. Engineering and Environmental Challenges：Technical Symposium on Earth Systems Engineering [M]. Washington，D. C.：The National Academies Press，2002.

[41] UN. Transforming our world：The 2030 agenda for sustainable development [EB/OL]. https://sustainabledevelopment.un.org/post2015/transformingourworld,2015.

[42] National Academy of Engineering. The Engineer of 2020：Visions of Engineering in the New Centu-

ry [M]. Washington, D. C.: The National Academies Press, 2004.

[43] National Academy of Engineering. Environmental Engineering for the 21st Century: Addressing Grand Challenges [M]. Washington, D. C.: The National Academies Press, 2018.

[44] Florman Samuel C. The civilized engineer [M]. London: St. Martin's Griffin, 2014.

[45] National Academies of Sciences Engineering, Medicine. Undergraduate Research Experiences for STEM Students: Successes, Challenges, and Opportunities [M]. Washington, D. C.: The National Academies Press, 2017.

[46] 林健. 校企全程合作培养卓越工程师 [J]. 武汉：高等工程教育研究，2012，(03)：7-23.

[47] National Research Council. Assessing 21st Century Skills: Summary of a Workshop [M]. Washington, D. C.: The National Academies Press, 2011.

[48] Levy Frank, Murnane Richard J. The new division of labor: How computers are creating the next job market [M]. Princeton: Princeton University Press, 2005.

[49] National Academy of Engineering. Engineering Curricula: Understanding the Design Space and Exploiting the Opportunities: Summary of a Workshop [M]. Washington, D. C.: The National Academies Press, 2010.

[50] National Research Council. Improving Engineering Design: Designing for Competitive Advantage [M]. Washington, D. C.: The National Academies Press, 1991.

[51] 李曼丽. 独辟蹊径的卓越工程师培养之道——欧林工学院的人才教育理念与实践 [J]. 长沙：大学教育科学，2010，2 (02)：91-96.

[52] National Academy of Engineering. Educating Engineers: Preparing 21st Century Leaders in the Context of New Modes of Learning: Summary of a Forum [M]. Washington, D. C.: The National Academies Press, 2013.

[53] National Research Council. Art, Design and Science, Engineering and Medicine Frontier Collaborations: Ideation, Translation, Realization: Seed Idea Group Summaries [M]. Washington, D. C.: The National Academies Press, 2016.

[54] Cordell D., Rosemarin A., Schroder J. J., et al. Towards global phosphorus security: A systems framework for phosphorus recovery and reuse options [J]. Amsterdam: Chemosphere, 2011, 84 (6): 747-758.

[55] Koning N. B. J., Van Ittersum M. K., Becx G. A., et al. Long-term global availability of food: continued abundance or new scarcity? [J]. Amsterdam: NJAS - Wageningen Journal of Life Sciences, 2008, 55 (3): 229-292.

[56] Van Vuuren D. P., Bouwman A. F., Beusen A. H. W. Phosphorus demand for the 1970-2100 period: A scenario analysis of resource depletion [J]. Amsterdam: Global Environmental Change, 2010, 20 (3): 428-439.

[57] IFA. Fertilizer Supply Statistics [R]. City, 2009.

[58] Cordell Dana, Drangert Jan-Olof, White Stuart. The story of phosphorus: Global food security and food for thought [J]. Amsterdam: Global Environmental Change, 2009, 19 (2): 292-305.

[59] Herring James R., Fantel Richard J. Phosphate rock demand into the next century: Impact on wolld food supply [J]. New York: Nonrenewable Resources, 1993, 2 (3): 226-246.

[60] Rosemarin Arno, de Bruijne G., Caldwell Ian. Peak phosphorus: the next inconvenient truth [M]. The Hague: The Broker, 2009.

[61] Smit A. L., Bindraban P. S., Schröder J. J., et al. Phosphorus in Agriculture: Global Resources, Trends and Developments [M]. 2009.

[62] Bennett Elena, Carpenter Stephen, F. Caraco Nina. Human Impact on Erodable Phosphorus and Eutrophication: A Global Perspective [M]. 2009.

[63] Mackenzie F., M. Ver L., Lerman A. Coupled biogeochemical cycles of carbon, nitrogen, phosphorus, and sulfur in the land-ocean-atmosphere system [M]. 1998.

[64] Galloway James, B Cowling Ellis. Reactive Nitrogen and The World: 200 Years of Change [M]. 2002.

[65] Paerl Hans. Nuisance Phytoplankton Blooms in Coastal, Estuarine, and Inland Waters [M]. 1988.

[66] Jeremiason Jeff D., Eisenreich Steven J., Paterson Michael J., et al. Biogeochemical cycling of PCBs in lakes of variable trophic status: A paired-lake experiment [J]. Limnology and Oceanography, 1999, 44 (3part2): 889-902.

[67] Townsend Alan R., Howarth Robert W., Bazzaz Fakhri A., et al. Human health effects of a changing global nitrogen cycle [J]. Frontiers in Ecology and the Environment, 2003, 1 (5): 240-246.

[68] Smith Val H., Schindler David W. Eutrophication science: where do we go from here? [J]. Trends in Ecology & Evolution, 2009, 24 (4): 201-207.

[69] Dodds Walter K., Bouska Wes W., Eitzmann Jeffrey L., et al. Eutrophication of U. S. Freshwaters: Analysis of Potential Economic Damages [J]. Environmental Science & Technology, 2009, 43 (1): 12-19.

[70] Qin Boqiang, Xu Pengzhu, Wu Qinglong, et al. Environmental issues of Lake Taihu, China [J]. Hydrobiologia, 2007, 581 (1): 3-14.

[71] Paerl Hans W., Xu Hai, McCarthy Mark J., et al. Controlling harmful cyanobacterial blooms in a hyper-eutrophic lake (Lake Taihu, China): The need for a dual nutrient (N & P) management strategy [J]. Water Research, 2011, 45 (5): 1973-1983.

[72] Smith Val H. Eutrophication of freshwater and coastal marine ecosystems a global problem [J]. Environmental Science and Pollution Research, 2003, 10 (2): 126-139.

[73] Paerl Hans W. Controlling Eutrophication along the Freshwater-Marine Continuum: Dual Nutrient (N and P) Reductions are Essential [J]. Estuaries and Coasts, 2009, 32 (4): 593-601.

[74] Schindler David W. The dilemma of controlling cultural eutrophication of lakes [J]. Proceedings of the Royal Society B: Biological Sciences, 2012, 279 (1746): 4322-4333.

[75] Schindler D. W. Eutrophication and Recovery in Experimental Lakes: Implications for Lake Management [J]. Science, 1974, 184 (4139): 897.

[76] Schindler David W., Hecky Robert E., McCullough Gregory K. The rapid eutrophication of Lake Winnipeg: Greening under global change [J]. Journal of Great Lakes Research, 2012, 38: 6-13.

[77] 深圳市人居环境委员会. 2017 年度深圳环境状况公报 [R]. City, 2018.

[78] 肖擎. 污水处理要溯源而上 [N]. 2014-03-18.

[79] Zhao Long, Xu Yafei, Hou Hong, et al. Source identification and health risk assessment of metals in urban soils around the Tanggu chemical industrial district, Tianjin, China [J]. Science of the Total Environment, 2014, 468-469: 654-662.

[80] Liang Jie, Feng Chunting, Zeng Guangming, et al. Spatial distribution and source identification of heavy metals in surface soils in a typical coal mine city, Lianyuan, China [J]. Environmental Pollution, 2017, 225: 681-690.

[81] Zhang R., Jing J., Tao J., et al. Chemical characterization and source apportionment of $PM_{2.5}$ in

Beijing：seasonal perspective [J]. Atmos Chem Phys，2013，13（14）：7053-7074.

[82] Lasagna Manuela，De Luca Domenico. Evaluation of sources and fate of nitrates in the western Po plain groundwater（Italy）using nitrogen and boron isotopes [M]. 2019.

[83] 郑伟. 城市污水管网有毒物质溯源监控技术研究 [D]. City：重庆大学，2011.

[84] 王燕. 污废水化学指纹的分析提取 [D]. 北京化工大学，2013.

[85] 王燕，李彩鹦，莫恒亮，等. 超标偷排污水溯源的物证分析技术研究 [J]. 北京化工大学学报（自然科学版），2014，41（01）：39-45.

[86] 郭杰. 诱导结晶法处理含磷废水 [D]. 湖南大学，2006.

[87] 高达志，毛文永，刘双进. 水污染控制的研究与措施 [J]. 环境科学丛刊，1984，(11)：1-53.

[88] 左璇. 中国居民食物消费系统磷流核算及其地区分异 [D]. 南京大学，2017.

[89] 刘志勇. 昆明市城市住宅小区雨水水质特性及资源化研究 [D]. 昆明理工大学，2016.

[90] 胡坤. 城市区域内雨水水质评价及其利用研究 [D]. 哈尔滨工业大学，2009.

[91] 穆环珍 张占业，黄衍初. 一种序批式削减高浓度废水氮、磷、COD污染负荷的方法 [J]. 2007.

[92] 生物法循环式组合化粪池技术 [J]. 建设科技，2008，(23)：120-121.

[93] 李珍，刘佳. 垂直流-水平流复合人工湿地系统对化粪池污水氮磷去除效果 [J]. 广东化工，2015，42（01）：94-95.

[94] 雷俊山，叶闽，余秋梅，等. 垂直一水平流人工湿地系统除污效果研究 [J]. 人民长江，2008，39（23）：77-79.

[95] 余召辉，陈浩泉，兰思杰，等. MVC工艺处理生活垃圾中转站渗沥液的试验研究 [J]. 环境卫生工程，2014，22（01）：18-21.

[96] 李蓉，贺峰. 固原市100 t/d垃圾填埋场渗滤液处理工程设计 [J]. 工业水处理，2017，37（10）：93-96.

[97] 汪梅. 垃圾填埋场渗滤液的MVC蒸发处理工艺介绍 [J]. 广东化工，2011，38（07）：122+129.

[98] 杨洪新，胡金玲，马文静. 电絮凝技术除磷的实验研究 [J]. 精细与专用化学品，2018，26（10）：30-34.

[99] 陈娟娟. 生活垃圾填埋场渗滤液处理工艺路线的分析与选择 [J]. 科技资讯，2010，(15)：150-151.

[100] 颜廷山，李黎杰，杨叶，等. 密云县垃圾综合处理中心污水处理工艺设计 [J]. 环境卫生工程，2017，25（01）：80-82.

[101] 史谦. "厌氧发生器UBF+膜生物反应器+超滤+纳滤+反渗透"工艺在生活垃圾焚烧发电厂渗滤液处理中的应用 [J]. 中国建材科技：1-2.

[102] 魏斌，张波，黄明祥. 信息化推进环境管理创新的思考 [J]. 环境保护，2015，43（15）：38-41.

[103] 陈燕飞. 污水处理中活性污泥法与生物膜法的比较分析 [J]. 山西水利，2011（04）：34-35.

[104] 张磊. 生物膜法在污水处理中的研究进展 [J]. 水科学与工程技术，2010（5）：38-41.

[105] 成国栋. 改性聚氨酯填料的生物膜附着性能及废水处理特性研究. [D]. 天津大学，2011.

[106] Pittman C U，He G R，Wu B，et al. Chemical modification of carbon fiber surfaces by nitric acid oxidation followed by reaction with tetraethylenepentamine [J]. Carbon，1997，35（3）：317-331.

[107] Goddard J M，Hotchkiss J H. Polymer surface modification for the attachment of bioactive compounds [J]. Progress in Polymer Science，2007，32（7）：698-725.

[108] 曹相生. 生物膜反应器设计与运行手册 [M]. 中国建筑工业出版社，2013.

[109] 贾兰，郑盼，赵光，周铎. 负载电气石新型载体SBBR系统挂膜启动研究. [J]. 辽宁化工. 2016，45（4）：406-408.

[110] 来洋. 新型移动床生物膜反应器在污水处理厂提标改造中的应用. [D]. 太原理工大学. 2014.

[111] 国林，陈彩霞，陈佳丹，焦亚军．MBBR 反应器［P］．CN：CN 104628135 A，2015．05．20．
[112] 钱亮，刘瑞东，岳虎，贺北平，李星文．一种厌氧、缺氧 MBBR 反应池［P］．CN：CN 104211172 A，2014．12．17．
[113] 徐博，王雷．一种移动床生物膜反应器［P］．CN：CN102603061A，2015．09．23．
[114] 马昭，刘玉玲，杨侃．基于 BioWin 软件对 A2/O 工艺的模拟与优化［J］．环境工程学报，2015，9（10）：4804-4810．
[115] ENVIROSIM 污水处理技术咨询公司．软件简介［CP］．
[116] 熊雪萍，孙逊，张克峰，王永磊．Biowin3 动态模拟在城市污水处理厂中的应用［J］．水资源与水工程学报，2010，21（3），124-126．
[117] 刘明伟，李帅帅，刘雷斌，等．BioWin 软件在 A2/O 污水处理厂升级改造中的应用［J］．东北电力大学学报，2017（5）．
[118] 牛涛，安平林，袁伯威，等．污水处理厂全流程模拟软件 BioWin 在中国应用综述［J］．广东化工，2018．
[119] 胡志荣，周军，甘一萍，等．基于 BioWin 的污水处理工艺数学模拟与工程应用［J］．中国给水排水，2008，24（4）：19-23．
[120] 张辰，支霞辉，朱广汉，等．新版《室外排水设计规范》局部修订解读［J］．给水排水，2012，38（2）：34-38．
[121] GB 50014—2006，室外排水设计规范［S］．
[122] 《某水质净化厂 MBR 系统评估资料》，20180428．
[123] 卢培利，张代钧，刘颖，et al．活性污泥法动力学模型研究进展和展望［J］．重庆大学学报（自然科学版），2002，25（3）．
[124] 白旭丽．活性污泥的内源呼吸特性分析及生物定量研究［D］．西安建筑科技大学，2014．
[125] 王鹏．城市污水活性污泥处理系统模拟—ASM2D［D］．重庆大学，2007．
[126] 李银波，周少奇，邱育真，等．回流比对投料 A～2/O 工艺脱氮除磷影响的中试研究［J］．环境科学与技术，2010，33（02）：142-145．
[127] SHAW S．P，FREDINE C．G，Wetlands of the United States：their extent and their value to waterfowl and other wildlife［M］．1956．
[128] Convention on Wetlands of International Importance，especially as Waterfowl Habitat［M］．1971．
[129] KENNEDY V．Wetland functions and values：The state of our understanding［J］．Jawra Journal of the American Water Resources Association，2010，17（6）：1121-1121．
[130] MCLAUGHLIN D L，COHEN M J．Realizing ecosystem services：wetland hydrologic function along a gradient of ecosystem condition［J］．Ecological Applications，2013，23（7）：1619-1631．
[131] LIU H，GAO C，WANG G．Understand the resilience and regime shift of the wetland ecosystem after human disturbances［J］．Sci Total Environ，2018，643（1031-1040）．
[132] ZEDLER J B，KERCHER S．WETLAND RESOURCES：Status，Trends，Ecosystem Services，and Restorability［J］．Annual Review of Environment and Resources，2005，30（1）：39-74．
[133] SUN C，ZHEN L，GIASHUDDIN MIAH M．Comparison of the ecosystem services provided by China's Poyang Lake wetland and Bangladesh's Tanguar Haor wetland［J］．Ecosystem Services，2017，26（411-421）．
[134] 杜丽侠．我国湿地类型自然保护区布局现状分析［D］；北京林业大学，2010．
[135] 李玉凤，刘红玉．湿地分类和湿地景观分类研究进展［J］．湿地科学，2014，12（1）：102-108．
[136] 青藤婉．湿地珍稀生命的栖息地［J］．旅游纵览，2015，2（10-1）．
[137] 苏祖荣．湿地文化窥探［J］．林业勘察设计，2014，（1）：33-38．

[138] 王永洁，王治良，罗金明，等. 哈尔滨市湿地文化浅析 [J]. 湿地科学，2017，15 (4)：505-508.

[139] 王保忠，何平，安树青，等. 南洞庭湖湿地景观文化的结构与特征研究 [J]. 湿地科学，2005，3 (4)：241-248.

[140] KIRWAN M L，GEDAN K B. Sea-level driven land conversion and the formation of ghost forests [J]. Nature Climate Change，2019，9 (6)：450-457.

[141] LIU H，GAO C，WANG G. Understand the resilience and regime shift of the wetland ecosystem after human disturbances [J]. Sci Total Environ，2018，643 (1031-1040).

[142] BUAH-KWOFIE A，HUMPHRIES M S. The distribution of organochlorine pesticides in sediments from iSimangaliso Wetland Park：Ecological risks and implications for conservation in a biodiversity hotspot [J]. Environ Pollut，2017，229 (715-723).

[143] LIN Q，YU S. Losses of natural coastal wetlands by land conversion and ecological degradation in the urbanizing Chinese coast [J]. Sci Rep-Uk，2018，8 (1)：15046.

[144] SCHUERCH M，SPENCER T，TEMMERMAN S，et al. Future response of global coastal wetlands to sea-level rise [J]. Nature，2018，561 (7722)：231-234.

[145] BLANKESPOOR B，DASGUPTA S，LAPLANTE B. Sea-Level Rise and Coastal Wetlands [J]. J AMBIO，2014，43 (8)：996-1005.

[146] JR F S B，DALRYMPLE G H. Seasonal activity and road mortality of the snakes of the Pa-hay-okee wetlands of Everglades National Park，USA [J]. J Biological Conservation，1992，62 (53)：507-525.

[147] 周婷，牛安逸，马姣娇. 国家湿地公园时空格局特征 [J]. 自然资源学报，2019，34 (1)：26-39.

[148] 王琳，陈上群. 深圳湾自然条件特征及治理应注意的问题 [J]. 人民珠江，2001，22 (6)：4-7.

[149] 王建方. 深圳湾地区填海造地历程及其综合评价 [R]. 中国城市规划年会，2013.

[150] 冯雪，苏奋振，王武霞. 深圳湾和岘港湾 30 年土地利用变化研究 [J]. 地球信息科学学报，2016，18 (9)：1276-1286.

[151] UZUN F V，KELES O，SCIENCES B. The Effects of Nature Education Project on the Environmental Awareness and Behavior [J]. J Procedia - Social，2012，46 (2)：2912-2916.

[152] 鲁娟，刘增洪，司永兵，等. 芦苇的特性、开发利用及其防除方法 [J]. 杂草学报，2007，(3)：7-8.

[153] 赵永全，何彤慧，夏贵菊. 不同管理方式对芦苇生长的影响研究 [J]. 广东农业科学，2014，41 (19)：165-169.

[154] DAN R，ROOTH J，STEVENSON J C. Colonization and expansion of Phragmites australis in upper Chesapeake Bay tidal marshes [J]. J Wetlands，2000，20 (2)：280-299.

[155] SCIANCE M B，PATRICK C J，WELLER D E，et al. Local and regional disturbances associated with the invasion of Chesapeake Bay marshes by the common reed Phragmites australis [J]. J Biological Invasions，2016，18 (9)：2661-2677.

[156] DEEGAN B M，WHITE S D，GANF G G. The influence of water level fluctuations on the growth of four emergent macrophyte species [J]. Aquatic Botany，2007，86 (4)：309-315.

[157] 邓春暖，章光新，潘响亮. 莫莫格湿地不同盐分梯度对芦苇生理生态的影响 [J]. 河南农业科学，2012，41 (5)：61-64.

[158] 刘玉，王国祥，潘国权. 水位埋深对芦苇生长发育的影响 [R] 中国地理学会 2007 年学术年会论文摘要集，2007.

[159] 孟焕，王雪宏，佟守正，等. 湿地土壤埋深对芦苇、香蒲种子萌发的影响［J］. 生态学杂志，2013，32（9）：2320-2325.

[160] 李有志. 小叶章和芦苇种子萌发以及幼苗生长对环境因子的响应研究［D］; 湖南农业大学，2007.

[161] LISSNER J，SCHIERUP H-H. Effects of salinity on the growth of Phragmites australis［J］. Aquatic Botany，1997，55（4）：247-260.

[162] 黄溪水，王国生. 芦苇耐盐性的研究［J］. 土壤通报，1988.

[163] 李东. 盐浓度和水分条件对芦苇生长影响的盆栽试验［J］. 湿地科学与管理，2014，(2)：44-48.

[164] 李永涛，陈苗苗，王振猛. NaCl胁迫下外源钙对芦苇种子萌发的影响［J］. 华北农学报，2016，31（S1）：270-275.

[165] 肖燕，汤俊兵，安树青. 芦苇、互花米草的生长和繁殖对盐分胁迫的响应［J］. 生态学杂志，2011，30（2）：267-272.

[166] 薛宇婷. 芦苇不同生长阶段的耐盐特性研究［D］; 南京林业大学，2015.

[167] 刘莹. 盐碱梯度下芦苇和扁秆藨草水分利用效率和功能性状研究［D］; 中国科学院大学，2018.

[168] 王金爽. 盐分与芦苇生长发育的关系［J］. 现代农业，2012，(7)：4-5.

[169] 张爽，郭成久，苏芳莉，等. 不同盐度水灌溉对芦苇生长的影响［J］. 沈阳农业大学学报，2008，39（1）：65-68.

[170] 严岩. 吉林西部芦苇湿地系统对农田退水中除草剂的生态响应［D］; 吉林农业大学，2016.

[171] 李爱荣，胡冠芳，马建富，等. 高效氟吡甲禾灵乳油对胡麻田芦苇的防效研究初报［J］. 中国麻业科学，2012，34（5）：213-215.

[172] 张世挺，杜国祯，陈家宽，等. 不同营养条件下 24 种高寒草甸菊科植物种子重量对幼苗生长的影响［J］. 生态学报，2003.

[173] 张丽颖，黄启飞，王琪，et al. 风险评价在危险废物分级管理中的应用研究［J］. 环境科学与管理，2006（5）：1-2.

[174] Wang X，Huang Q，Duan H，et al. "Hazardous waste generation and management in China：A review"，［J］. Journal of Hazardous Materials，2008，158（2）：221-227.

[175] 黄正芳. 危险废物规范化管理措施研究［J］. 环境科学与管理，2014，39（8）：1-3.

[176] 袁宛清，刘桂建，葛涛. 某危险废物处置场周边地下水水质特征及评价［J］. 环境化学，2014，33（3）.

[177] 基层环保面临的危险废物管理问题及对策研究［J］. 环境科学与管理，2014，39（4）：27-29.

[178] 周强，何艺，陈阳，等. 危险废物综合利用存在的主要问题及对策研究［J］. 环境保护科学，2017，43（6）：107-111.

[179] 洪鸿加，吴彦瑜，陈琛，et al. 深圳市危险废物污染防治现状及对策研究［J］. 环境与可持续发展，2016（4）：159-162.

[180] 宋明娟，朱思宇，蔡吉花. 基于浏览器用户关注度的人群定向［J］. 数学的实践与认识，2014，44（17）：15-19.

[181] Eberlein R L，Peterson D W. Understanding models with Vensim™［J］. European Journal of Operational Research，1992，59（1）：216-219.

[182] Jones L. Vensim and the development of system dynamics［M］//Discrete-Event Simulation and System Dynamics for Management Decision Making. 2014.

[183] Li Q，Guo N N，Han Z Y，et al. Application of an autoregressive integrated moving average model for predicting the incidence of hemorrhagic fever with renal syndrome.［J］. American Journal of Tropical Medicine & Hygiene，2012，87（2）：364-70.

[184] 刘琳琳，宋维明，刘自远. 我国松香价格走势研究——基于 ARIMA 模型对黄埔马尾松香价格走势的分析 [J]. 价格理论与实践，2012 (12)：48-49.

[185] 王运召. 浅析我国危险废物法律与制度的完善 [J]. 商，2013 (14)：218-218.

[186] 刘志全，李金惠，聂永丰. 中国危险废物污染防治技术发展趋势与政策分析 [J]. 中国环保产业，2000 (6)：15-17.

[187] 高小杰，陈森，李婧. 南京市"十三五"工业危废污染防治对策研究 [J]. 安徽农学通报，2017，23 (1)：67-68.

[188] 石栗赫. 吉林市"十三五"固体废物污染防治规划思路探讨 [J]. 科技视界，2017 (1)：319-319.

[189] 官昕. 福建省"十三五"危险废物污染防治现状及对策探索 [J]. 福建轻纺，2018，No. 348 (5)：52-54.

[190] 刘文杰，邱勇哲. 广西固废处理谋篇布局"十三五" [J]. 广西城镇建设，2015 (9)：44-52.

[191] 林艺芸，张江山，刘常青，et al. 我国工业危险废物产生现状及产量预测 [J]. 有色冶金设计与研究，2007，28 (2).

[192] 丁敏中国政法大学民商经济法学院. "环境违法成本低"问题之应对——从当前环境法律责任立法缺失谈起 [J]. 法学评论，2009 (4)：90-95.

[193] 陈瑾，程亮，马欢欢. 环境监管执法发展思路与对策研究 [J]. 中国人口·资源与环境，2016 (S1)：509-512.

[194] 黄启飞，王菲，黄泽春，等. 危险废物环境风险防控关键问题与对策 [J]. 环境科学研究，2018，v. 31；No. 244 (05)：9-15.

[195] 董广霞，赵银慧，周囧，等. 我国工业危险废物的来源、处理及监管对策与建议 [J]. 环境工程，2017，35 (4)：97-100.

[196] Mahmudov R，Li M，Huang C P. Hazardous Waste Treatment Technologies. [J]. Water Environment Research，2000，72 (5)：1-59.

[197] Brunner C R. Hazardous waste incineration：A preferred treatment technology [J]. Environmental Progress & Sustainable Energy，2010，8 (3)：A4-A5.

[198] Josephson J. Hazardous Waste Management-Seeking Least-Cost Approaches [J]. Environmental Science & Technology，2002，27 (12)：2298-2301.

[199] 2016 年中国危废处理行业市场发展现状分析 [EB/OL]. 2016. http：//www.sohu.com/a/86295714_131990.htm

[200] 环保行业研究——危险废物处理行业 [EB/OL]. 2016. http：//www.360doc.com/content/16/1019/17/37212862_599664305.htm

[201] 王琪，黄启飞，段华波，et al. 中国危险废物管理制度与政策 [J]. 中国水泥，2006 (3)：22-25.

[202] 史伟明，史志伟. 危险废物管理与处理处置探讨 [J]. 四川环境，2015，34 (5)：145-149.

[203] House U S. HAZARDOUS WASTE TREATMENT TECHNOLOGY [J]. 1985.

[204] Li M，Wang P Y，Yu Y H，et al. Hazardous Waste Treatment Technologies [J]. Water Environment Research，2017，89 (10)：1461-1486.

[205] On-site hazardous waste treatment technology comes to small and medium industrial firms [J]. Environmental Progress & Sustainable Energy，2010，8 (4)：N5-N5.

[206] 王益峰，祝红梅，蒋旭光. 水泥窑协同处置危险废物的研究现状及其发展 [J]. 环境污染与防治，2018，40 (8)：98-104.

[207] Moustakas K，Fatta D，Malamis S，et al. Demonstration plasma gasification/vitrification system

for effective hazardous waste treatment. [J]. Journal of Hazardous Materials, 2005, 123 (1): 120-126.

[208] 黄革，杨华雷，雷金林，等. 等离子体技术在危险废物处理中的运用 [J]. 环境科技，2010，23 (s1)：40-42.

[209] 倪长虹. 新时期危险废物的处理处置技术 [J]. 科学技术创新，2018 (2)：177-178.

[210] 谢毅，郝海松. 试析我国危险废物处置技术研究及进展 [J]. 化学工程与装备，2008 (12)：115-118.

[211] 李金惠. 危险废物处理技术 [M]. 2006.

[212] 李旭. Vensim 使用手册 [CP]. 复旦大学管理学院. 2018.

[213] 杨波，卢嘉琦. 面向企业技术创新风险的竞争情报预警动力学建模与仿真 [J]. 情报科学，2017 (04)：61-67.

[214] 中国科学院遥感应用研究所等. HJ 622—2011 环境保护应用软件开发管理技术规范 [S]. 北京：中国环境科学出版社，2011.

[215] 环境保护总局信息中心等. HJ/T 418—2007 环境信息系统集成技术规范 [S]. 北京：中国环境科学出版社，2008.

[216] 环境保护部信息中心等. HJ 718—2014 环境信息共享互联互通平台总体框架技术规范 [S]. 北京：中国环境科学出版社，2015.

[217] 环境保护部信息中心等. HJ 719—2014 环境信息系统数据库访问接口规范 [S]. 北京：中国环境科学出版社，2015.

[218] 环境保护部信息中心等. HJ 722—2014 环境数据集说明文档格式 [S]. 北京：中国环境科学出版社，2015.

[219] 环境保护部信息中心等. HJ 729—2014 环境信息系统安全技术规范 [S]. 北京：中国环境科学出版社，2015.

[220] 环境保护部信息中心等. HJ 721—2014 环境数据集加工汇交流程 [S]. 北京：中国环境科学出版社，2015.

[221] 环境保护部信息中心等. HJ 723—2014 环境信息数据字典规范 [S]. 北京：中国环境科学出版社，2015.

[222] 环境保护部信息中心等. HJ 727—2014 环境信息交换技术规范 [S]. 北京：中国环境科学出版社，2015.

[223] 岭东，万先海，黄思达. 龙岗：垃圾分类、减量交出高分答卷 [N]. 深圳商报，2017 年 2 月 13 日，A03 版.

[224] 朗坤内部文件：龙岗餐厨处理设备设施流程图.

[225] 朗坤内部文件：龙岗项目在线监控平台方案.

[226] 朗坤内部文件：龙岗餐厨处理自能控制系统设计方案.

[227] 朗坤内部文件：龙岗项目自动化系统操作手册.

[228] 微信公众平台-小程序文档 [DB/OL].
https://mp.weixin.qq.com/wiki?t=resource/res_main&id=mp1474632113_xQVCl

[229] MySQL 使用手册 [DB/OL]. https://www.2cto.com/database/201703/605135.html

[230] 云片网 [EB/OL]. https://www.yunpian.com/

[231] 组态王官网 [EB/OL]. http://www.kingview.com/

[232] "组态王数据存储到关系数据库"例程说明文档 [DB/OL].
https://wenku.baidu.com/view/97ad4aed81c758f5f61f677a.html